荆楚纺织类非物质文化遗产

创造性转化和创新性发展论文集

张雷　赵金龙　编著

中国纺织出版社有限公司

内 容 提 要

本书聚焦荆楚纺织类非物质文化遗产创造性转化和创新性发展，汇集多方研究成果。内容覆盖名录解析、保护策略、创新设计及品牌化发展等关键领域，全面审视荆楚纺织类非物质文化遗产的历史背景、文化价值、现实挑战与未来走向。通过对国家级、省级非物质文化遗产名录的深入剖析，展现其地域特色及成因。书中提出师徒传承、教育普及、网络课堂等保护手段，以及行政、法律、财政、科研等综合保护机制。同时，探索传统技艺与现代设计的结合，讨论数智化技术在非遗创新中的应用，并剖析新媒介下非物质文化遗产传承新路径。本书旨在促进荆楚纺织类非物质文化遗产在新时代的传承与创新。

本书适合非物质文化遗产研究者、纺织行业从业者、文化保护与传承工作者、设计师以及相关院校师生阅读。

图书在版编目（CIP）数据

荆楚纺织类非物质文化遗产创造性转化和创新性发展论文集 / 张雷，赵金龙编著． --北京：中国纺织出版社有限公司，2025．8． -- ISBN 978-7-5229-2831-9

Ⅰ. TS1-53

中国国家版本馆 CIP 数据核字第 2025ZL9010 号

责任编辑：郭　沫　　责任校对：寇晨晨　　责任印制：王艳丽

中国纺织出版社有限公司出版发行
地址：北京市朝阳区百子湾东里 A407 号楼　邮政编码：100124
销售电话：010—67004422　传真：010—87155801
http://www.c-textilep.com
中国纺织出版社天猫旗舰店
官方微博 http://weibo.com/2119887771
北京华联印刷有限公司印刷　各地新华书店经销
2025 年 8 月第 1 版第 1 次印刷
开本：787×1092　1/16　印张：14.5
字数：302 千字　定价：98.00 元

　　荆楚大地，历史悠久，文化底蕴深厚，孕育了丰富多彩的非物质文化遗产。其中，纺织类非物质文化遗产作为荆楚文化的重要组成部分，不仅承载着深厚的历史记忆和文化内涵，还展现了荆楚人民独特的审美情趣和工艺智慧。然而，在现代化进程加速推进的今天，这些珍贵的非物质文化遗产正面临前所未有的机遇与挑战。如何在新时代背景下实现荆楚纺织类非物质文化遗产的创造性转化和创新性发展，成为当下的重要课题。

　　本论文集正是在此背景下应运而生的，是武汉纺织大学艺术学理论专业学科的首部论文集，主要由武汉纺织大学艺术与设计学院、服装学院以及纺织文化研究中心的研究生导师带领全体学生写作和汇编而成。本书汇集了多位师生在荆楚纺织类非物质文化遗产领域的研究成果，涵盖了名录分析、保护方式、创新设计、品牌化发展等多个方面，旨在深入探讨荆楚纺织类非物质文化遗产的历史背景、文化价值、现实挑战及未来走向。

　　在本论文集中，学者们首先对湖北省省级纺织类非物质文化遗产名录进行了系统分析，揭示了其地域分布、类别特点及影响因素，为后续的研究和保护工作提供了基础数据支持。其次，探讨了纺织类非物质文化遗产的保护方式、机制和模式，提出了师徒传承、课堂教学、网络课堂等多种传承方式，以及行政管理、法律与财政、教育科研等协调保护机制，为纺织类非物质文化遗产的保护提供了全面的理论支撑和实践指导。

此外，本论文集还聚焦荆楚纺织类非物质文化遗产的创新性发展。通过案例分析，探讨了传统技艺与现代设计的融合，如将汉绣、黄梅挑花等传统刺绣技艺应用于现代服装设计，以及利用数字化技术推动纺织类非物质文化遗产的创新发展。同时，本论文集还关注了纺织类非物质文化遗产的品牌化路径，以大冶刺绣为例，探讨了数字营销背景下的品牌化发展策略，为传统手工艺的现代转型提供了有益的探索。

值得一提的是，本论文集不仅注重理论探讨，还强调实践应用。多位师生通过实地考察、设计实践等方式，深入挖掘了荆楚纺织类非物质文化遗产的艺术价值和市场潜力，提出了具有可操作性的创新转化方案。这些研究不仅丰富了纺织类非物质文化遗产的理论体系，也为实际工作提供了宝贵的参考和借鉴。

展望未来，荆楚纺织类非物质文化遗产的创造性转化和创新性发展仍任重道远。期待更多的学者、设计师和从业者能够加入这一行列，共同探索传统与现代的融合之道，让荆楚纺织类非物质文化遗产在新时代背景下焕发出更加璀璨的光芒。同时，希望本论文集的出版能够为相关领域的研究和实践工作提供有益的参考和启示，为推动荆楚文化的传承与发展贡献些许力量。

在此，衷心感谢所有参与本论文集编写和审稿的学者和师生们的辛勤付出与无私奉献。愿本论文集能够成为荆楚纺织类非物质文化遗产保护与传承道路上的一块基石，为以后的研究者提供坚实的支撑和指引。

本论文集系武汉纺织大学纺织文化研究中心学术成果，得到了武汉纺织大学学术著作出版基金建设经费的资助。

编著者

2024 年 12 月

目录
CONTENTS

第一篇 · 总论

湖北省省级纺织类非物质文化遗产名录分析❶

陈晓宇[a]，赖文蕾[a]，刘安定[a]，赵金龙[b]

（a.武汉纺织大学服装学院；b.湖北省非物质文化遗产研究中心）

摘要：湖北省作为荆楚文化的发祥地，在历史的流变中创造了丰富的非物质文化遗产，整理分析该地区纺织类非物质文化遗产，对坚定文化自信、促进文明交流互鉴具有重要的意义。本文以湖北省文化和旅游厅官网公布的六批省级纺织类非物质文化遗产名录为研究对象，通过资料整理、数据分析、图文展示，对湖北省省级纺织类非物质文化遗产名录进行系统分析。研究发现：湖北省省级纺织类非物质文化遗产以传统服饰为主，纺织工艺与刺绣技艺次之，印染工艺最少。数量上，省级纺织类非物质文化遗产项目数量占省级全部非物质文化遗产项目数量的12.6%；时间维度上，纺织类非物质文化遗产与各个时期的经济文化密切相关，在春秋战国时期至秦汉时期以及明清时期达到高峰，而在夏商周时期和元朝时期为发展低谷；地域空间维度上，纺织类非物质文化遗产整体呈块状聚集分布在鄂东南、鄂东北、鄂西南地区。

关键词：湖北省；纺织类非物质文化遗产；名录整理

湖北作为荆楚文化发展与传播的主要地区，有着悠久的历史和深厚的文化底蕴，孕育了大量独具地域特色的非物质文化遗产（以下简称"非遗"）。非遗文化作为传统文化的重要组成部分，加强对非遗的保护与研究十分重要。针对湖北省非遗，众多专业学者从不同角度对其传承和发展做了不同的研究，但对于湖北省省级纺织类非遗的名录及分布情况并未进行系统的分析。根据专业学者对"纺织类非遗"概念的明确解析[1]，将颁布的省级非遗中包含纺织工艺、染印工艺、刺绣技法、传统服饰的内容摘录出来，其中传统服饰中还包括传统舞蹈以及传统戏剧等项目中涉及的服饰。文章将通过湖北省省级纺织类非遗名录及特点、类别分析、影响因素三个方面展开详细分析。

---

❶　本文刊于《服饰导刊》2021年6月第10期。

1　湖北省省级纺织类非物质文化遗产名录及特点

湖北省文化和旅游厅官网于2007年、2009年、2011年、2013年、2016年和2020年颁布了六批省级非遗名录，共计373项（不包含扩展项目名录），其中第一批117项，第二批67项，第三批76项，第四批56项，第五批35项，第六批22项。根据笔者统计（表1），湖北省六批省级纺织类非遗名录共计47项（59个项目申报单位）。其中2007年第一批共计24项，2009年第二批共计5项，2011第三批共计5项，2013年第四批共计7项，2016年第五批共计2项，2020年第六批共计4项。由此可知，湖北省省级纺织类非遗第一批数量最多，第四批数量次之，第二、第三、第五批和第六批数量较少。究其原因，一方面，在2006年文化部审议通过《国家级非物质文化遗产保护与管理暂行办法》后，湖北省国家级纺织类非遗与省级纺织类非遗数量皆较多；另一方面，在2011年全国人大常委会第十九次会议通过的《中华人民共和国非物质文化遗产法》"总则"中规定：县级以上地方人民政府文化主管部门负责本行政区域内非物质文化遗产的保护、保存工作。因此，湖北省省级纺织类非遗第四批数量较第二、三批增多，但是在第四批后纺织类非遗数量迅速减少，表明湖北省对省级纺织类非遗保护工作缺乏可持续性，因此，湖北省省级纺织类非遗的保护与发展工作的可持续性是今后研究的重点。

表1　湖北省省级纺织类非遗名录及项目特色

序号	所属类别	公布批次	项目名称	申报单位	项目特色
1	纺织工艺	第二批（2009）	传统棉纺织技艺（红安大布传统纺织技艺）	红安县	红安大布传统纺织技艺制作流程复杂，主要包括纺纱、染纱、浆纱、倒筒、整经、穿综等十余项步骤
2			土家织锦"西兰卡普"	来凤县	西兰卡普制作原料包括丝线、棉线和毛绒线。其工艺复杂，图案题材广泛，色彩丰富
3		第三批（2011）	织造技艺（大悟织锦带制作技艺）	大悟县	大悟织锦带制作技艺以手工为主，主要运用筷子、索线编织提花。图案层次分明，疏密相间
4		第四批（2013）	传统棉纺织技艺（华容土布制作技艺）	鄂州市华容区	华容土布制作技艺制作流程复杂，主要包括采棉、纺线、上机织布等多项工序，其色彩运用灵活
5		第五批（2016）	传统棉纺织技艺（枣阳粗布制作技艺）	枣阳市	枣阳粗布制作技艺制作流程主要包括扎花、弹花、搓棉条、纺线、拐线、染线等多项步骤，主要成品有白布和花布
6	印染工艺	第三批（2011）	蓝印花布印染技艺（天门蓝印花布印染技艺）	天门市	天门蓝印花布印染技艺是通过蓝草提取颜色，制作工序繁杂，印染纹样丰富

续表

序号	所属类别	公布批次	项目名称		申报单位	项目特色
7	印染工艺	第四批（2013）	传统植物染料染色技艺		武汉市江汉区	传统植物染料染色技艺主要采用自然界的树叶、茶叶、花草等植物作为染色原料进行手工染色
8	刺绣技艺	第一批（2007）	阳新布贴		阳新县	阳新布贴制作主要包括绘图、剪裁、拼贴、缝制和刺绣。色彩多用彩色和极色，图案形式多样
9			汉绣		武汉市江汉区	汉绣技法多样，图案带有强烈的艺术性，主题包括神话传说、现实物象、抽象几何，整体色彩鲜艳亮丽
10			红安绣花鞋垫		红安县	红安绣花鞋垫将碎布裱糊成硬布，裁成鞋底样，进行刺绣
11			挑花（黄梅挑花）		黄梅县	黄梅挑花以元青布作底，图案色泽绚丽、立体感强。其中针脚为"×"字形的称"十字绣"，针脚为"一"字形的称"平线绣"
12		第三批（2011）	民间绣活（土家族苗族绣花鞋垫）		咸丰县	土家族苗族绣花鞋垫制作过程主要有熬糨糊、打布壳、晒布壳、画样、剪样、贴面布、镶边以及绣花
					宣恩县	
13		第四批（2013）	汉绣		荆州市	荆州汉绣以楚绣为基础，技法主要是先绘纹样，其次刺绣，最后修饰细节。其绣法多样，图案自然
14			民间绣活	大冶刺绣	大冶市	大冶刺绣底料以麻制土布为主，绣线以棉线、麻线、毛线、金银线为主，针法多样；堂纺叠绣底料以绸缎为主，将丝线进行叠绣使图案立体；荆州民间刺绣底料以锦、绢、罗为主，绣法独特，刺绣图案柔和、富于光泽
				堂纺叠绣	神农架林区	
				荆州民间刺绣	荆州市荆州区	
15		第六批（2020）	民间绣活（土家绣花鞋垫）		来凤县	土家绣花鞋垫作为一种民间绣法，历史悠久。图案包括自然形态、现代元素以及土家风情等
16	传统服饰	第一批（2007）	土家族撒叶儿嗬		五峰土家族自治县	大部分撒叶儿嗬表演队都有着统一的服装，男性跳舞，女性着色彩鲜艳的服装喝彩
					巴东县	

续表

序号	所属类别	公布批次	项目名称	申报单位	项目特色
17	传统服饰	第一批（2007）	汉剧	武汉市	汉剧服装分为大衣箱、二衣箱和三衣箱，典型服装为马褂、箭衣、短打衣、龙套衣等，其中箭衣和脏衣代表汉剧服装中的大襟服装，马褂、脏衣和龙套衣代表汉剧服装中的对襟服装
18			楚剧	湖北省	楚剧服饰通过面料表达剧中的人物背景和阶级，面料主要分为麻料、褶衣和丝绸。生、旦、净、末、丑服饰上都有特定的纹样，衬托出人物的性格特点
19			荆州花鼓戏	潜江市	荆州花鼓戏服装主要为特色的长袍、短衣、鞋靴等
20			黄梅戏	黄梅县	黄梅戏的服装是汉民族传统服饰的延续，较之京剧戏服，少了浓墨重彩、华丽妖冶，多了清雅秀丽、自然隽永
21			耍耍	宣恩县	耍耍服饰表演意识明显，其旦角头戴鲜花，身着花衣长裙，牛角身着蓝布长袍
				恩施土家族苗族自治州	
22			土家族摆手舞	湘西土家族苗族自治州	跳舞时多着蓝、黑、红色的衣服，男性头部用黑或白色布包缠，女性服装宽松，其袖口、裤脚、领口、肩及胸襟处都镶有宽边
23			宣恩土家族八宝铜铃舞	宣恩县	土老司头戴凤冠法帽，身着八副罗裙，手拿八宝铜铃[2]
24			三节龙·跳鼓	云梦县	三节龙·跳鼓由龙头、龙身、龙尾以及几十名击鼓者组成，击鼓者皆着统一颜色服装，头裹白巾，手持跳鼓
25			肉连响	利川市	为更好地表现表演效果，肉连响表演时只着短裙或裤衩
26			通城拍打舞	通城县	通城拍打舞分为正式和非正式表演。非正式表演，男子着背心，头绕草绳，女子着短衣短裙，头缠花头巾；正式表演，男女着衣襟、袖口、裤脚皆镶边的衣裤
27			端公舞	南漳县	端公舞服饰主要有冠帽、神衣和神带。神衣与神带多为红、黑和黄色，脚踩白布袜、黑布鞋

续表

序号	所属类别	公布批次	项目名称	申报单位	项目特色
28	传统服饰	第一批（2007）	傩戏	鹤峰县	傩戏行当分为生、旦、净、丑，服装各有特点，其表演形式十分多样
				恩施土家族苗族自治州	
29			荆河戏	荆州市	荆河戏行当分生、小生、旦、老旦、花脸、丑，人物装扮一般按人物身份进行穿戴
30			南剧	来凤县	南剧男子着青色短衣，脚缠裹带，腰挎单刀等，女子着大短袖，角帕等，服装带有土家族特点
				咸丰县	
31			山二黄	竹溪县	山二黄衣箱分为大衣箱、二衣箱、盔箱、脚箱四大类，其中包括蟒袍、官衣、女披、冠帽等
32			东路花鼓戏（东腔戏）	麻城市	东路花鼓戏分为大衣箱和二衣箱，其中包括蟒、官衣、褶子、帔裙、硬靠、软靠、箭衣、抱衣、袴衣等
				罗田县	
33			恩施灯戏	恩施土家族苗族自治州	恩施灯戏早期服装形式简单，带有土家族服装的特点，后来形式逐渐丰富
34			京剧	湖北省京剧院	湖北省京剧院继承发展京剧艺术，其戏剧服饰、表演形式等都保留了京剧独特的风采
35			五峰土家族告祖礼仪	五峰土家族自治县	五峰土家族告祖礼仪主祭、亚祭、引礼、引孝和歌童皆着长衫或长袍，但颜色各有不同
36		第二批（2009）	荆州花鼓戏	仙桃市	荆州花鼓戏根据表演者角色不同着不同特色的戏服
37			龙舞（恩施板凳龙）	恩施土家族苗族自治州	恩施板凳龙表演者多着具有土家族等少数民族特色的服饰
38			枝江民间手工布鞋	枝江市	枝江民间手工布鞋采用纯手工编织而成，主要由天然植物制品蒲草和土纺棉线、棉布制成
39		第三批（2011）	蚂虾灯	郧阳区	蚂虾灯表演者着布料较厚的衣裤，扎红色棉布头巾，系红色棉布腰带，脚踩布鞋

序号	所属类别	公布批次	项目名称		申报单位	项目特色
40	传统服饰	第三批（2011）	狮舞	安陆麒狮舞	安陆市	舞狮者身披五色毛服装，引狮者身着彩色服装
				潜江高台舞狮	潜江市	
41		第四批（2013）	高跷	高跷故事亭子	武汉市黄陂区	高跷故事亭子主要演绎传说故事，表演者多着色彩丰富的服饰；杨店高跷同样扮演角色众多，表演者着五颜六色的服饰，画特色的脸谱
				杨店高跷	孝感市孝南区	
42			采茶戏（通山采茶戏）		通山县	通山采茶戏以小生、小旦、小丑为主，其中小旦身着红袄和红裙，头戴红花等
43			楚剧		孝感市	楚剧主要分为生、旦、丑，各行当服饰上装饰特色纹样，面料主要为麻料和丝绸等
44		第五批（2016）	旱船		孝昌县	旱船表演女性着古典服饰，头戴插花；男性着古装
45		第六批（2020）	剧装戏具制作技艺		武汉市江岸区	剧装戏具制作主要包括戏服、髯口以及练功刀的制作，其中在戏服中最重要的是京绣，刺绣技法包括盘金绣、打籽绣等，服装整体效果十分华丽
					潜江市	
46			荆州花鼓戏		荆门市	荆州花鼓戏根据表演剧目着表现人物特点的戏服
47			黄梅戏		黄冈市	黄梅戏服饰整体雅丽清秀，相较京剧服饰少了华丽

2 湖北省省级纺织类非物质文化遗产类别分析

湖北省省级纺织类非遗根据类别分析（图1），其中纺织工艺类共计5项，占比为11%；印染工艺类共计2项，占比为4%；刺绣技艺类共计8项，占比为17%；传统服饰类数量众多，其中包括民间舞蹈、传统戏剧以及民俗中具有特点的服饰，共计32项，占比为68%。由此可见，湖北省省级纺织类非遗四类数量差异较大，其中传统服饰类数量最多，刺绣工艺与纺织工艺次之。其原因一方面为湖北省戏曲文化资源丰富，各种地方戏曲百花齐放，由此

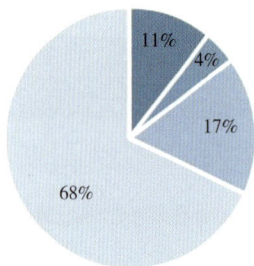

纺织工艺 ■印染工艺 ■刺绣技艺 传统服饰

图1 湖北省省级纺织类非遗类别分析

形成的戏剧故事也十分丰富。其中以汉剧、楚剧、花鼓戏和黄梅戏较为突出，且为国家级纺织类非遗。另一方面，湖北省包含众多历史悠久、形式丰富、风格独特的少数民族民间舞蹈，表演者皆着符合人物特点的传统服饰，进而促使传统服饰数量增加。湖北省的刺绣体系是我国传统刺绣体系中一个保留较好的典型[3]，主要包括阳新布贴、汉绣、红安绣活等，这些刺绣技艺的形成和发展都受到了楚文化的影响。

同时湖北省棉纺织业历史悠久，地理位置适合棉花的生长，棉花的高产为湖北省纺织业的发展奠定了良好的基础。印染工艺类数量最少，仅有蓝印花布印染技艺和传统植物染料染色技艺，究其原因，早在春秋战国时期，蓝作为地名就已出现，经考证在今湖北省钟祥市西北。此地生长着蓼蓝、菘蓝、木蓝、马蓝等蓝草，皆可用于制靛染色[4]，因此促进了此地蓝印花布印染技艺的发展。但随着历史的发展，此项印染工艺单一化保留至今，说明蓝印花布印染技艺有着地域的独特性和局限性。然而随着社会的发展和生产方式的改变，天门蓝印花布技艺持续单一化发展艰难，因此将省级纺织类非遗上升为国家级纺织类非遗，对继承和弘扬民间传统手工艺文化具有较好的促进作用[5]。

3 湖北省省级纺织类非物质文化遗产名录的影响因素

3.1 时间维度分析

非遗文化起源时间与其独特时空有着十分紧密的联系。不同历史时期民众的生活是非物质文化遗产文化空间形成、维系和发展的现实基础，也蕴含着普通人共同的本源性文化意义和价值的领域[6]，因此追根溯源是探析湖北省纺织类非遗情况的重要研究方法。从湖北省省级纺织类非遗的起源时间分布的数量分析可知（表2），各个历史时期纺织类非遗分布不均，总体呈现"两峰两谷"的变化特点（图2），即在春秋战国时期至秦汉时期以及明清时期达到高峰，而在夏商周时期和元朝时期为发展低谷。

表2 湖北省省级纺织类非遗起源时期

起源时期	纺织类非遗项目名称
原始社会	三节龙·跳鼓、端公舞
夏朝	土家织锦"西兰卡普"
商朝	—

续表

起源时期	纺织类非遗项目名称
周朝	传统植物染料染色技艺
春秋战国	汉绣、民间绣活（土家绣花鞋垫）、傩戏、旱船
秦汉	红安绣花鞋垫、土家族苗族绣花鞋垫、土家族摆手舞、肉连响、土家绣花鞋垫
三国两晋南北朝	宣恩土家族八宝铜铃舞、狮舞
隋唐	传统棉纺织技艺（红安大布传统纺织技艺）、五峰土家族告祖礼仪、采茶戏（通山采茶戏）
宋朝	蓝印花布印染技艺（天门蓝印花布印染技艺）、黄梅挑花
元朝	—
明朝	汉剧、黄梅戏、通城拍打舞、荆河戏、蚂虾灯、枣阳粗布制作技艺
清朝	织造技艺（大悟织锦带）、阳新布贴、大冶刺绣、堂纺叠绣、楚剧、南剧、山二黄、东路花鼓戏（东腔戏）、恩施灯戏、京剧、龙舞（恩施板凳龙）、剧装戏具制作技艺

注 1.土家族撒叶儿嗬、耍耍、高跷等非遗由于现存资料过少，无法考证其起源时间；
2.表中起源于先秦时期的纺织类非遗狭义上归类于春秋战国时期；
3.项目相同，申报单位不同，表中只标为一项。

湖北省各个阶段的文化特征各有特点，而非遗作为人类智慧的产物、社会意识形态的表现之一，在文化引领的作用下，一定程度上折射出当时的经济文化面貌[7]。夏商周时期纺织类非遗数量较少，春秋战国时期纺织类非遗数量较多，究其原因可知，湖北省省级纺织类非遗

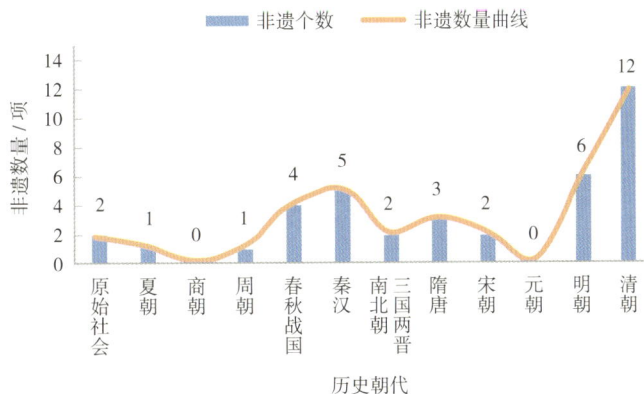

图2 湖北省省级纺织类非遗数量历史时期分布图

的形成和发展与楚文化密切相关。春秋战国时期楚国作为当时的大国之一，高度重视纺织业生产管理制度和纺织技术人才，同时纺织品的流通较为发达，使楚国纺织业特别是刺绣业居于列国之冠[8]。诸如汉绣等，考古发现汉绣的针法及构图寓意中都表现出楚绣的风韵。随后秦汉时期形成了较为完善的政治经济体系，促使各地文化多元发展，楚地文化与秦汉文化交融，为多样纺织类非遗文化形成与发展提供了良好的条件。另外，元朝时期社会动荡，因而纺织类非遗数量较少。明清时期文化处于中国封建文化发展的顶峰，封建经济发展空前并逐渐向现代化转型，从明朝中后期开始，资本主义在封建社会内部萌芽并逐步增长，同时形成

了丰富的传统戏剧服饰艺术，由此表现出较多传统戏剧的纺织类非遗，诸如汉剧、南剧等。清朝后纺织业的空前发展，商人、市民审美趣味趋于繁缛，促使人们的衣着面料朝着精细繁丽方向发展，由此推动了刺绣技艺的纺织类非遗的形成。

3.2　地域空间维度分析

湖北省属于华中地区，其地理位置贯通南北，承东启西。根据湖北省各地区省级纺织类非遗申报单位数量分布情况（表3）可知，湖北省省级纺织类非遗主要聚集在鄂东南、鄂东北、鄂西南地区，整体呈块状聚集分布。具体分析原因可知：

表3　湖北省各地区省级纺织类非遗申报单位数量分布情况

区域		纺织工艺申报单位	印染工艺申报单位	刺绣技艺申报单位	传统服饰申报单位	总数/项
鄂东南	武汉	0	1	1	5	12
	咸宁	0	0	0	2	
	黄石	0	0	2	0	
	鄂州	1	0	0	0	
鄂东北	黄冈	1	0	2	4	13
	孝感	0	0	0	5	
	随州	1	0	0	0	
鄂中南	荆州	0	0	2	1	9
	荆门	0	0	0	1	
	潜江	0	0	0	3	
	天门	0	1	0	0	
	仙桃	0	0	0	1	
鄂西南	恩施	1	0	3	12	20
	宜昌	0	0	0	4	
鄂西北	十堰	0	0	0	2	5
	襄阳	1	0	0	1	
	神农架	0	0	1	0	

（1）鄂东南纺织类非遗以传统服饰为主，刺绣技艺次之。其原因是鄂东南地处长江中游南岸、幕阜山北麓之间的丘陵地带，其文化不仅长期受荆楚文化的熏陶，而且深受中原文化

的传统礼教、宗法观念、儒学传统的影响。由此，独具荆楚之地特色的非遗文化应运而生，诸如汉剧、楚剧、汉绣等。

（2）鄂东北纺织类非遗构成与鄂东南较相似，以传统服饰为主，刺绣技艺与纺织工艺次之。鄂东北地区位于长江中游平原，气候温热多雨促进了鄂东北地区农业的发展，棉麻种植业发达，使鄂东北地区布艺行业兴盛，这为纺织业民间工艺的产生和发展提供了必要的物质条件[9]，诸如大悟县的大悟织锦带制作技艺，红安县的红安大布传统纺织技艺等。在地区分布上，黄冈市的非遗数量最多，孝感市次之，随州市无纺织类非遗项目。究其原因是黄冈市民俗文化丰富，既表现出传统文化的古雅风范，同时也带有传统劳动人民的乡土气息，诸如黄梅县声名远扬的黄梅戏，麻城市古韵流芳的东路花鼓戏。

（3）鄂中南地区以荆州为经济中心，包含的纺织类非遗数量与潜江均为3项，究其原因可知，荆州市气候温和，物产丰富，经济发达，作为鄂中南地区经济发展的中心城市，推动了民间商业文化形成与发展。

（4）鄂西南地区的省级纺织类非遗数量最多，以传统服饰为主，刺绣技艺以及纺织工艺主要聚集在恩施土家族苗族自治州的来凤县、恩宣县以及咸丰县。究其原因，鄂西南在历史上一直是多民族聚居地，夹在荆楚和巴蜀两大古文化圈之间，为孕育少数民族文化奠定了良好的基础。其中包含了众多民间歌舞如土家族撒叶儿嗬、土家族摆手舞等，民间歌舞作为土家族日常生活的一部分，代表了他们的生活信仰。另外，包含了具有土家族特色的土家织锦"西兰卡普"等，土家族织锦文化是土家族妇女生产生活的写照，同时也反映了土家族妇女对美好生活的向往。

（5）鄂西北地区自古就有"四省通衢"的美称，历史上是黄河流域与长江流域文明交融之区，其地理位置充分决定了文化的多元性，如堂纺叠绣，由杨氏家族将当地民间刺绣工艺与湘绣工艺结合，形成独特的民间叠绣，随着时间推移广为流传。除此之外，鄂西北地区形成的纺织类非遗也带有其独特的地域性，如枣阳市的枣阳粗布制作技艺。

4 结语

通过对湖北省省级纺织类非遗名录的整理分析最终得出结论。

（1）湖北省省级纺织类非遗项目共47项（59个项目申报单位），其中纺织工艺类5项，印染工艺类2项，刺绣技艺类8项，传统服饰类32项，省级纺织类非遗项目数量占省级全部非遗项目数量的12.6%。通过分析湖北省纺织类非遗的起源历史时期可知，纺织类非遗的形成与各个时期的经济文化水平及审美趣味密切相关；湖北省省级纺织类非遗项目在地域上主要呈块状分布，受少数民族文化影响，表现为聚集于土家族苗族自治州地区，同时在荆楚文化的影响下，广泛分布在鄂东北以及鄂东南地区。

（2）湖北省省级纺织类非遗四个类别结构性问题明显，因而加强纺织类非遗类别结构的优化，有助于纺织类非遗的保护。同时，对湖北省众多省级纺织类非遗项目的整理分析不应只停留在简单的数量变化分析上，更重要的是需要挖掘每个省级纺织类非遗项目特有的艺术传承价值。

（3）本文以湖北省省级纺织类非遗项目分类整理为主，通过批次、类别、地域等方面分析六个批次数量上波动的原因，以期对湖北省省级纺织类非遗的保护及传承起到参考借鉴作用，纰缪之处，尚希方家指正。

参考文献

[1] 李强，杨小明，王华. 染织类非物质文化遗产的概念和特征[J]. 丝绸，2008（12）：52-54.

[2] 李菁. 试论土家族八宝铜铃舞的艺术特征[J]. 怀化学院学报（社会科学版），2006（3）：4-6.

[3] 郑高杰，冯泽民，叶洪光. 湖北传统刺绣文化产业带的建构[J]. 山东纺织经济，2012（9）：28-30.

[4] 李强，严蓉. 湖北古今地名中的纺织考[J]. 服饰导刊，2021，10（4）：1-3.

[5] 张雷. 天门蓝印花布的技艺与文化研究[D]. 上海：东华大学，2018.

[6] 黄永林，刘文颖. 非物质文化遗产文化空间的特性[J]. 华中师范大学学报（人文社会科学版），2021，60（4）：84-92.

[7] 胡娟，陈慕琳，张艺琼，等. 湖北省非物质文化遗产的时空特征研究[J]. 经济地理，2017，37（10）：206-214.

[8] 吴吉喜，向新柱. 楚国纺织业兴盛的历史成因刍论[J]. 武汉纺织工学院学报，1998（2）：46-49.

[9] 原蒙蒙. 鄂东民间布艺的艺术特征及其风格成因探源[J]. 丝绸，2019，56（4）：85-92.

染织类非物质文化遗产保护方式、机制和模式的研究❶

李斌ª，李强ᵇ

（a.武汉纺织大学服装学院、湖北省非物质文化遗产研究中心、湖北省科学技术史学会；b.武汉纺织大学《服饰导刊》编辑部、湖北省非物质文化遗产研究中心、湖北省科学技术史学会）

摘要：染织类非物质文化遗产在非物质文化遗产中占据着重要的地位，它涉及染织技艺、染织相关的文学作品、礼仪仪式、表演艺术等。目前，染织类非物质文化遗产保护的研究一般是基于非物质文化遗产大视角展开的，因此，很有必要就染织类非物质文化遗产保护方式、机制以及模式等问题展开研究。选择合理的宣传、传承、研究染织类非物质文化的方式是其保护的基础，构建协调的行政管理、法律与财政、教育科研机制是其保护的强有力支撑，建构染织类非物质文化遗产科学的传承和发展模式为其保护指明了方向。

关键词：非物质文化遗产；方式；机制；模式

非物质文化遗产（以下简称"非遗"）涉及的领域十分广泛，不同领域的文化遗产特点各异，因此，针对不同的非遗类型自然应该有不同的保护措施[1]。染织类非遗指被各社区、群体（有时为个人）视为染织类文化遗产组成部分的各种社会实践、观念表述、表现形式、知识、技能及相关的工具、实物、手工品和文化场所[2]。目前，学界对非遗保护模式的研究很多，但针对染织类非遗保护模式不多见。如曹新明[3]、吐火加[4]等从法律保护的角度探讨非遗保护的措施。赵丽娜[5]、王丹[1]等从模式的角度对非遗保护进行研究。这些研究虽然对染织类非遗保护有一定借鉴作用，但它们似乎并没有明确非遗保护方式、机制、模式三者之间的关系。笔者认为，方式是解决某一问题采用的方法和形式；机制是指在正视事物各部分存在的前提下，协调各部分之间关系以更好地发挥作用的具体运行方式；模式是在方式和机

---

❶ 本文刊于《服饰导刊》2017年1月第6期。

制的基础上，对所要解决问题的具体措施的高度总结。因此，本文讨论染织类非遗保护问题无法避开对其保护方式、机制和模式的分析。

1 合理的保护方式是染织类非遗保护开展的基础

众所周知，染织类非遗保护效果的好坏与其保护方式是否合理有着密切的关系。所谓"工欲善其事，必先利其器"，这里的"器"就是好的染织类非遗保护方式，"其事"就是非遗保护的效果。通过查阅大量的文献资料以及对染织类非遗的实地调查，笔者认为，染织类非遗的保护方式大致可从宣传、传承、研究层次展开。

1.1 染织类非遗的宣传方式

染织类非遗保护工作是一项系统工程，需要全社会参与。要做好宣传必须加大传统平台和网络平台上的宣传力度。传统平台上的宣传媒介又可分为单向式媒介和互动式媒介。单向式媒介是指宣传主体通过电视、报纸、广播、展览等专项节目宣传非遗，这种宣传方式具有庞大的宣传受众的优势，但一般情况下存在缺乏与宣传者交流的缺点。互动式媒介是指宣传主体利用讲座、论坛、图书推荐、知识竞赛、读书活动等双向交流活动宣传非遗。这种宣传方式由于宣传场地的限制从而影响宣传受众的数量，但与单向式媒介比较，受众与宣传主体之间有着良好交流的条件，宣传效果也要好一些。网络平台上的宣传是指在网络环境下，通过网页、音频、视频的形式向受众的计算机、便携通信设备传播非遗信息的方式。这种方式具有宣传受众基数大、突破时空限制、互动性好的优点。例如，宣传主体通过相关的染织类非遗保护网页、电子邮件、QQ、微信公众号等形式，形成互动交流的机制。但其技术要求高，需要前期的推广和维护，并非每一个宣传主体都能达到预期效果。通过宣传培养全社会的保护意识，努力在全社会形成共识，营造保护非遗的良好氛围。当然，宣传主体可以是各级政府文化主管部门、非遗项目申报单位或个人、各级学校、图书馆、博物馆等。

1.2 染织类非遗技艺的传承方式

染织类非遗技艺的传承方式包括师徒相传、传统课堂教学、网络课堂教学三种方式，这三种技艺传承方式各有优缺点。师徒相传方式是染织类非遗的传统传承方式，传统课堂教学是基于现代学校教育的染织类非遗传承方式，而网络课堂教学是网络环境下开放式教学应用于染织类非遗传承的一种尝试。

1.2.1 师徒相传方式

通过初步对湖北省染织类非遗实地调研，笔者发现湖北省染织类非遗技艺的传承大多采用师徒相传的方式。这种一对一的传承方式虽然具有言传身教、悉心传授的优点，但还有其致命的缺点，即带有垄断式、家长式传承的特点。首先，从传承人上看，湖北省染织类非遗传承人的文化水平普遍不高，虽然技艺高超，但设计能力较差，对下一代传承人的培养仅限于技艺、经验的传授；其次，从传承对象上看，传承人一般会将技艺传承给与自己有一定亲属关系或社会关系的后辈，如父子（女）相传、母子（女）相传、亲朋相传等。显然，这种方式在一定程度上并不利于技艺的传承和发展。因此，笔者认为现有的传承模式急需转变，要对其进行适当调整，既要吸收现有传承模式的优点，又要打破它的禁锢。

1.2.2 传统课堂教学方式

课堂教学是指教师根据教学计划、大纲和进度等要求，在规定时间内，针对既定教育对象，以课堂为环境，利用适当的教学手段和形式，对学生集中传授知识、培养能力和素质的活动[6]。传统的课堂教学是教师在固定的教学场所和班级组织形式以及非网络环境下的教学方法（黑板、粉笔、演示文稿等），以明确的教学目的为指导的教学方式。目前，各级学校都尝试将非遗技艺融入课堂教学，并且取得了一些可喜的成绩。譬如武汉纺织大学服装学院为了弘扬汉绣技艺，每个学期都邀请汉绣传承人王艳老师开设"汉绣"课程，每次选修的学生均超过20人，每位学生均配备了绣架、绣针、绣线、绣料等设备与材料。王艳老师不仅讲授汉绣的原理、技巧、纹样特征，还通过结课作业——一幅汉绣作品手把手指导学生刺绣技法。笔者认为，传统课程教学在染织类非遗技艺传承方面具有很明显的优势。一方面，染织类非遗课堂一般注重于实践能力的培养，往往会将非遗作品作为结课成绩，会在班级中形成相互学习、相互竞争的效果，有利于提高学生的学习积极性；另一方面，染织类非遗课堂的规模一般不大，人数不超过30人。适量学生人数不仅能突破师徒传承人数的限制，而且便于传承人集中传授染织类非遗技法，做到面对面传授、手把手教学。当然，这种传统课堂传承方式也有明显的缺点。首先，人数有所限制，如果人数过多则传承人没有精力认真地手把手教学生，流于形式，达不到技艺传承的目的；其次，学生只是在课堂上学习，达不到师徒传承那种精细的程度；最后，工匠精神是在师徒共同生活、学习、工作过程中潜移默化传授的，仅凭传统的课堂教学很难获得。

1.2.3 网络课堂教学方式

在信息化时代，各行各业正在"互联网＋"的推动下开展微课、慕课、翻转课堂的教学实践。微课又名微课程，它以微型教学视频为载体，是针对学科中的一个知识点设计的在线网络视频课程，面对的学习者为高校师生以及社会学习群体（没有学习基础）[7]。慕课就是大规模的在线网络开放课程，它是为了加快知识和技术的传播速度，由个人或组织制作的，发布于网络上的供全球用户自主学习的免费或收费的开放课程[8]。翻转课堂要求学生在课前自学教师发放的学习资料，然后在课堂上进行批判性思考和开展小组间协作[9]。从微课、慕课、翻转课堂的概念来看，染织类非遗技艺课程相比其他课程似乎更适合以上形式的教学。首先，微课讲授的时间一般不超过10分钟，非常适合染织类非遗技艺某个流程、技法的讲授。譬如2012年出现于各大视频网站的《金吴针苏绣针法教程》堪称开创了染织类非遗微课的先河，它不仅清晰地、手把手地讲解苏绣的各种针法，而且自成一个系列。教学视频一般只有5～6分钟，针对一个苏绣的技法展开，通俗易懂，对传承苏绣技艺做了有益的尝试。其次，慕课强调开放性和合作性，非常适合建立染织类非遗合作协调的保护机制。譬如清华大学美术学院贾玺增教授于2016年6月在学堂在线开设的《生活、艺术与时尚：中国服饰七千年》慕课，邀请中国最优秀史学专家、收藏家和复原团体，运用丰富的考古实物、图像资料，从中国服饰的历史、文化、制作工艺的角度出发，使学生学习和吸收服饰类非遗中的传统元素，并运用到现实设计中。在短短一个月的时间，已有1万多人报名听课[10]。最后，翻转课堂的特征非常符合非遗技艺的顿悟性。非遗技艺的传授不仅需要教师的教，还需要学生多加练习、领悟。其实非遗技艺的传承本质上更加强调受传者的主动性，只有变被动为主动才能真正学到技艺和本领，这一点与翻转课堂的精髓不谋而合。目前，虽然翻转课堂还未在非遗技艺传承中开展，但笔者深信这一方式将会有良好的前景。

1.3 染织类非遗的研究方式

在分析染织类非遗研究方式前，必须对研究主体、内容、客体有所了解。笔者认为，染织类非遗研究主体主要是染织类非遗传承人和传承机构、高校以及相关的组织或个人等；研究内容包括与染织相关的起源和发展历史、工艺工序、神话传说、礼仪思想等；研究客体则是非遗以及非遗传承人和传承机构。由此可知，染织类非遗研究非常复杂，其传承人和传承机构既可以是主体也可以是客体，其研究内容则涉及科学技术史、古代染织工程、文学、哲学等学科。然而，不管染织类非遗研究如何复杂，根据研究主体对研究客体在研究内容中的地位和作用，可分为主导式研究和参与式研究两大类。主导式研究是某一研究主体在研究过程中处于单独或重要的研究地位；参与式研究是在两个或两个以上的合作研究主体中处于次要地位的参与者。例如，某位研究染织类非遗文化的学者，他（她）在研究过程中处于单独研究的地位，他（她）独立进行和完成文献搜集、田野调查、论文撰写，因此，他（她）的研究方式属于主导式研究。又如，某位服装设计师将传统染织面料运用于现代服装设计，他（她）极可能要与某一类非遗传承人合作，就设计部分而言，服装设计师处于主导地位，而传承人处于参与地位。但如果为了更好地将传统染织面料运用到现代服装设计中，传承人对传统染织工艺进行了创造性改进，那么，传承人在面料设计部分则处于主导地位。

2 协调保护机制是染织类非遗保护强有力的支撑

目前，染织类非遗的抢救、保护、传承和利用工作主要由文化馆、非遗申报单位或个人、高校、图书馆、博物馆及部分与非遗相关的企事业单位、社会团体来组织实施。然而，由于染织类非遗资源具有分散性的特点，长期以来对它的宣传、研究、传承与发展的工作缺乏统一协调的机构，形成各自为战、重复建设的状况。因此，建立协调的保护机制对于染织类非遗显得非常重要。笔者认为，染织类非遗保护机制至少要在行政管理、法律与财政、教育科研三个层次建立协调保护机制。

2.1　行政管理机制的建设

就某个国家、民族、族群或者地区而言，只有通过调查才能明确非物质文化遗产保护的对象[11]。染织类非遗作为中国古人"衣食住行"中处于首要地位的"衣"的上游产业，内容非常丰富，各地都有与染织类相关的传统文化。然而，并不是所有与染织相关的传统文化都需要保护，否则就失去了保护的重点和意义。因此，在有限的资金下，选取一些曾经在古代生活中产生深刻影响的染织文化作为保护重点非常有必要。虽然，国家允许相关的组织和个人对非物质文化遗产进行调查，但其是否被纳入各级政府非遗保护的范畴还需要政府认可。因此，政府需要组织染织类文化相关专业的专家和学者就某些申报项目进行论证，决定它们是否被批准为染织类代表性非遗。染织类非遗的认证之权掌握在政府的手中，首先，由于政府的认定要比任何组织或个人的认定更具权威性和公平性；其次，能体现政府的管理权，在规范保护的原则下，防止人们在利益驱使下过度开发，破坏、毁灭染织类非物质文化资源原貌，还有防止任意改变传统艺术的内涵以迎合时尚，严重损害遗产意蕴的行为。

2.2　法律与财政机制的建设

染织类非遗的法律保护机制应该建立在整个非遗保护立法的基础上，中国非遗传承保护工作起步较晚，虽然现在已经出台了《中华人民共和国非物质文化遗产法》《国务院办公厅关于加强我国非物质文化遗产保护工作的意见》《保护非物质文化遗产公约》等法律法规及规范性文件，但是立法仍然相对比较滞后，法律管理体系不够健全[5]。目前，相关的法律法规从法律层面确立提高了非遗传承人的地位，有利于非遗保护的制度化，同时也可促进相关的组织和个人共同保护非遗。但是这些法律法规基本上只是对非遗保护的最基本问题作了概括规定，对很多具体的保护问题并没有予以明确，很多内容更像原则性规定。对于染织类非遗只是在其分类中提到而已，因此，对于染织类非遗保护不具有操作性，而更具宣言性和象征性。染织类非遗不仅包括染织技艺，而且包括相关的文学作品、礼仪以及蕴含其中的思想。这些都是人类智慧的结晶，具有知识产权的特征，即"无形性"。然而，染织类非遗与知识产权又有所区别。染织类非遗毕竟是从古代传承下来的染织文化，其技艺、文学、礼仪等并非某个人在某个时间内创造出来的，它具有历史性和群体创造性特征。这样就会在知识产权保护的主体、时效上产生问题，即染织类非遗传承人能是知识产权保护的主体吗？保护的时效有多长？这些问题都需要解决。这些问题在现行的《中华人民共和国非物质文化遗产法》中并没有明确，虽然各省（自治区直辖市）相应地颁布了相关的条例或规定，但仍然无法解决这一问题。笔者认为，可以在染织类非遗的公权性基础上，衍生出一些私权的规定。即非遗的知识产权属于国家的全体公民，并且具有永久的时效性，但公民在运用染织类非遗时对其技艺、文学、礼仪等方面的改进或创作成果，如果通过知识产权相关部门的认定，法律应在有限的时效内予以保护。例如，运用传统的染织面料进行相关的服装设计、对染织神话在不改变原旨的基础上进行时代性的改编的成果均应在法律上得到保护，以促进染织类非遗在现代社会的某种形式上的复活。

有关染织类非遗保护的财政建设其实从中央到地方均已有明确的规定。在2005年12月22日，国务院发布《国务院关于加强文化遗产保护的通知》，明确规定了安排专项资金，要求各级人民政府要将包括非遗在内的文化遗产保护经费纳入本级财政预算，保障重点文化遗产经费投入。抓紧制定和完善有关社会捐赠和赞助的政策措施，调动社会团体、企业和个人参与文化遗产保护的积极性[12]。相应地，各省（自治区、直辖市）也制定了非遗保护条例，譬如2012年9月29日，湖北省人大常委会第三十二次会议通过了《湖北省非物质文化遗产条例》，其中规定了县级以上人民政府应当将非物质文化遗产保护、保存工作所需经费列入本级财政预算，并随着财政收入的增长而增加。同时，对高龄或者经济困难的代表性传承人，发放生活补贴[13]。由此可见，包括染织类非遗在内的非遗保护的经费以各级政府的拨款为主，辅以相关组织和个人的资助。

2.3　教育科研机制的建设

参与某项染织类非遗教育和研究的单位并不仅限于政府认定的染织类非遗传承机构或个人，还涉及在一些高校或社会组织内建立的非遗研究中心。因此，染织类非遗教育和科研需要在政府相关主管部门、染织类非遗传承机构或传承人以及社会相关机构或个人三者之间建立协调机制。就此而言，某类或某项非遗保护的单位协作形成共同保护的机制显得非常有必要。笔者认为，染织类非遗教育科研协作机制如图1所示。一方面，染织类非遗传承机构或个人、参与染织类非遗保护的社会机构及个人在政府主管部门的指导、管理、协调下开展染织类非遗教育与科学研究。教育包括染织类非遗的宣传和传承，研究包括其理论和应用研究。染织类非遗理论研究包括其工艺

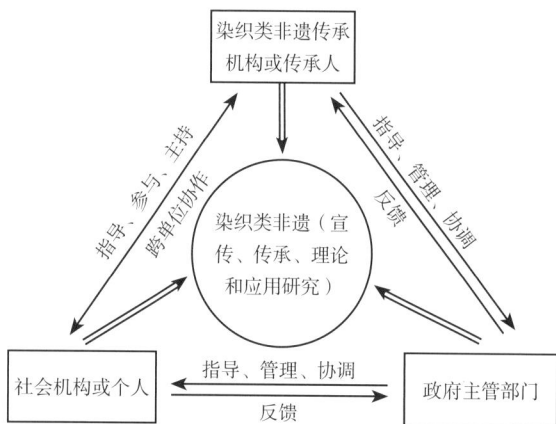

图1　染织类非遗教育科研协作机制图

的起源和发展的历史、工艺工序、神话传说、礼仪思想等，而应用研究是如何将传统染织产品运用到当今的服装、装饰等领域。另一方面，染织类非遗传承机构或传承人与相关的社会机构或个人通过指导、参与、主持三种方式跨单位协作，共同开展教育和科研项目。不难发现，政府主管部门、染织类非遗传承机构或传承人以及社会机构或个人共同组成染织类非遗保护的三个主体。政府主管部门作为规则的制定者、财政拨款的控制者，从整体上把握染织类非遗保护的方向和重点。染织类非遗传承机构或传承人与社会机构或个人构成平等协作的主体，具体实施染织类非遗教育和科研，并通过评价体系将成果反馈给政府主管部门，作为政府主管部门下一步政策制定的依据。

3 染织类非遗保护模式指导非遗保护的方向

染织类非遗保护包括技艺的传承、文化的研究、产品的开发三方面内容，因此，笔者认为，相应地，染织类非遗的保护模式也应该由传承模式和发展模式（文化和产品开发的研究）组成。

3.1 染织类非遗传承模式的分析

笔者认为可通过师徒传承、学校传承、社会传承三种方式建立多维度的传承模式。师徒传承属于高层传承方式。传承人的精力有限，一对一的传承方式无法扩大传承受众规模，只能通过学校传承、社会传承方式为师徒传承方式提供可选择的传承受众。学校传承属于中层传承方式。学校教学具有师徒传承无法比拟的优势，传承人可以在具有设计能力的学生中教授技艺，进行一对多的学校教育，为下一代传承人的培养奠定人才储备的基础。社会传承属于低层传承方式。即传承人基于计算机网络环境、移动网络环境将染织技艺通过微课或慕课的形式向全社会传播，扩大低层传承受众的规模。

3.2 染织类非遗发展模式的分析

染织类非遗发展模式可分为静态发展和活态发展两种模式。静态发展模式即以学术研究和制作或复原传统织物为主，显而易见，这种发展模式属于染织类非遗的抢救性保护，是最基本的发展模式。活态发展模式即将染织类非遗产品融入当代人的社会生活。其实，静态发展模式非常容易做到，相关的政府主管部门与认定的染织类非遗保护机构或传承人合作即可初步完成。然而，活态发展才是非遗发展的关键。当某一项染织类非遗创新产品很久不出现在日常生活中时，这项非遗离消亡的时间也就不会太远了。笔者认为，染织类非遗的活态发展必须走上产、学、研融合发展的道路。一方面，染织类非遗传承机构或传承人与非遗研究平台以及相关社会组织或个人合作设计出符合现代人审美观的染织类非遗产品，通过各种宣传和比赛等积极向当代社会生活渗透；另一方面，染织类非遗相关研究机构要积极与时尚企业合作全部或局部将染织类非遗因素融入企业产品中，提升染织类非遗产品的品位，促进其活态生存。

4 结语

染织类非遗保护的内容几乎涵盖非遗保护的所有内容，从染织技艺中衍生出染织文学、哲学、表演与礼仪等。因此，染织类非遗保护的方式、机制和模式的研究对于非遗保护研究具有一定的普适性。笔者认为，首先，选择合理的宣传方式、传授技艺方式以及研究方式是染织类非遗保护的基础；其次，在行政管理、法律与财政和教育科研方面建立协调保护机制则是染织类非遗保护强有力的支撑；最后，师徒传承、学校传承、社会传承的多维度传承模式和产学研融合的发展模式建构了系统和科学的保护模式，指导非遗保护的方向。总之，在染织类非遗保护过程中，不同的保护主体根据自身的条件选择不同的保护模式，在协调保护机制下采取合理的方式，一定会取得良好的保护效果。

参考文献

[1] 王丹. 仪式类非物质文化遗产保护模式研究——基于长阳"撒叶儿嗬"保护的分析[J]. 湖北民族学院学报（哲学社会科学版），2011（5）：110-115.

[2] 李强，杨小明，王华. 染织类非物质文化遗产的概念和特征[J]. 丝绸，2008（12）：52-54.

[3] 曹新明. 非物质文化遗产保护模式研究[J]. 法商研究，2009（2）：75-84.

[4] 吐火加. 论哈萨克族非物质文化遗产保护模式[J]. 长春理工大学学报，2012（6）：30-32.

[5] 赵丽娜. 浅谈非物质文化遗产保护的方法与措施[J]. 艺术科技，2013（8）：110.

[6] 向征，江婷，汪庆春. 高校优秀教师课堂教学特征的实证研究[J]. 黑龙江高教研究，2006（1）：111-113.

[7] 王玉华，张敏惠. 浅谈微课、慕课和精品课程以及对教学的作用[J]. 内蒙古医科大学学报，2014（S2）：729-731.

[8] 张明，郭小燕. "互联网+"时代新型教育教学模式的研究与启示——微课、慕课、翻转课堂[J]. 电脑知识与技术，2015（12）：167-171.

[9] 宋艳玲，孟昭鹏，闫雅娟. 从认知负荷视角探究翻转课堂——兼及翻转课堂的典型模式分析[J]. 远程教育杂志，2014（1）：105-112.

[10] 贾玺增. 生活、艺术与时尚：中国服饰七千年[EB/OL]. http：//www. xuetangx. com/cour-ses/course-v1：TsinghuaX+30806872X+2016_T1/about.

[11] 张传磊. 对我国非物质文化遗产保护模式的探讨[J]. 学周刊：上旬，2012（12）：4-6.

[12] 中国政府网. 国务院关于加强文化遗产保护的通知[EB/OL]. http：// www. gov. cn/zhengce/zhengceku/2008-03/28/content_5926. htm？ivk_sa=1023197a.

[13] 佚名. 湖北省非物质文化遗产条例[EB/OL].（2013-10-14）http：// www. hbfgw. gov. cn/hbgovinfo/ywbm/fgzc/flfg/201311/t20131114_72220. html.

中国国家级染织类非物质文化遗产名录的整理❶

张雷[1ac]，秦子轶[1b]

（1.武汉纺织大学，a.艺术与设计学院，b.电子与电气工程学院，c.纺织文化研究中心）

摘要：学术界对当前中国国家级染织类非物质文化遗产的研究一直很不系统，皆因相关资料整理不完善。以国务院分别于2006年、2008年、2011年、2014年批准命名的四批国家级非物质文化遗产名录为基础，进行中国国家级染织类非物质文化遗产的特点分析和相关整理，以期为中国染织类非物质文化遗产研究人员所借鉴。整理认为，中国染织类非物质文化遗产名录共分为4批，总数为92个，种类为3种，涉及省（自治区、直辖市）29个。每项非物质文化遗产项目都特点鲜明，但还需要不断进行创新性发展。

关键词：中国染织；非物质文化遗产；资料整理

1　中国染织类非物质文化遗产概述

　　中国是世界文明古国，有着丰富的非物质文化遗产（以下简称"非遗"）。中国染织类非遗体现了中华民族的悠久历史和灿烂文明，是世界文化遗产的重要组成部分。以丝绸为代表的染织类产品已有5000多年的历史，传承和保护好染织类非遗，意味着传承和保护历史，具有极其重要的价值。在已公布的四批国家级非遗名录中的染织类非遗项目，覆盖29个省（自治区、直辖市）（表1）。其中以苏绣、湘绣、粤绣、蜀绣等为代表的刺绣技艺，以蚕丝织造为代表的云锦、宋锦、蜀锦、鲁锦等织造技艺，以蒙古族、朝鲜族等少数民族服饰为代表的服饰，还有南通蓝印花布、苗族蜡染、白族扎染等传统染整技艺，成为染织类非遗的主要表现体系。这些染织类非遗基本包括民间美术类、传统手工技艺类、民族服饰中的民俗类等类别（表2）。需要注意的是，少数民族的服装服饰等项目占有较大比例，例如蒙古族、苗

---

❶　本文刊于《服饰导刊》2017年10月第5期。

族、赫哲族、柯尔克孜族、维吾尔族、锡伯族、土家族、羌族、彝族、水族、土族、侗族、瑶族等均有染织类非遗。在整个非遗名录中，染织类非遗项目所占比例不到6%，且已公布的国家级染织类非遗并未涵盖中国全部的传统染织技艺，譬如少数民族地区流传下来的一些传统织物印染工艺，就没有得到有效保护。不过，目前不少省、市、县、区都建立了本地区要保护的非遗名录，譬如湖北省、武汉市、红安县等非遗保护名录中，就有相当数量的染织类非遗。

表1　中国国家级染织类非遗项目的地域分布

序号	地区	染织类非遗数量	序号	地区	染织类非遗数量	序号	地区	染织类非遗数量
1	山东	1	11	山西	3	21	吉林	2
2	湖南	4	12	广西	2	22	福建	2
3	海南	2	13	重庆	1	23	河南	1
4	上海	4	14	四川	9	24	广东	4
5	浙江	6	15	云南	4	25	贵州	8
6	河北	3	16	青海	6	26	陕西	1
7	江苏	7	17	新疆	13	27	甘肃	4
8	江西	2	18	北京	2	28	宁夏	1
9	湖北	5	19	内蒙古	6	29	黑龙江	1
10	西藏	4	20	辽宁	1			

注　有的项目由几个省申报，故表中总数大于名录中的总数。

表2　中国国家级染织类非遗种类及数量

类别	民间美术类	传统手工技艺类	民俗类
数量	36种	32种	24种

2　中国第一批国家级染织类非遗名录及特点

中国第一批（2006年）国家级染织类非遗名录及特点见表3，第一批国家级民间美术类非遗中的染织类非遗包括藏族唐卡、顾绣、苏绣、湘绣、粤绣、蜀绣、苗绣、水族马尾绣、土族盘绣、挑花和庆阳香包绣制11种，其中极具代表性的是苏绣、湘绣、苗绣和蜀绣等。第一批国家级传统手工技艺类非遗中的染织类非遗包括南京云锦木机妆花手工织造技艺，宋锦织造技艺，苏州缂丝织造技艺，蜀锦织造技艺，乌泥泾手工棉纺织技艺，土家族织锦技艺，黎族传统纺染织绣技艺，壮族织锦技艺，藏族邦典、卡垫织造技艺，加牙藏族织毯技艺，维吾尔族花毡、印花布织染技艺，南通蓝印花布印染技艺，苗族蜡染技艺，白族扎染技艺14种，其中较为著名的有南京云锦木机妆花手工织造技艺、宋锦织造技艺、乌泥泾手工棉纺织技艺、壮族织锦技艺、南通蓝印花布印染技艺等。第一批国家级民俗类非遗中染织类非遗包括苏州甪直水乡妇女服饰、惠安女服饰、苗族服饰（昌宁苗族服饰）、回族服饰和瑶族服饰5种，较有代表性的是苗族服饰（昌宁苗族服饰）、回族服饰和瑶族服饰。

表3　中国第一批（2006年）国家级染织类非遗名录及特点

序号	编号	名称	类别	申报地区或单位	主要特色
1	313 Ⅶ-14	藏族唐卡（勉唐画派、钦泽画派、噶玛嘎孜画派）	民间美术	西藏、四川	施色浓重、对比强烈、画面富丽堂皇，故在数百年中逐渐形成一套颜料制作与使用的特殊技法
2	316 Ⅶ-17	顾绣		上海	半绣半绘，画绣结合；针法多变，具有创新性；间色晕色，补色套色
3	317 Ⅶ-18	苏绣		江苏	图案秀丽、构思巧妙、绣工细致、针法活泼、色彩清雅
4	318 Ⅶ-19	湘绣		湖南	在配色上善于运用深浅灰色及黑白色，加上适当的明暗对比，增强了质感和立体感，结构上虚实结合，善于利用空白，突出主题
5	319 Ⅶ-20	粤绣（广绣、潮绣）		广东	布局满，往往少有空隙，即使有空隙，也要用山水、草地、树根等补充，显得热闹而紧凑
6	320 Ⅶ-21	蜀绣		四川	形象生动，色彩艳丽，富有立体感，短针细密，针脚平齐，片线光亮，变化丰富
7	321 Ⅶ-22	苗绣（雷山苗绣、花溪苗绣、剑河苗绣）		贵州	最讲究对称美、充实美和艳丽美。对称美，就是上下左右不论图形还是色彩、空间，都完全要求对称；充实美，就是整个绣品不留空白；艳丽美即用色大胆，大红大绿，鲜亮夺目
8	322 Ⅶ-23	水族马尾绣		贵州	工艺独特，刺绣制品十分精美，有媒体甚至誉之为刺绣艺术的活化石
9	323 Ⅶ-24	土族盘绣		青海	土族独有的一种绣法，复杂巧妙，汇聚着古老土族文化的深刻内涵

续表

序号	编号	名称	类别	申报地区或单位	主要特色
10	324 Ⅶ-25	挑花（黄梅挑花、花瑶挑花）	民间美术	湖北、湖南	取材广泛，古朴典雅；承载文化，寄寓理想；布局严谨，富于变化；重在神似，浪漫抽象；追求善美，寓意吉祥；色彩明快，沉着和谐
11	325 Ⅶ-26	庆阳香包绣制		甘肃	原始生态文化味浓，手法奇异多样，祛邪祈福
12	363 Ⅶ-13	南京云锦木机妆花手工织造技艺	传统手工技艺	江苏	南京云锦浓缩了中国丝织技艺的精华，素有"中华一绝"和"世界瑰宝"之美誉
13	364 Ⅶ-14	宋锦织造技艺		江苏	其产品的基本特点是采用了经线和纬线联合显花的组织结构，应用了彩抛换色之独特技艺，使织物表面色线和组织层次更为丰富。这一技艺特征被后来的云锦吸收，并一直流传到当代的织锦技艺上
14	365 Ⅶ-15	苏州缂丝织造技艺		江苏	缂丝素以制作精良、浑朴高雅、艳中且秀的特点，在丝织品中被列为最高品质，并是最早用于制造艺术欣赏品的丝织物
15	366 Ⅶ-16	蜀锦织造技艺		四川	大多以经线起彩，彩条添花，经纬起花，先彩条后锦群，方形、条形、几何骨架添花，对称纹样，四方连续，色调鲜艳，对比性强，是一种具有中华民族特色和地方风格的多彩织锦
16	367 Ⅶ-17	乌泥泾手工棉纺织技艺		上海	黄道婆在棉纺织工艺上的贡献主要体现在：捍，废除了用手剥棉籽的原始方法，改用搅车，进入了半机械化作业；弹，废除了此前弹棉的线弦竹弓，改用4尺长装绳弦的大弹弓，敲击振幅大，强劲有力；纺，改革单锭手摇纺车为三锭脚踏棉纺车；织，发展了棉织的提花方法，能够织造出呈现各种花纹图案的棉布
17	368 Ⅶ-18	土家族织锦技艺		湖南	土家族织锦，就是土家族姑娘用一种古老的木腰机，以棉纱为经，以五彩丝线、棉线、毛线为纬，完全用手工织成的艺术品
18	369 Ⅶ-19	黎族传统纺染织绣技艺		海南	黎族织锦的图案丰富多彩，达160种以上。主要有人形、动物、花卉、植物、用具、几何图形等6种类型纹样。一般用红、黄、黑、白、绿、青等颜色，配色调和，精致新颖

续表

序号	编号	名称	类别	申报地区或单位	主要特色
19	370Ⅶ-20	壮族织锦技艺	传统手工技艺	广西	图案生动，结构严谨，色彩斑斓，充满热烈、开朗的民族格调
20	371Ⅶ-21	藏族邦典、卡垫织造技艺		西藏	藏族人民常用的毛织围裙，在藏语中称为"邦典"，具有装饰、耐寒等功能。西藏山南地区贡嘎县杰德秀镇是藏族围裙的主要产地，因而有"邦典之乡"的美称
21	372Ⅶ-22	加牙藏族织毯技艺		青海	以卡垫、马褥、炕毯、地毯为主，花样新奇，做工精致
22	373Ⅶ-23	维吾尔族花毡、印花布织染技艺		新疆	把手工的、独创的印染技术和民族风格的图案融为一体，具有装饰趣味和浓郁的乡土气息
23	374Ⅶ-24	南通蓝印花布印染技艺		江苏	最具典型的特点是蓝地白花和白地蓝花的图案。蓝地白花由一片花瓣构成花纹，互不连接
24	375Ⅶ-25	苗族蜡染技艺		贵州	采用靛蓝染色的蜡染花布，青地白花，具有浓郁的民族风情和乡土气息，是中国独具一格的民族艺术之花
25	376Ⅶ-26	白族扎染技艺		云南	集文化、艺术为一体，其花形图案由规则的几何纹样组成，布局严谨饱满，多取材于动、植物形象和历代王公、贵族的服饰图案，充满生活气息
26	511Ⅸ-63	苏州甪直水乡妇女服饰	民俗	江苏	显、俏、巧，在用料、裁剪、缝纫、装饰等方面都极其讲究，拼接、绲边、纽襻、带饰和绣花等工艺的巧妙应用堪称一绝，色彩上的组合也不拘一格
27	512Ⅸ-64	惠安女服饰		福建	惠安女服饰可分为崇武城外、山霞和小岞、净峰两个类型。它们整体调和，浑朴大方，富丽堂皇。妇女服饰颜色艳丽，头饰则花样繁多，不同场合、不同年龄的头饰有明显区别
28	513Ⅸ-65	苗族服饰（昌宁苗族服饰）		云南	保持着中国民间的织、绣、挑、染的传统工艺技法，花团锦簇，流光溢彩，显示出鲜明的民族艺术特色。服饰图案大多取材于日常生活中各种活生生的物象，有表意和识别族类、支系及语言的重要作用
29	514Ⅸ-66	回族服饰		宁夏	它既是回族宗教信仰、生存环境、文化活动的生动写照，也是回族文化传承的重要载体，主要标识在头部。男子们都喜爱戴用白色制作的圆帽。回族妇女常戴盖头

序号	编号	名称	类别	申报地区或单位	主要特色
30	515Ⅸ-67	瑶族服饰	民俗	广西	瑶族服饰美集中反映在挑花的构图上。挑花图案以及服饰的特征在某种程度上是宗教的象征。广西西林县瑶族保留着一件已有数百年历史的"师公"（宗教）服饰，上面绣有许多天神、山神、雷神、日神等，表达了瑶族人民多种崇拜的心理特征

3　中国第二批国家级染织类非遗名录及特点

中国第二批（2008年）国家级染织类非遗名录及特点见表4。2008年国务院公布了第二批国家非遗名录，涉及染织类非遗项目36种。其中，民间美术类13种，传统手工技艺类12种，民俗类11种。第二批国家级民间美术类非遗中染织类非遗包括堆锦（上党堆锦）、湟中堆绣、瓯绣、汴绣、汉绣、羌族刺绣、民间绣活、彝族（撒尼）刺绣、维吾尔族刺绣、满族刺绣、蒙古族刺绣、柯尔克孜族刺绣、哈萨克毡绣和布绣13种。其中较具有代表性的是堆绣、汉绣、蒙古族刺绣、哈萨克毡绣和布绣等。第二批国家级传统手工技艺类非遗中染织类非遗包括蚕丝织造技艺、传统棉纺织技艺、毛纺织及擀制技艺、夏布织造技艺、鲁锦织造技艺、侗锦织造技艺、苗族织锦技艺、傣族织锦技艺、香云纱染整技艺、枫香印染技艺、新疆维吾尔族艾德莱斯绸织染技艺、地毯织造技艺12种。其中较为著名的有蚕丝织造技艺、侗锦制造技艺等。第二批国家级民俗类非遗中染织类非遗包括蒙古族服饰、朝鲜族服饰、畲族服饰、黎族服饰、珞巴族服饰、藏族服饰、裕固族服饰、土族服饰、撒拉族服饰、维吾尔族服饰、哈萨克族服饰11种。其中较有代表性的是蒙古族服饰、朝鲜族服饰和维吾尔族服饰等。

表4　中国第二批（2008年）国家级染织类非遗名录及特点

序号	编号	名称	类别	申报地区或单位	主要特色
1	847Ⅶ-71	堆锦（上党堆锦）	民间美术	山西	精湛的工艺，独特的层次，变幻莫测的纹理，优美而不失质朴的情趣，形成了堆锦艺术独特的视觉效果
2	848Ⅶ-72	湟中堆绣		青海	它采用浮雕与刺绣巧妙结合的手法，具有较高的工艺美术价值和审美价值
3	849Ⅶ-73	瓯绣		浙江	主题突出，色彩鲜艳，构图精练，纹理分明

续表

序号	编号	名称	类别	申报地区或单位	主要特色
4	850 Ⅶ-74	汴绣		河南	既有苏绣雅洁活泼的风格，又有湘绣明快豪放的特点，从而形成了"汴绣"绣工精致细腻、色彩古朴典雅、层次分明、形象逼真的特色
5	851 Ⅶ-75	汉绣		湖北	追求充实丰满、富丽堂皇的热闹气氛，呈现出浑厚、富丽的色彩
6	852 Ⅶ-76	羌族刺绣		四川	具有民族风格的、绚丽多彩的各种图案，活灵活现，栩栩如生
7	853 Ⅶ-77	民间绣活（高平绣活、麻柳刺绣、西秦刺绣、澄城刺绣、红安绣活、阳新布贴）	民间美术	山西、四川、陕西、湖北	对比强烈，在色彩的搭配上尤其具有地方特色，一般采用黑、蓝、红、紫或淡蓝、金、银色为主要色彩，并且在长期的实践中总结出一套很直观的对比统一的配色规律，在表现手法上为了增强装饰效果，常将表现内容大胆地加以夸张变形，不求形似，注重神采，构图饱满，极其符合中国传统艺术的表现手法和审美内涵
8	854 Ⅶ-78	彝族（撒尼）刺绣		云南	色彩以黑、白、红、黄、绿、蓝色为主。不同的纹样用色不同，用途也不同，其艺术效果各异
9	855 Ⅶ-79	维吾尔族刺绣		新疆	浓厚的民族特色与精湛的工艺散发着独特的魅力，在新疆少数民族民间传统手工艺中独树一帜
10	856 Ⅶ-80	满族刺绣（岫岩满族民间刺绣、锦州满族民间刺绣、长白山满族枕头顶刺绣）		辽宁、吉林	内容博大，想象力丰富，含义深刻，手法新颖，形式多变，是研究、挖掘满族历史文化、历史美学等方面的有力物证
11	857 Ⅶ-81	蒙古族刺绣		新疆	朴素而鲜艳的色彩；精心的设计、明快的线条；与生活密切相关；精细而粗犷的绣工、活泼的针法
12	858 Ⅶ-82	柯尔克孜族刺绣		新疆	传承意义非凡，其色彩鲜艳、造型美观、大方朴实
13	859 Ⅶ-83	哈萨克毡绣和布绣		新疆	工艺复杂、图案繁多、耗工多、劳务量大、制品美观大方、结实耐用，一条花毡可用十多年

续表

序号	编号	名称	类别	申报地区或单位	主要特色
14	882 Ⅶ-99	蚕丝织造技艺（余杭清水丝绵制作技艺、杭罗织造技艺、双林绫绢织造技艺）	传统手工技艺	浙江	织造技艺几经变革，生产流程中保持着大量的手工技艺，精致缜密，要求极高，由于工艺复杂，历来传人不多
15	883 Ⅶ-100	传统棉纺织技艺		河北、新疆	中国传统纺织技艺历史悠久，自7世纪棉花从印度传入后，中国纺织业即由麻纺转为棉纺
16	884 Ⅶ-101	毛纺织及擀制技艺（彝族毛纺织及擀制技艺、藏族牛羊毛编织技艺、东乡族擀毡技艺）		四川、甘肃	这种擀制的花毡制作过程费工，但牢固耐用、纹样清晰、美观大方。此类花毡一直在新疆广为流传
17	885 Ⅶ-102	夏布织造技艺		江西、重庆	万载夏布完全由手工织造，其生产过程主要有苎麻处理、绩纱、织布三个部分，共有多道工序，是典型的非物质文化遗产
18	886 Ⅶ-103	鲁锦织造技艺		山东	其图案色彩绚丽，美丽如锦。工艺非常复杂，图案意境是靠色线交织出各种各样的纹饰来体现的，先后经过纺线、练染、布浆、挽经、做综、闯杼、掏综、织布等72道工序
19	887 Ⅶ-104	侗锦织造技艺		湖南	用黑白棉线织成的称为素锦，用黑白线和彩线交织成花的称为彩锦
20	888 Ⅶ-105	苗族织锦技艺		贵州	本色经细，彩色纬粗，以纬克经，只显影纬，不露经线
21	889 Ⅶ-106	傣族织锦技艺		云南	傣族手工艺人织造的"美丽云霞"，它们也成为许多游客必买的西双版纳纪念品之一
22	890 Ⅶ-107	香云纱染整技艺		广东	香云纱染整技艺是广东省佛山市顺德区的地方传统手工技艺。香云纱是莨纱绸中的一种，是目前世界纺织品中用纯植物染料染色的真丝绸面料
23	891 Ⅶ-108	枫香印染技艺		贵州	枫香印染技艺具有独特的工艺特征和审美价值，这种特殊的制作工艺在贵州境内实属少见

续表

序号	编号	名称	类别	申报地区或单位	主要特色
24	892 Ⅶ-109	新疆维吾尔族艾德莱斯绸织染技艺	传统手工技艺	新疆	刺绣纹样无不包含人们对美好生活的期盼，这种象征性的手法与刺绣技艺相结合，形成独特的"有图必有意，有意必吉祥"的图案内涵特征
25	893 Ⅶ-110	地毯织造技艺（北京宫毯织造技艺、阿拉善地毯织造技艺、维吾尔族地毯织造技艺）		北京、内蒙古、新疆	图案设计精细，构思完美；选料精心，配线准确；加工一丝不苟，精益求精
26	1015 X-108	蒙古族服饰	民俗	内蒙古、甘肃、新疆	冬以羊裘为里，多用绸、缎、布作面，夏用布、绸、缎、绢等料；一般用红、黄、紫、深蓝色；袖长窄，下摆不开衩，衣襟及下摆多用绒布镶边，边宽6~9厘米；穿着时稍向上提，以红、紫等色绸缎带紧束腰部，两端飘挂腰间
27	1016 X-109	朝鲜族服饰		吉林	朝鲜民族服装的结构自成一格，上衣自肩至袖头的笔直线条同领子、下摆、袖肚的曲线完美组合，体现了"白衣民族"的古老袍服的特点
28	1017 X-110	畲族服饰		福建	畲族服饰图案大多取材于日常生活中各种活生生的物象，如飞禽走兽、花鸟虫鱼、农舍车马以及传统的几何形图案——万字纹、云头纹、云勾纹、浮龙纹、叶纹等
29	1018 X-111	黎族服饰		海南	主要是利用海岛棉、麻、木棉、树皮纤维和蚕丝织制缝合而成。远古时期，有些地方还利用楮树或见血封喉树的树皮作为服饰材料。这种服饰材料，是从山上剥下树皮，经过拍打去掉外层皮渣，剩下纤维层，然后用石灰（螺壳烧成的灰）浸泡晒干而成
30	1019 X-112	珞巴族服饰		西藏	充分利用野生植物纤维和兽皮为原料。珞巴族妇女喜穿麻布织的对襟无领窄袖上衣，外披一张小牛皮，下身围上略过膝部的紧身筒裙，小腿裹上裹腿，两端用带子扎紧。她们很重视佩戴装饰品，除银质和铜质手镯、戒指外，还有几十圈的蓝白相间的珍珠项链，腰部衣服上缀有许多海贝串成的圆球

续表

序号	编号	名称	类别	申报地区或单位	主要特色
31	1020 X - 113	藏族服饰	民俗	西藏、青海、四川	藏族服饰以藏袍最为常见。城镇居民喜欢用高级毛料制作藏袍，农区用氆氇，牧区用毛皮。藏族服饰中必不可少的东西是腰带，除了腰带外，西藏藏族妇女的邦典也极具特色。另外，藏族人也喜欢戴帽，多为毡帽、皮帽和金花帽，而藏族人穿的鞋被称为藏靴。藏族人的饰品以发饰、耳饰、胸饰、腰饰和首饰为主
32	1021 X - 114	裕固族服饰		甘肃	裕固族世代以畜牧业为主，因而形成了具有牧业民族特色的服饰文化。早期，他们逐水草而居，游牧于茫茫戈壁滩，住帐篷，穿白茬羊皮袄或红高领子的衣服及长筒皮靴。其服饰用料取之于畜牧业本身，衣着式样简单，且耐寒、防沙等
33	1022 X - 115	土族服饰		青海	妇女一般穿绣花小领斜襟长衫，两袖由红、黄、橙、蓝、白、绿、黑七色彩布圈做成，鲜艳夺目，美观大方；分为妇女服饰、姑娘服饰、青壮年男子服饰以及老年男子服饰
34	1023 X - 116	撒拉族服饰		青海	撒拉族服饰颜色鲜艳明快，富有民族特色。撒拉族服饰有两方面特点：服饰宗教色彩；与回、藏、汉等民族服饰相互影响和相互融合。撒拉族服饰大体与回族服饰相同，区别在于上衣一般较为宽大，腰间系布
35	1024 X - 117	维吾尔族服饰		新疆	花样较多，非常优美，富有特色。维吾尔族男性服饰讲究黑白效果，凸显粗犷奔放。维吾尔族妇女服饰喜用对比色彩，使红的更亮，绿的更翠。维吾尔族是个爱花的民族，人们戴的是绣花帽，着的是绣花衣，穿的是绣花鞋，扎的是绣花巾，背的是绣花袋，衣着服饰无不与鲜花息息相关
36	1025 X - 118	哈萨克族服饰		新疆	服装便于骑乘，其民族服装多用羊皮、狐狸皮、鹿皮、狼皮等制作❶，反映出山地草原民族的生活特点

❶ 狐狸、鹿、狼均为国家级保护动物。——出版者注

4 中国第三批国家级染织类非遗名录及特点

中国第三批（2011年）国家级染织类非遗名录及特点见表5。2011年国务院公布了第三批国家级非遗名录，涉及染织类非遗项目7种，其中民间美术类6种，传统手工技艺类1种。第三批国家级民间美术类非遗中染织类非遗包括上海绒绣，宁波金银彩绣，瑶族刺绣，藏族编织、挑花刺绣工艺，侗族刺绣，锡伯族刺绣6种。其中较具有代表性的是瑶族刺绣、侗族刺绣、锡伯族刺绣等。第三批国家级传统手工技艺类非遗中染织类非遗包括中式服装制作技艺1种。

表5 中国第三批（2011年）国家级染织类非遗名录及特点

序号	编号	名称	类别	申报地区或单位	主要特色
1	Ⅶ-103	上海绒绣	民间美术	上海	上海绒绣尤以创作外国领袖肖像见长，绒绣肖像形象逼真，感染力强，被赞为"东方的油画"
2	Ⅶ-104	宁波金银彩绣		浙江	棉花是宁波金银彩绣的特色材料，主要用于垫高绣品中人物的面部。这种处理方法使图案有了起伏和不同角度的色彩光泽变化，大大丰富了宁波金银彩绣的表现力和装饰韵味
3	Ⅶ-105	瑶族刺绣		广东	巧于心计，娴于精工，绣出的图案古色古香、美观大方，具有浓郁的民族特色
4	Ⅶ-106	藏族编织、挑花刺绣工艺		四川	直接体现了该民族的审美风格和民族特性，既是民族的象征、文化的载体，也是实用与审美、物质与精神、艺术与技术的完美结合
5	Ⅶ-107	侗族刺绣		贵州	种类丰富、造型新颖、色彩绚丽，对西南地区的刺绣工艺有着深远影响
6	Ⅶ-108	锡伯族刺绣		新疆	象征着自由、宁静、和平、美丽，也给予锡伯族人一种精神力量，激励着他们在艰苦的环境中繁衍生息
7	Ⅶ-193	中式服装制作技艺（龙凤旗袍手工制作技艺、亨生奉帮裁缝技艺，培罗蒙奉帮裁缝技艺，振兴祥中式服装制作技艺）	传统手工技艺	上海、浙江	以高档织锦缎和丝绸为面料，裁剪缝制出旗袍、长衫马褂、男女中式套装、丝棉袄等系列产品，是中国服饰文化的代表，在海峡两岸及东南亚地区都有着深远的影响

5 中国第四批国家级染织类非遗名录及特点

中国第四批（2014年）国家级染织类非遗名录及特点见表6。2014年国务院公布了第四批国家级非遗名录，涉及染织类非遗项目20种，其中民间美术类7种，传统手工技艺类4种，民俗类9种。第四批国家级民间美术类非遗中染织类非遗包括民间绣活（夏布绣）、满族刺绣、蒙古族刺绣、京绣、布糊画、抽纱（汕头抽纱、潮州抽纱）、苏绣（扬州刺绣）7种。其中较具有代表性的是民间绣活（夏布绣）、京绣等。第四批国家级传统手工技艺类非遗中染织类非遗包括蓝印花布印染技艺、蚕丝织造技艺（潞绸织造技艺）、传统棉纺织技艺（威县土布纺织技艺、傈僳族火草织布技艺）、地毯织造技艺（阆中丝毯织造技艺、天水丝毯织造技艺）4种。第四批国家级民俗类非遗中染织类非遗包括达斡尔族服饰、鄂温克族服饰、彝族服饰、布依族服饰、侗族服饰、柯尔克孜族服饰、七夕节（郧西七夕）、蒙古族服饰、藏族服饰9种。其中较有代表性的是七夕节（郧西七夕）、彝族服饰和侗族服饰等。

表6　中国第四批（2014年）国家级染织类非遗名录及特点

序号	编号	名称	类别	申报地区或单位	主要特色
1	Ⅶ-77	民间绣活（夏布绣）	民间美术	江西	色彩鲜明，对比强烈，在色彩的搭配上尤其具有地方特色，一般采用黑、蓝、红、紫或淡蓝、金、银色为主要色彩，并且在长期的实践中总结出一套直次的对比统一的配色规律，在表现手法上为了增强装饰效果，常常将表现内容大胆地以夸张变形，不求形似，注重神采，构图饱满，极其符合中国传统艺术的表现手法和审美内涵，刺绣的悠久历史、丰富内容，对中国民间美术史的补充和完善具有积极的意义
2	Ⅶ-80	满族刺绣		黑龙江	以家织布为底衬，运用以红、黄、蓝、白为主色调的各种彩色丝线，用一根细小的钢针参照图案上下穿刺，织绣出各种纹样。绣品包括服饰、日用品等。绣品题材广泛，风格多样，情趣盎然，寓意深刻，充分表达了满族人民对美好生活的憧憬和厚重的文化内涵
3	Ⅶ-81	蒙古族刺绣		内蒙古	用驼绒线、牛筋等在羊毛毡、皮靴等硬面料上刺绣。蒙古族的刺绣艺术以凝重质朴取胜。其大面料的贴花方法、粗犷匀称的针法、鲜明的对比色彩，给人以饱满充实之感
4	Ⅶ-110	京绣		北京、河北	以材质华贵而著称，一般选用最好的绸缎为面料，而绣线除了蚕丝制成的绒线外，还以黄金、白银锤箔，捻成金、银线大量使用于服饰绣品中。其手法先用金银线盘成花纹，然后用色线绣固在纺织平面上，这种用金银线绣出的龙、凤等图案又叫"盘金"，在中国绣品中独一无二，尽显皇族气派，充分体现了富贵精美的宫廷审美艺术

续表

序号	编号	名称	类别	申报地区或单位	主要特色
5	VII-111	布糊画	民间美术	河北	一画作成，须经绘样、分解、制板、整形、配料、布糊、组装、装饰、成画等12道手工序。用料繁多，以绫罗绸缎等面料为主，其他如木料、纸板、海绵、绢花、首饰等达百余种
6	VII-112	抽纱（汕头抽纱、潮州抽纱）		广东	按一定图案抽出布料中的某些经纬线，以针线缝锁抽口，再加花纹刺绣。潮州抽纱通过400多种巧妙的针法工艺和繁复精致的设计布局，以刺绣的垫凸和抽通为特点，又以多层镂通和剔透玲珑的空间艺术为特色，巧妙运用多种针法工艺和繁复精致的设计布局，变化出千姿百态、栩栩如生的图案
7	VII-18	苏绣（扬州刺绣）		江苏	格调高雅、雅逸传神。扬州刺绣的特色是作品多取自历代诸多名家的优秀山水、人物之作，画稿意境深邃，构图层次清晰，色彩雅致柔和，并以此开创了富有诗情画意的仿古山水绣和神韵天然的水墨写意绣，其特点是追随优秀中国画的文化内涵和笔墨情趣，形成了格调高雅、雅逸传神的艺术风格，在绣坛上独树一帜。扬州刺绣素以劈丝精细、针法缜密、色彩丰富、表现力强的精细绣著称，每件作品针法缜密、艳丽、工整、光洁。绣师们以精湛的技艺极力表现中国写意画潇洒传神的笔墨神韵和工笔画的精致严谨
8	VII-24	蓝印花布印染技艺	传统手工技艺	浙江	它是一种靛蓝花布的防染印花方法，染料是从蓼蓝草中提取的。防染用的豆粉、石灰混合成的糊状物俗称"灰药"，此糊状物通过型版而漏印到坯布上，形成花纹。待布匹浸染晾干后，去掉"灰药"的部分是白色花纹，其他就是染上去的颜色
9	VII-99	蚕丝织造技艺（潞绸织造技艺）		山西	工艺精细细腻、巧夺天工。历史悠远，绵延不绝，至少可以追溯到宋代。潞绸做的衣服特别耐穿、透气，穿着舒适、凉爽
10	VII-100	传统棉纺织技艺（魏县土布纺织技艺、傈僳族火草织布技艺）		河北、四川	河北省威县的传统纺织技术工艺比较繁杂，包括搓花结、纺线、打线、染线、浆线、络线、经线、印布、掏缯、闯杼、绑机、织布12道工序。决定纺织布条格、花纹的关键工序是经色线的设计排列和缯的确定。缯有二页缯、三页缯、页缯三种，二页缯用单梭能织出白布和条纹布，经纬色线的有序排列则能织出多样的方格布

续表

序号	编号	名称	类别	申报地区或单位	主要特色
11	Ⅷ-110	地毯织造技艺（阆中丝毯织造技艺、天水丝毯织造技艺）	传统手工技艺	四川、甘肃	用高强度的棉纱股绳作经纱和地纬纱，根据图案扣织入彩色的粗毛纬纱构成毛绒，再经剪毛、刷绒等工序制成，正面密布耸立的毛，质地坚实，弹性良好
12	X-154	达斡尔族服饰	民俗	内蒙古	达斡尔族男子头戴皮帽，身穿长袍，下着皮裤，脚蹬皮靴。帽子多用狍、狼或狐狸的头皮做成❶，毛朝外，双耳、犄角挺立，形象逼真，外出打猎时，既防寒又护身。靴子多选用狍、犴、牛等动物皮。除皮质服装外，达斡尔族还穿布制的袍子和裤子。冬季穿棉袍，天冷时外套犴背心，春秋季穿夹袍，夏季穿单袍。妇女早期着皮衣，清代以后以布衣为主。服装的颜色多为蓝、黑、灰色，老年妇女还喜欢在长袍外套上坎肩
13	X-155	鄂温克族服饰		内蒙古	鄂温克族衣服的特点是肥大、宽松、斜大襟、束长腰带。清末以前，鄂温克族人只以兽皮制衣；清末以后，才开始用布料制衣。他们的衣着处处离不开皮子，这与其主要从事畜牧业，而且所在地区气候寒冷不无关系。冬季一般用长毛、厚毛皮做衣服；春秋季用小毛皮做衣服，夏季也有用去了毛的光板皮做衣服的，在皮制的衣服中以羊皮最多，皮制衣服种类很多，依据穿、戴、铺、盖等不同用途而形式各异。其中皮被子颇有特点
14	X-156	彝族服饰		四川、云南	彝族男女都外着"真尔瓦"和披毡。"查尔瓦"彝名为"瓦拉"，形似披风，用碾制的粗羊毛线织布缝制而成，一般13幅，每幅宽七八厘米，多染为深蓝色。以圣乍地区的最为华丽，边缘镶有红、黄牙边和青色衬布，下边吊有30厘米长的绳穗。披毡用2千克左右羊毛缝制而成，薄如铜钱，折以6厘米宽的皱褶。一般为30~90折，上方用毛绳收为领。多为原色或蓝色。"查尔瓦"和披毡是彝族男女老幼必备之服，白天为衣，夜里为被，挡雨挡雪，寒暑不易
15	X-157	布依族服饰		贵州	布依族的传统服饰是男着衣衫，女穿衣裙，妇女衣裙均有蜡染、挑衣、刺绣图案装饰。因为布依族居住在热带地区，气候炎热，这种宽松的衣裙符合气候特点

❶ 狍、狼、狐狸为国家级保护动物。——出版者注

续表

序号	编号	名称	类别	申报地区或单位	主要特色
16	X-158	侗族服饰	民俗	贵州	侗族女性的服饰千姿百态，或款式不同，或装饰部位不同，或图案和工艺不同，或色彩和发型、头帕不同，她们平时穿着便装，讲求实用，盛装时注重装饰审美，朴素与华贵相得益彰。根据整个侗族妇女服饰特点，可将侗族服饰分为三种款式：紧束型裙装、宽松型裙装和裤装
17	X-159	柯尔克孜族服饰		新疆	男子上身穿白色绣花边的圆领衬衫，外套羊皮或黑、蓝色棉布无领长"袷袢"，也有用驼毛织成的，袖口黑布沿边。系皮腰带，带上拴小刀、打火石等物。还有一种竖领、对襟短上衣也是牧民常穿的。下身穿宽脚裤，脚蹬高筒靴，或用牛皮裹上，称为"巧考依"鞋。柯尔克孜族男子一年四季多戴用羊毛制作的白毡帽（恰尔帕克），这是从衣着上区别柯尔克孜族的标志。帽里下沿镶有黑布或黑平线，向上翻卷，露出黑边，有左右开口或不开口之分，有圆顶和方顶之分。冬季戴狐狸皮或羊皮的皮帽（太别太依）。不论老少四季均戴绿、紫、蓝或黑色圆顶小帽，外加高顶卷檐皮帽或毡帽
18	X-108	蒙古族服饰		内蒙古	蒙古族服饰也称为蒙古袍，主要包括长袍、腰带、靴子、首饰等。但因地区不同，在式样上有所差异。蒙古族服饰具有浓郁的草原风格特色，以袍服为主，便于鞍马骑乘。因为蒙古族长期生活在塞北草原，不论男女都爱穿长袍。牧区冬装多为光板皮衣，也有用绸缎、棉布作为衣面。夏装多为布类。长袍身端肥大，袖长，多为红、黄、深蓝色。男女长袍下摆均不开衩。以红、绿绸缎为腰带
19	X-113	藏族服饰		青海	藏族男性服饰分勒规（劳动服饰）、赘规（礼服）、扎规（武士服）三种；妇女服饰在节庆、生活中的重大事件、礼仪时的变化较大，节日服饰都较平时着装富丽、庄重。现在，很多藏胞家庭的衣橱中增添了西装、夹克等现代服饰，反映了藏族人民新的服饰情趣。但是，不少人在节日时仍然保持着传统着装

第二篇·织造篇

增强现实（AR）技术与传统工艺教育的融合研究——以红安大布为例

刘玲

（武汉纺织大学艺术与设计学院）

摘要：本文聚焦于增强现实（AR）技术在红安大布传统工艺教育领域的创新应用，旨在通过这一技术手段提升教学效果，并推动传统工艺的传承与发展。研究过程中，采用文献综述、教学方案设计、实施效果分析及反馈评价等多元化方法，对AR技术在红安大布工艺教学中的应用效果进行了系统考察。研究结果显示，AR技术能够显著增强学习者对红安大布工艺的直观感知和参与体验，有效促进理论知识与实践操作的深度融合，为传统工艺教育带来创新性的变革与发展。

关键词：增强现实；红安大布；传统工艺教育；教学创新

教育领域正站在新时代的门槛上，数字化转型成为推动教育创新的重要引擎。国家政策明确提出推进教育数字化，这不仅是对技术应用的拓展，更是对教育理念和模式的深刻革新。在此框架下，增强现实技术在教育中的应用，不仅为传统工艺与现代教学的融合提供了新机遇，也为个性化和灵活的学习方式开辟了新的路径。特别是对于非物质文化遗产如红安大布的教育传承，AR技术的应用展现出其在提升教育互动性、增强文化体验以及促进技艺传承方面的潜力，本研究旨在深入探讨这一技术在传统工艺教育中的应用，以期为传统工艺的现代传承提供新的视角和策略。

1 增强现实技术在传统工艺教育中的应用

增强现实技术，是一种通过计算机技术将虚拟信息叠加到真实世界中的技术。它允许用户在不脱离现实环境的同时，看到并交互虚拟对象，实现一种"半实半虚"的效果[1]。每种AR技术类型都有其独特的功能特点和应用场景，它们共同推动了教育、工业、医疗、文化等多个领域的创新性发展。随着技术的不断进步，AR 技术在提升用户体验和促进信息交流方面将发挥越来越重要的作用。在传统工艺教育领域，AR 技术的应用正在逐步深入，为学习者带来全新的学习感受。

1.1　学习效果的创新引擎

AR 技术以其独特的魅力，为学习者开辟了一条直观且身临其境的学习路径。通过这一技术，学生得以跨越时空的鸿沟，亲身体验历史事件，深切感受传统文化的独特韵味。例如，利用 AR 技术重构历史建筑、再现历史文化的深厚底蕴，这不仅是一种学习方式的革新，更成为推动文化产业广泛传播与发展的重要力量[2]。

在教育领域，AR 技术的应用模式丰富多样，展现出了其巨大潜力。它不仅仅是一种教学辅助工具，更是一个能够提供沉浸式学习体验、帮助学生深刻理解抽象概念的强大平台。特别是在数学教育中，AR 技术以其独特的可视化手段，帮助学生轻松理解复杂的几何结构[3]。这种互动性与可视化的完美结合，显著提升了学习效率，并激发了学生的学习兴趣。

除了在数学教育中的应用，AR 技术还在实验教学领域展现出了无可比拟的优势。它能够模拟各种实验操作，为学生提供一个安全、环保且成本效益高的实验教学解决方案[4]。在没有实验室的情况下，学生依然可以进行模拟实践，这不仅降低了实验成本，还有效减少了潜在的安全风险，为实验教学带来了一场前所未有的变革。

传统工艺教育往往需要学习者投入大量的时间和精力，容易产生枯燥乏味的感受。AR 技术的应用能够激发学习者的积极性和主动性，够将抽象的工艺知识具体化、虚拟化，为学习者营造身临其境的沉浸式体验。学习者可以亲身参与虚拟的工艺制作过程，感受每一个环节的动作要领。这种身临其境的体验不仅增强了学习的趣味性，也极大地提高了学习者的参与度和主动性。

1.2　AR 突破时间和空间限制

传统的工艺教育往往局限于教室或工坊的物理空间，以及固定的时间安排，这使学习过程受到时间和空间的双重制约。随着 AR 技术的应用，这一传统教育模式正经历深刻的变革。AR 技术以其独特的优势，打破了时空的界限，使学习者能够与虚拟世界中的各类元素，无论是人、物、场景还是物品都能一一进行自由交互[5]，从而为学习者开辟了一个既灵活又广阔的学习新天地。借助专门设计的 AR 应用程序，工艺学习的门槛被大大降低，学习的时间和空间选择也变得前所未有的灵活。无论是在温馨的家中、充满活力的校园，还是户外的自然环境中，只要手边有 AR 设备，学习者就能即刻沉浸于虚拟的工艺制作流程，体验从原料选择到成品出炉的每一个细致环节。这种"移动学习"的模式极大地增强学习的便捷性和灵活性，同时也将学习的时空范围扩展到了前所未有的广度。

更重要的是，AR 技术还以其强大的连接能力，跨越了地域的鸿沟，让远程学习成为可能。即便身处世界的不同角落，学习者也能通过 AR 应用与老师或同学实时互动，共同观察、讨论工艺的细节，甚至合作完成一个项目。这种无视距离、跨越时空的协作学习模式，不仅极大地丰富了传统工艺教育的内涵，更为其注入了前所未有的创新活力和时代特色，开启了工艺教育的新篇章。

1.3　AR 促进理论与实践联系

传统的工艺教育往往面临一个困境：理论知识与实践操作被人为地分割开来，导致学习者难以将两者有效结合，建立起一个完整、系统的知识体系。AR 技术使这一难题得到了有效的解决。AR 技术以其独特的优势，成功地促进了理论与实践的深度融合，为工艺教育带来了一场革新。

AR 应用程序能够将工艺理论知识以直观、生动的方式呈现给学习者，并与虚拟的操作过程紧密结合[6]。这意味着，学习者不再需要单纯依赖文字和图片来理解抽象的理论知识，而是可以通过 AR 技术，在真实环境中以自然交互的方式对虚拟学习对象进行自主探索和实践。

这种理论与实践相结合的学习模式，不仅极大地丰富了学习者的学习体验，还有助于他们构建一个更加系统、完整的工艺知识体系。通过亲身体验虚拟操作过程，学习者能够更加深入地理解理论知识，并将其内化为实际技能。同时，这种学习模式也极大地提高了学习者的动手能力和创新思维，使他们在实践中不断探索、创新，真正实现理论与实践的有机融合。

1.4　引领教学方式变革

AR 技术的应用，不仅极大地丰富了学习者的学习体验，更为传统工艺教育教学方式带来了深刻的革新。AR 技术为教师提供了全新的教学手段，使教学更加直观、生动。利用 AR 应用程序，教师可以轻松展示工艺制作的每一个环节，并对关键动作进行放大和详细讲解，从而充分发挥 AR 技术的优势，有效克服线上教学在模型展示与交互方面的障碍[7]。这种形象生动的教学方式，不仅吸引了学习者的注意力，也促进了知识的深入传授。

不仅如此，AR 技术还推动了教学资源的数字化和共享化进程。基于 AR 的教学内容可以轻松在线上进行展示和传播，具有沉浸性、互动性和情境性等特点，这使其与数字教育出版平台的融合应用具有天然的优势[8]。学习者可以随时随地进行个性化学习，而 AR 技术的实时监测和反馈功能，则为教学评估方式的创新提供了可能[9]。教师可以即时了解学习者的技能操作和掌握情况，从而进行针对性的辅导，并发放个性化的教学资源，满足不同学习者的需求。

AR 技术在传统工艺教育领域的应用，不仅革新了学习者的学习体验，也为教师的教学方式注入了新的活力。这种技术与教育的深度融合，预示着传统工艺教育将迈向更加智能化和个性化的未来。在数字化推行的当下，学校更需要培养出懂得与智能机器分工合作、擅长创新创造的数智时代新人，而AR技术的广泛应用，将为实现这一目标提供有力的支持。

2　红安大布的历史文化价值与传统制作工艺

红安大布作为一种独特的传统手工纺织品，其源远流长的历史可以追溯到数百年前。相传，红安大布的制作技艺最早起源于湖北省红安县一带，当地民间工匠凭借丰富的经验和精湛的技艺，对各种天然植物纤维进行复杂的加工，成就了这种独特的织物。历经数代人的传承发展，红安大布逐渐成为当地重要的手工艺传统，成为当地民间文化的一部分。

2.1　红安大布独特的文化内涵

红安大布作为一种纯棉纺织品，其存在远远超越了物质形态，成为红安地区文化多样性的生动体现。它深深植根于这片土地的历史长河与民族特色之中，不仅承载了丰富的地方历史文化和民族风情，更是当地人民生活习俗和审美情趣的直观反映，为红安地区的社会身份标识增添了独特的色彩。红安大布的独特质地与精湛工艺，使其成为当地文化的象征，为红安地区的文化自信和经济发展注入了强大的活力。这种传统手工艺不仅丰富了地方文化的内涵，还为地方经济带来了实质性的推动，成为文化自信与经济发展的有力支撑[10]。

红安大布在维护文化多样性和促进社会就业方面也发挥了重要作用。特别是对于农村留守妇女而言，红安大布的生产不仅为她们提供了改善生计的途径，更在文化身份认同上给予了积极的肯定，使她们在传承与创新中找到了自己的位置[11]。作为非物质文化遗产的瑰宝，红安大布的保护与传承具有不可替代的价值。它不仅关乎增强民族文化自信，更是推动文化交流、促进文化多样性的重要途径[12]。红安大布的存在是对传统文化的一种生动诠释，也是连接过去与未来的桥梁，让人们在快节奏的现代生活中，仍能感受到那份来自土地深处的温暖与力量。

2.2　红安大布传统制作工序复杂

要制作出优质的红安大布，需要经历一系列复杂的传统工艺流程，每一道工序都蕴含着深厚的文化内涵和较高的技术要求。

首先是原料的选择和加工，工匠们会精心挑选当地种植的优质麻、棉等天然纤维，这些纤维以长度长、强度高而著称，为制作高质量的大布提供了坚实基础。随后，经过漂洗、浸泡、晒干等步骤，织工使用手摇纺车将棉花纤维纺成纱线。这一过程不仅考验织工的技艺，更是对传统工艺的传承[13]。

其次是织布环节，工匠们凭借丰富的经验，熟练地操作织布机，编织出精美的布料。在织前纱线处理工序中，染纱和浆纱步骤不仅确保了纱线的质量，还赋予了红安大布独特的色彩和质感。织前准备工序中的牵经和穿综步骤更是体现了红安大布工艺的精细与严谨[14]，这些工序的精确执行对最终产品的纹理和图案有着决定性的影响。

在此基础上，还需要进行染色、刺绣等装饰工艺，赋予布料独特的图案纹理。整个制作过程需要工匠具备长期积累的技艺和丰富的经验，体现了红安大布传统工艺的复杂性。红安大布的制作工艺不仅体现在其精细的制作过程中，还深深植根于对原材料的精心选择上，确保了其独特的品质和文化内涵。

2.3 红安大布考究的工艺与卓越的品质

红安大布的制作过程不仅工序繁复，而且对工艺技巧的要求极为严苛。在纺织环节，工匠们需要精准地把控机器的各项参数，如张力、速度等，确保能够织出质地优良的布料。他们凭借丰富的经验和娴熟的技艺，不断调整和优化纺织机的运行状态，使每一根纱线都能够紧密而均匀地交织在一起，形成质地细腻、手感舒适的布料。在染色方面，红安大布的工匠们更是倾注了大量的心血。他们精心配制天然植物染料，通过复杂的染色工艺，使红安大布呈现出独特的色彩和光泽。这些色彩不仅鲜艳持久，而且富有层次感和变化，使红安大布在视觉上具有极高的美感和吸引力。此外，刺绣工艺也是红安大布制作的重要组成部分。工匠们运用传统的绣花技法，巧妙地勾勒出精美的花鸟纹样，使红安大布在细节上更加生动有趣。这些刺绣图案不仅具有装饰作用，还蕴含着丰富的文化内涵和象征意义，使红安大布成为一种独特的文化载体。

得益于工匠们的精湛技艺和严格工艺，红安大布不仅外观优美，而且质地优良。在纺织过程中，对原料的精挑细选确保了布料的强度和耐用性。同时，复杂的加工工艺也赋予了红安大布良好的色泽和手感，使其成为一种经久耐用的优质织物。历经数代人的传承与发展，红安大布凭借其优异的品质和文化内涵，成为当地家庭不可或缺的日用品和装饰品，深受广大消费者的喜爱与推崇。如今，红安大布已经成为中国传统手工艺品的代表之一，其精湛的工艺和优良的品质也获得世人的赞誉。

3 应用AR技术提升红安大布教学效果的研究目标

在传统文化日益受到重视的今天，如何有效地传承和发展传统工艺成了一个重要的议题。红安大布作为中国传统织造工艺的瑰宝，其独特性和精湛的技艺值得深入研究和广泛传播。然而，传统的教学方式往往难以充分展现红安大布的工艺魅力和文化内涵，导致学习者难以全面了解和掌握这一传统技艺。因此，本文提出应用AR技术提升红安大布的教学效果，旨在通过创新的教学方式和手段，使学习者能够更加直观、深入地了解和掌握红安大布的制作工艺和文化价值。

3.1　增强红安大布工艺的直观性和参与感

红安大布作为中国传统织造工艺之一，其复杂精细的制作过程往往难以直观展示，这给教学和传承带来了一定的挑战。应用 AR 技术将整个制作过程以三维虚拟模型的形式直观展现，使学习者能够实时观察布料的纺织、染色、裁剪等各个环节。通过 AR 设备，学习者可以身临其境地感受织布师傅的手艺和技能，领略传统工艺的魅力所在。这种直观的教学方式不仅可以提高学习者对红安大布工艺的认知，还能极大地增强他们的学习兴趣和积极性，为后续的实践操作奠定良好的基础。

另外，AR 技术还可以让学习者虚拟参与红安大布的制作过程，如亲自操作织布机、尝试不同的染色方法等。这种虚拟参与的方式可以进一步增强学习者的参与感和代入感，使他们更加深入地了解这一传统工艺的制作流程和技巧。通过 AR 技术，学生能够身临其境地感受不同地区的景观及其特色[15]，同理，他们也能深入体验红安大布的制作工艺，对这种传统文化遗产产生更深刻的理解和认同。立足于此，学生或许会思考应如何拥抱并利用这些技术更好地珍视和传承中华民族传统文化，而不是远离它们。

3.2　促进理论与实践相结合

在传统教学模式下，理论知识和实践操作往往存在一定的脱节，导致学习者难以将所学知识应用于实践。在 AR 教学中，应注重将理论知识与实践操作相结合，为学习者提供更加全面和系统的学习体验。通过 AR 技术，可以为学习者提供详细的工艺流程介绍和演示，让他们在虚拟环境中进行实践操作的同时掌握相关理论知识。例如，在虚拟织布机的操作过程中，系统会实时提供织布的基本原理、关键技巧等理论知识，使学习者能够将理论与实践相结合，更好地掌握红安大布的制作工艺和技能。

虚拟空间具有无限的可能性，在红安大布的教学中，AR 技术不仅提供了详细的工艺流程介绍和演示，还允许学习者在虚拟环境中进行实践操作，同时掌握相关理论知识。这种理论与实践相结合的教学方式，极大地提高了学习者的学习效果和实操能力。AR 技术还可以为学习者提供实时的反馈和指导，帮助他们在实践中不断改进和提高。通过反复实践和反馈，学习者可以更加深入地理解理论知识，并将其灵活应用于实践操作中。这种综合性的教学方式不仅可以提高学习者的实操能力，还能培养他们的创新思维和解决问题的能力。

3.3　培养文化认同与探索教学创新

除了专业技能的培养，还应关注红安大布蕴含的文化内涵，并在教学中加以传承和弘扬。AR 技术不仅可以增强学习者对红安大布工艺的认知，还能通过展现其历史渊源、文化符号、地域特色等丰富内容，加深学习者对传统文化的理解和认同。这与"虚拟现实与增强现实技术可以为教学实践带来革命性变革"的观点相契合[16]。通过这些技术，培养学习者的文化认同感，让他们深入了解红安大布背后的文化内涵和工匠精神，进而促进他们对中华优秀传统文化的认同和传承。

同时，也要积极探索 AR 技术与传统工艺教学的融合路径，为传统工艺的传承和创新提供新的思路和方法。例如，开发基于 AR 技术的红安大布教学软件或平台，为学习者提供更加便捷和高效的学习方式。未来，还可以进一步探索 AR 与传统工艺的深度融合方式，如开发更加丰富的互动体验、创新教学模式等。通过这些创新的教学方式和方法，让珍贵的非物质文化遗产焕发新的生机与活力，为传统工艺教学注入创新元素[17]。同时，也能吸引更多年轻人关注和学习传统工艺，为其注入新的血液。

4　基于 AR 的红安大布教学方案设计与实施效果

在众多传统手工艺中，红安大布以其深厚的历史文化底蕴和独特精湛的技艺脱颖而出，成为亟待传承与弘扬的非物质文化遗产。面对这一重任，我们积极探索创新，运用先进的AR 技术，设计并实施了一套针对红安大布传统工艺的教学方案。本方案旨在通过科技手段，使学习者能够身临其境地感受红安大布的魅力，进而促进其传承与发展。以下是该教学方案的具体设计与实施效果。

4.1　AR 教学方案设计与教学目标

红安大布，作为一种蕴含深厚的历史文化底蕴与独特精湛的技艺的传统手工艺，其传承与弘扬显得尤为重要。对此，本研究拟探索运用先进的 AR 技术，设计一套针对红安大布传统工艺的教学方案。此方案旨在借助科技手段，为学习者营造一个身临其境的学习环境，以深化其对红安大布的理解与认同，进而促进其传承与发展传统工艺。以下是该教学方案的具体设计与预期目标阐述。

本方案通过对传统教学模式的深入分析，结合红安大布的教学特点，计划运用 AR 技术，设计一套完整且创新的教学方案。预期目标主要包括：一是借助 AR 技术的直观性，帮助学习者深入感受红安大布的制作工艺与文化内涵，增强其对传统文化的认同感与归属感；二是利用 AR 技术的交互性特点，提升学习者的参与度与互动性，从而优化学习效果；三是依托AR 教学资源的丰富性与多样性，拓宽学习者的知识视野，深化其对红安大布文化内涵的理解与思考。通过这些预期目标的实现，本研究期望能够为红安大布的传承与弘扬提供新的思路与方法，同时为传统手工艺教学注入新的活力和融入创新元素。

4.2　AR教学内容的组织与呈现

为实现上述预期目标，本研究对AR教学内容进行了精心的设计与组织，旨在通过数字化手段生动展现红安大布的独特魅力与深厚内涵。首先，对红安大布的制作工艺、历史沿革、文化内涵等进行了系统的梳理与提炼，构建了完整且富有逻辑的知识体系。其次，计划将这些知识点与AR技术相结合，转化为生动、直观的AR教学资源，包括精美的三维（3D）模型、动态的动画演示以及详尽的视频讲解等。这些资源将以多元化的方式呈现给学习者，使其能够在虚拟环境中亲身体验红安大布的魅力与独特之处。

在具体实施过程中，本研究计划充分运用数字化技术手段，对红安大布传统工艺资料进行深入挖掘与整理，并进行数字化转化与处理。随后，利用Unity、Cinema4D、Maya等先进的三维建模与渲染软件，构建逼真、生动的虚拟学习环境，为学习者提供沉浸式学习体验。此外，为了进一步增强学习的趣味性与互动性，本研究还设计了一系列富有创意的互动小游戏与任务，引导学习者在自主探索与实践中深化对红安大布文化内涵的理解与认识。通过这些预期的组织与呈现策略，期望能够为学习者打造一个富有创新性与实效性的学习环境，促进其对红安大布传统手工艺的传承与发展。

4.3　AR教学活动设计与实施步骤

基于上述精心设计的AR教学内容，我们正构思并实施一系列丰富多样的教学活动，力求将理论与实践紧密结合，为学习者创造一个寓教于乐、充满创造性的学习环境。在课堂上，计划进行AR技术的引入和演示，通过生动直观的展示，让学习者深入了解AR技术的基本原理及其在教育领域中的潜在应用。这一环节旨在激发学习者对新技术的好奇心，并为后续的AR教学体验打下基础。接着，计划组织学习者进行AR教学资源的深度体验和互动。利用先进的AR技术，打算呈现红安大布制作工艺的3D模型、动画演示等丰富内容，让学习者仿佛置身于真实的制作场景中，亲身体验纺织、染色、刺绣等关键工艺的魅力。这种沉浸式体验方式有望极大地增强学习的直观性和趣味性，使学习者对红安大布的制作过程有更加深刻的理解。

在此基础上，开展小组讨论和展示环节。学习者可以在小组内就自己的学习心得进行充分的交流和分享，通过思想的碰撞和融合，进一步深化对红安大布文化内涵的认识。同时，考虑引入角色扮演等互动活动，让学习者在实践中加深对知识的理解和应用。此外，我们正探索如何利用微信公众平台的强大功能，如多媒体信息的大规模推送、定向推送（分组推送）、个别交流互动和智能回复等，辅助AR教学活动的实施[18]。通过微信公众平台，可以及时推送相关的学习资料和活动通知，与学习者进行实时的交流和互动，为他们提供更加个性化、便捷的学习支持。我们的AR教学活动设计与实施步骤正处于设计探索阶段，我们充分考虑了学习者的需求和特点，通过丰富多样的教学活动和创新的技术手段，力求为学习者创造一个充满乐趣、富有成效的学习环境。

4.4 AR教学评价与效果反馈分析

为了全面探索AR教学方案的潜在实施效果，我们正精心设计多种评价方式，并考虑通过团队合作的方式促进融合创新文化的构建[19]。我们特别关注学习者的参与度与互动情况，计划通过细致观察对教学活动本身进行过程性评价，以实时了解教学活动的进展和效果。同时，为了检验学习者在AR教学方案下的学习效果，我们正设计针对性的知识考核和文化理解测试，旨在确保他们能够充分掌握所学知识并深入理解红安大布的文化内涵。

另外，我们还计划组织学习者进行问卷调查和访谈，积极收集他们对AR教学的直接评价和建议。我们鼓励学习者在团队中分享自己的体验和感受，通过团队合作的方式共同构建融合创新文化，为教学评价提供更多元化的视角。我们期望通过综合多种评价方式的结果，能够全面了解学习者对AR教学的反馈，以及他们在学习过程中的体验和收获。我们希望通过这样的探索，能够为红安大布的传承与发展注入新的活力，并通过团队合作的方式成功构建基于团队科学的融合创新文化。这一教学模式的创新实践有望得到学习者的广泛认可和积极反馈。

4.5 AR教学在红安大布传承中的应用

总的来说，探索运用AR技术开展红安大布教学的可能性，旨在提升教学质量，并为红安大布的保护与传承提供新的思路。AR教学以其生动形象、互动性强的特点，有望激发学习者的浓厚兴趣，并增强他们对传统文化的认同感。同时，AR教学资源丰富多样，能够全面系统地呈现红安大布的制作工艺和文化内涵，为后续的文化传承提供有力支撑。

此前已有研究表明，教育虚拟环境对学习效果具有中等程度的正向影响[20]，AR技术在教育领域的应用具有较大潜力，能够为传统文化的传承提供有效的支持。因此，我们正积极探索AR技术在红安大布非遗保护中的应用，希望为这一优秀传统手工艺的传承与发展开辟新的道路。未来，进一步优化AR教学方案、拓展其应用领域，为红安大布的传承与发展贡献更多力量。

5 AR技术在传统工艺教育中的推广与应用前景

AR技术作为数字化时代新兴的交互方式，在传统工艺教育领域展现出广阔的应用前景。它能为工艺教学带来全新的方式和体验，使学生通过沉浸式交互亲身感受工艺制作的全流程，提高学习兴趣和专注度。同时，AR技术还能突破实体工艺品的物理局限，提供探索性学习的全新可能性。然而，AR技术的推广应用仍面临硬件设备成本高、内容制作专业门槛高、教师应用能力弱和校园网络基础设施不足等挑战。针对这些挑战，需要政府、学校、教师和技术供应商等多方面共同努力，提供经济支持、加强人才培养、完善网络基础设施并建立资源共享平台。

将AR技术应用于传统工艺教育，不仅能提升教学效果，还能带来一系列创新性变革。它能实现虚实结合的沉浸式学习体验，促进学习方式从被动转向主动探究，推动师生互动方式从单向转向双向协作，并丰富工艺教学内容的表现形式。此外，AR技术还能提升教学资源的利用效率。随着AR技术的不断成熟，其在传统工艺教育中的应用范围也将不断拓展，包括AR远程协同教学、教学内容虚拟展示、教学评估与反馈、个性化内容推荐以及融合人工智能（AI）的智能辅导系统等方向。

展望未来，随着AR技术的不断发展和应用场景的持续拓展，它必将成为推动传统工艺教育变革与发展的重要力量，助力这一领域迈向数字化、智能化的新时代。AR技术不仅能够提升学生的学习体验和教学效果，还能为工艺教育带来一系列的创新性变革，展现出巨大的应用潜力。

参考文献

[1] 蔡苏，张静. 增强现实（AR）技术变革教育教学[J]. 人民教育，2023（9）：33-37.

[2] 方超逸，何佳臻. VR/AR技术在服装行业中的发展与应用[J]. 现代纺织技术，2022，30（6）：4-14.

[3] 王罗那. 增强现实技术（AR）在数学教育中的应用现状述评与展望[J]. 数学教育学报，2020，29（5）：91-97.

[4] 陈嘉欣，占小红，杨笑. 国内外VR/AR技术在化学教育的应用研究述评——基于可视化的共词分析[J]. 化学教学，2022（1）：8-13，20.

[5] 肖俊敏，王春辉. 虚拟现实技术在语言教育中的应用——研究现状、作用机制与发展愿景[J]. 首都师范大学学报（社会科学版），2023（5）：91-105.

[6] 刘清堂，马晶晶，余舒凡，等. 增强现实技术对场馆学习效果影响的研究及展望[J]. 现代远距离教育，2022（3）：3-12.

[7] 张宗波，伊鹏，王珉，等. 用于线上教学的工程图学虚拟现实交互模型平台[J]. 东华大学学报（自然科学版），2017，43（4）：612-616.

[8] 何国军. VR/AR技术在数字教育出版平台中的应用及发展策略[J]. 中国出版，2017（21）：39-42.

[9] 曹硕. 红安大布传统纺织技艺的增强现实展示设计研究[D]. 武汉：武汉纺织大学，2022.

[10] 徐宇倩，叶洪光，赵红艳. 红安大布服饰类非遗衍生品的开发研究[J]. 天津纺织科技，2019（5）：1-4.

[11] 廖祥六. 红安大布地理标志产品现状及发展对策研究[J]. 黄冈职业技术学院学报，2019，21（6）：114-116.

[12] 周燕，张洁. 非物质文化遗产旅游产品开发策略研究——以红安大布传统纺织技艺为例[J]. 西部旅游，2021（17）：33-35.

[13] 吴珊. 对中国传统手工艺的传承与创新研究——以红安大布为例[D]. 武汉：武汉纺织大学，2020.

[14] 李强，刘安定，李建强，等. 红安大布的工艺研究[J]. 服饰导刊，2013（4）：70-75.

[15] 苏凯，赵苏砚. VR虚拟现实与AR增强现实的技术原理与商业应用[M]. 北京：人民邮电出版社，2017.

[16] 王竹立. 建构新教育学体系，发展新质教育——从数智时代新知识观入手[J]. 开放教育研究，2024，30（3）：15-36.

[17] 金生鈜. 数字化教育技术的能动性、价值治理及教育性物化[J]. 教育研究，2023（11）：14-28.

[18] 彭琪. 利用微信和AR技术构建直达一线需求的地理教学服务平台[J]. 地理教学，2020（23）：40-41.

[19] 祝智庭，戴岭. 融合创新：数智技术赋能高等教育的新质发展[J]. 开放教育研究，2024（3）：4-14.

[20] 刘勇，赵义瑾，文福安. 数字化转型下教育虚拟环境对学习效果的影响——基于97篇中英文文献的元分析[J]. 现代教育技术，2023，33（5）：25-33.

文创生象：西兰卡普的"传"与"创"

李雨嫣

（武汉纺织大学艺术与设计学院）

摘要： 西兰卡普作为土家族独有的织锦工艺，在当前社会经济与大众文化蓬勃发展的背景下，正遭遇价值转换的困境、文化内涵的淡化以及传承人断层的严峻挑战。针对这一窘境，可以借助文化创意设计的方式保护、传承与发展这一手工艺类非物质文化遗产。本文从文创设计的视角出发，通过文献研究和案例分析，探究文创设计与西兰卡普传承之间的内在逻辑关系，剖析西兰卡普的文化内涵与艺术价值，并结合文创语境分析西兰卡普传承过程中的现实困境，有针对性地从市场定位、人才培养和产品自身等方面提出西兰卡普创新发展路径，以期使西兰卡普在新时代焕发新的生机。文化创意设计与西兰卡普紧密融合，既对推动传统文化走进现实生活具有重要的积极意义，也为其他传统文化的传承与创新提供了有益参考。

关键词： 西兰卡普；文化创意设计；非物质文化遗产；发展；策略

西兰卡普，作为土家族文化瑰宝，是土家族人民在漫长的历史长河中，通过生产生活实践凝结的集体智慧与创造力的象征，深植于土家族文化的根脉之中。土家族织锦包括"土花铺盖（即西兰卡普）"和"土家花带"两大类[1]。现在，西兰卡普已成为土家族织锦的代称。自20世纪50年代起，阮璞（1989）开展对土家族美术史的相关研究，肯定了土家织锦的艺术价值与使用价值；吴正纲（1987）在20世纪80年代提出，西兰卡普是历史的积淀物，在当今社会中应该深化对其价值的探讨。鉴于其独特的文化价值与历史地位，2006年，在《国务院关于公布第一批国家级非物质文化遗产名录的通知》中，将"土家族织锦技艺"列入第一批国家级非物质文化遗产名录。然而，在当代社会转型与文化变迁的背景下，西兰卡普面临着价值转换的困境、文化内涵的流失以及传承人的断层等严峻挑战，其传承与发展陷入窘境，如何在保持其文化内核的同时，实现与现代社会的有效对接，成为亟待解决的问题。文创产品蕴含文化内涵，契合大众审美。西兰卡普丰富的艺术元素，如独特的编织工艺、质朴热烈的色彩、浪漫精美的图案等，都可成为文创产品设计的灵感来源。近年来，越来越多的学者开始关注并探索西兰卡普与文创产品设计的结合，试图通过这一方式为其注入新的活力。从冉红芳、田敏（2015）强调多学科介入与土家族织锦技艺文化遗产发展的联合互动，到王敏、彭昌盛（2024）运用符号学理论分析西兰卡普文化因子内涵，构建了西兰卡普文化基因图谱及因子转译方法模型，再到富尔雅、张娟（2024）探索视觉文化时代下西兰卡普的活态传承该如何利用数字化工具和现代设计理念充分融合等。这些研究向西兰卡普创造性转化提供了宝贵的思路与启示。通过创意设计，将西兰卡普元素融入文创产品以赋予其新的表现形式与内在精神，既可彰显其艺术魅力，又能满足大众的精神文化需求。这对于推动西兰卡普非物质文化遗产（以下简称"非遗"）的活态传承与创新发展具有积极意义。

1 文创产品设计与西兰卡普传承概述

1.1 文创产品设计

文创产品即"文化创意产品"，指依靠创意人的智慧、技能和天赋，借助现代科技手段对文化资源、文化用品进行创造与革新，通过知识产权的开发和运用，产出高附加值产品[2]。文创产品通常依托文化资源，兼具独特性、艺术性、实用性和市场价值，涵盖设计、制造、营销等各个环节，能够传递和表达某种文化价值观念、历史记忆、审美理念等内涵。文创产品本身的品质在极大程度上依赖于产品设计的优劣。

文创产品设计，作为一种融合文化元素与创意的综合性艺术实践，旨在通过独特的设计理念和手法，将传统文化、艺术表现和现代科技相结合，从而创造出具有深刻文化内涵、艺术价值和市场竞争力的产品[3]。其设计过程涉及对市场需求、用户喜好以及文化元素的深入剖析，确保产品能够精准传达特定文化信息，满足消费者的精神需求。在设计原则上，文创产品设计强调对传统文化的传承与创新，注重产品的文化性和艺术性，同时追求用户导向和商业价值的平衡[4]。通过创新的设计理念和表现形式，文创产品能够打破传统界限，以新颖独特的面貌出现在消费者面前，引发共鸣并激发其购买欲望。在设计流程上，文创产品设计包括需求分析、创意策划、设计开发、生产制造和市场推广等多个环节。通过对目标用户、市场需求和文化元素的深入分析，设计师能够准确把握产品的定位和特色，从而进行有针对性的创意策划和设计开发。在制造和推广阶段，文创产品需要通过精细的工艺和有效的营销策略，确保产品的高品质和市场竞争力。

在当前社会经济背景下，个体的经济条件与教育水平呈显著上升趋势，随之而来的是消费者需求的结构性变革。具体而言，消费者对产品的需求已由基础的实用性和功能性，扩展至对审美体验和情感共鸣的深层追求，从而催生了融合文化和情感基因的文创产品潮流，带动了文创产业的兴盛[5]。当前，我国实施文化强国战略，在国家层面将文化建设放在全局工作的突出位置，推动文化繁荣和建设文化强国，这为文化产业的发展提供了重要使命和机遇。此外，多个城市如上海市、深圳市等设立了专门的财政扶持资金，包括项目资助、企业补贴、园区建设等方面，都支持着文化创意产业的发展。在市场的推动和政策的双重扶持下，深入推进文化创意产品产业的发展，把握文化创意产品的发展趋势，在获得经济效益的同时，可更好地传承和弘扬中华优秀传统文化。因此，文创产业市场发展潜力巨大。

1.2　西兰卡普的传承发展

探讨西兰卡普的演变与发展既是土家族西兰卡普研究的基础和前提，也是推动该研究不断深入和创新发展的支撑[6]。

土家族织锦技艺源远流长，可以追溯到距今约四千年的古代巴人时期，被称为"玉帛"。在漫长的演变过程中，西兰卡普经历了多个历史阶段的传承与发展。从秦汉时期的"賨布"，到三国两晋的"土锦""斑布"，再到唐宋时期的"溪布""峒布"和"峒锦"，西兰卡普在不同历史时期展现出了不同的艺术风格和时代特征[7]。明清时期，西兰卡普进一步发展，工艺越发精湛并形成了现有西兰卡普的基本风格。直至1957年，土家族被确定为单一民族，土家族织锦终于被正名，并亮相中国，逐渐走向世界。土家族织锦技艺代代相传，以其高难度工艺和丰富的文化内涵，被视为纺织中最具价值与象征意义的文化艺术品之一。2005年10月，西兰卡普被评为湖南省十大民族民间文化遗产。2006年6月，"土家族织锦技艺"被列入第一批国家级非物质文化遗产代表性项目名录。步入现代社会，随着大工业产品的广泛普及与成本降低，西兰卡普面临着前所未有的挑战。西兰卡普的织造过程复杂，劳动强度高，且长期依赖自发性生产模式，这些因素共同导致了生产者的逐渐减少、市场需求的萎缩与经济效益的低下，使西兰卡普的革新与发展步伐逐渐放缓，其保护与传承成为学术界和社会各界广泛关注并深感担忧的议题[8]。进一步分析，西兰卡普市场流通量及价值的持续下滑，不仅缘于其繁复且高超的手工技艺难以适应现代社会快速发展的节奏，更在于其传统实用价值的逐渐淡化与替代。在这样的背景下，即便仍有少量的手工匠人坚守着这一传统技艺，也往往因为无法以此维持生计而陷入困境。此外，由于传统织锦风格与现代审美观念的差异，其产品在市场上的接受度有限，进一步加剧了其生存与发展的危机。因此，如何有效保护并传承这一珍贵的非物质文化遗产，防止其逐渐走向消亡，已成为当前亟待解决的问题。

1.3　文创产品设计与西兰卡普传承之间的内在逻辑关系

文创产品设计与西兰卡普传承相辅相成，西兰卡普的文化元素是设计灵感的源泉，而西兰卡普又通过文创产品设计传播得到进一步发展。

一方面，西兰卡普的传承与发展有利于文创产品设计的更新。文创产品设计强调将文化元素与创意相结合，转化为具有实用性和审美价值的产品。西兰卡普作为土家族文化的代表，其独特的图案、色彩和织造技艺为文创产品设计提供了丰富的文化元素。在文创产品设计中，设计师通过提取、简化、重组西兰卡普的传统纹样、色彩等元素，结合现代设计理念和审美趋势，进行创新和再设计，使产品既保留土家族文化的特色，又符合现代市场的需求。另一方面，在文创产品设计下，西兰卡普得到更有效的传承与发展。在当前文创产品市场的热度下，中华优秀传统文化的传承与发展受到空前关注，西兰卡普的发展也因此受益。文创产品设计通过巧妙地融入西兰卡普元素，不仅为西兰卡普的传承提供了新的途径，更促进了土家族文化的传播和普及。同时，文创产品的设计过程也是一个对西兰卡普文化进行深入研究和挖掘的过程，有助于增进人们对土家族文化的了解和认识，进一步推动文化的传承与发展。

2 西兰卡普的文化内涵与艺术特征

2.1 西兰卡普的文化内涵

西兰卡普，作为土家族传统手工艺品的杰出代表，其文化内涵深厚且独特，不仅是土家族在纺织技艺领域取得卓越成就的象征，更是其民族审美追求、生活智慧与情感寄托的集中体现。西兰卡普作为土家族文化的标志和媒介，它承载着民族的历史记忆与情感纽带。从文化学角度审视，西兰卡普的图案设计深刻反映了土家族独特的民族文化与信仰。在图案选择上，题材广泛，涉及土家族生活的方方面面，它是对土家族人与自然关系的艺术呈现。例如，土家族以白虎为图腾，虎作为万兽之王，拥有主宰性的力量。土家族人自古崇虎，心生敬畏，经过长期的约定俗成和潜移默化，延续至今，幻化成土家人心中的图腾，白虎自然成为土家族织锦最常见的题材之一（图1）[9]。

在色彩运用上，西兰卡普以"方正五色"为基础，尤其是红与黑的搭配，不仅彰显了土家族独特的审美观念，更象征着天地万物的生长与变化，体现了土家族人对宇宙自然的敬畏与尊崇，这种色彩运用不仅彰显了土家族文化的独特性，也体现了其积极向上的生活态度与价值观念。

作为土家族文化的重要载体，西兰卡普不仅是非物质文化遗产的瑰宝，更是土家族集体智慧的结晶。它寄托了人们对平安、吉祥和幸福的美好愿望。在日常生活中，西兰卡普不仅具有实用性，还兼具礼仪性和审美

图1 西兰卡普白虎图

性，是土家族婚俗中不可或缺的重要嫁妆，其独特的艺术价值令人瞩目。随着时代的变迁，土家族艺术家在传承传统文化的基础上不断创新，创作出了如《摆手舞》《张家界风光》等具有时代特色的作品，使西兰卡普艺术焕发出新的生机与活力。

2.2　西兰卡普的艺术特征

2.2.1　抽象简约的几何图案

土家族聚居区的织锦展现出一种独特的艺术风貌，其核心特征在于图案元素的极度概括性和鲜明的色彩饱和度。这些图案往往不直接反映其背后的原始意义，而是经历了一种"名存形异"的演变，使原本的寓意变得模糊而神秘[10]。一方面，在土家族的传统手工艺制作中，工匠们习惯于将复杂的事物简化为最基本的几何形式，以这种抽象的方式捕捉并表达事物的精髓。这种简化和抽象的过程，不仅体现了工匠们的精湛技艺，也反映了他们对生活的深刻理解和感悟。另一方面，由于传统制作工具的局限性，土家族织锦的编制只能在横、竖、斜三个维度上进行。这一限制虽然给图案的丰富性带来了一定的挑战，但也促使土家族人通过更为精细的观察和分析，从生活中汲取灵感，用基本的几何图形进行提炼和概括，并运用抽象、变形、旋转、重复等多种手法，将这些几何元素巧妙组合，形成了一幅幅既简约又富有内涵的几何纹样，从而成功地表达了画面主题（图2）。

图2　几何抽象的虎纹（又称"台台花"）

2.2.2　丰富多样的色彩搭配

色彩在艺术创作中占据核心地位，它不仅直观地反映了艺术家的情感与风格，还承载着传播文化的社会功能。考虑到土家族人长期生活在草木葱郁的自然山区，其生活环境与地域特色深刻影响了西兰卡普等织物的色彩选择，当地主要依赖本地植物染料，呈现出独特的自然韵味。西兰卡普的色彩中使用频率最高的红色，多用朱砂进行染制，或者使用茜草，不仅着色性能优良，还能够持续很久，不易掉色。在色彩运用上，土家族人偏好使用高纯度色彩进行对比，这种搭配方式使图案边界清晰，同时又通过柔和的过渡色实现了画面的和谐统一（图3）。土家族人还善于在图案边缘以淡雅色彩勾勒，再用其他复合色彩进行适当填充，此外，西兰卡普也喜好色彩渐变，

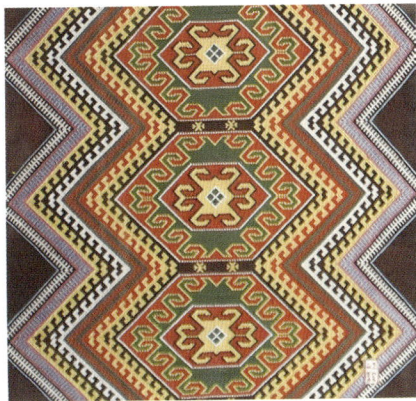

图3　色彩对比鲜明的西兰卡普

使颜色层层推进，形成强烈的节奏变化。这种色彩处理技巧既凸显了土家族人豪爽大气的性格特征，也传递了他们对生命的热爱与珍视。通过这种独特的色彩运用，土家族人不仅展现了自身的艺术风格，也向世界传递了深厚的文化内涵。

2.2.3 "通经断纬"的织造特点

西兰卡普的织造技艺独特，可以用"通经断纬"来概括其核心特征。具体而言，经线需要贯穿整个面料，因此其颜色以红色、黑色、蓝色等常见色彩为主，这些色彩的选择也体现了土家族的地域特色和文化传统。纬线相对灵活，可以根据图案设计的需要穿插在经线上，甚至可以无数次剪断重组，这种灵活多变的织法为西兰卡普的图案设计提供了广阔的创作空间（图4）。在织法上，西兰卡普主要有对斜、上下斜与抠斜三种技法。这三种技法共同的特点是经线的密度大于纬线，这种密度差异使其织法主要集中在垂直、水平与对角倾斜三个方向上。这种织法特点非常适合表现几何形状的图案，因为几何形状往往具有明确的边界和角度，与织法的方向性相契合[11]。为了丰富西兰卡普的纹样造型，土家族人还采用了二方连续、四方连续等构图方法。这些方法通过重复和排列简单的纹样单元，形成连续不断的图案效果，使整个西兰卡普作品看起来更加丰富和生动。同时，这些构图方法也体现了土家族人对平衡、对称和节奏的审美追求。

图4 西兰卡普"通经断纬"的织造技术

3 西兰卡普文创设计传承过程中的现实困境

3.1 本土区域局限性与购买吸引力缺失

西兰卡普，作为国家级非物质文化遗产，凝聚了土家族深厚的文化底蕴和丰富的地域特色。然而，作为一种小众的民间艺术形式，西兰卡普并未广泛进入大众视野。在文创产品的开发与推广过程中，西兰卡普面临着本土区域局限性与购买吸引力缺失的双重挑战，这些问题相互交织，构成了一个复杂的困境。

本土区域的局限性成为西兰卡普市场扩展和消费者认知的一大障碍。尽管近年来学术界对西兰卡普给予了较高的关注，但在公共传播和普及程度上，其影响力远未达到预期。西兰卡普的文化影响主要集中在湖北省、湖南省及其周边地区，而在更广大的地域乃至全球范围内，其知名度相对较弱。这种局限性使大众对西兰卡普的了解十分有限，甚至在一些地区几乎无人知晓。这种缺乏认知的情况直接影响了消费者对文创产品的购买意愿，进而导致购买吸引力缺失[12]。购买吸引力缺失又进一步加剧了本土区域的局限性问题。由于消费者对西兰卡普的认知不足，加上文创产品在设计和推广上过于强调本土文化的独特性，未能充分满足更广泛市场的审美和消费需求，导致其消费群体主要局限于当地民族、旅游者和传统手工艺爱好者。受众的狭窄性使西兰卡普文创产品的市场需求难以扩大，进而限制了其市场覆盖和消费者认知的深入拓展。文化认同与传播的障碍也是制约西兰卡普跨区域传播的关键因素。非本地消费者可能因缺乏对西兰卡普背后文化故事和象征意义的深入理解而形成文化隔阂，这种隔阂进一步削弱了他们的购买欲望。同时，文创产品在创新设计和市场适应性方面的不足也加剧了购买吸引力的缺失。未能有效融合现代审美和功能性需求的产品难以在竞争激烈的文创市场中形成差异化竞争优势，进而影响了消费者的购买决策。

3.2　文化的原真性流失与传承后继乏人

现阶段西兰卡普文创产品的设计普遍存在一种现象，即对纹样元素的复制与粘贴仅停留在表面，未能深入挖掘其背后的文化原真性。这种浅尝辄止的设计方式导致产品沦为消费符号，忽视了文化内涵的传递，削弱了产品的文化价值和意义。同时，受"拿来主义""工艺简单化"及"原料廉价"等因素影响，土家族传统文化根基在西兰卡普的创作中被曲解和背离，使西兰卡普的艺术魅力大打折扣，对公众产生了误导。这种现象不仅造成了各地民间美术的混乱，更使西兰卡普这一传统艺术形态面临着丧失其独特神韵的风险。如西兰卡普最具代表性的纹样——四十八勾纹（图5），原本作为土家族人对生殖和太阳的崇拜，如今却仅从视觉层面出发，用于装饰点缀各类纪念品、土特产的包装等，缺乏对西兰卡普文化深度的挖掘[13]。究其原因，一方面，受快节奏社会氛围影响，文创产品开发过度，追求短期经济效益，忽视了文化价值的深入探索；另一方面，传承人的流失进一步加剧了文化内涵的缺失和继承困境。自农耕时代起，编织既是劳动又是娱乐，因而西兰卡普的传承一直以家庭为单位，在实践中通过口传心授得以延续。然而，随着现代生活节奏的加快和娱乐信息的泛滥，

人们的闲暇时间缩减，加之西兰卡普技艺的烦琐性、经济效益的低下以及劳动趋于高强度，与现代追求快捷的生活方式格格不入，导致愿意传承此项技艺的人日益减少。同时，城市化进程促使年轻群体走出传统生活环境，接触并受大众流行文化影响，其思想观念、审美意识发生转变，对本民族传统文化的认同减弱，进一步削弱了与传统西兰

图5　土家族四十八勾纹样

卡普文化意义的联结。此外，技艺精湛的老艺人逐渐老龄化，而年轻一代因制作过程中时间投入与回报不成正比，学习与传承的意愿低迷，导致传承人才断层明显。在全球化和社会文化变迁的大背景下，由于地域民族文化受强势文化冲击，西兰卡普的传统文化功能逐渐式微，其传承困境越发凸显。这种现状对西兰卡普发展产生了深远的负面影响，不仅导致其文化原真性流失，还使消费者难以与产品产生情感共鸣，进而影响了其市场接受度和传播效果。因此，如何恢复和提升西兰卡普文创产品的文化原真性，成为当前亟待解决的问题。

3.3　元素的简单堆砌与产品类别单一化

西兰卡普因纹样优美、文化内涵丰富而具有功能衍生和再设计的条件。目前市面上的西兰卡普文创产品主要集中在纹样的提取与简单变化上，纹样的应用普遍未能跳出二维平面的束缚，仍停留在纹样直接呈现于产品表面的初级传统阶段，未能根据产品自身功能需求进行纹样再设计，使得纹样只是平面化元素，与产品的契合度不高，最终导致产品同质化严重，缺乏创新（图6）[14]。

此外，当下西兰卡普的文创设计主要依托于服饰类产品的开发，如包袋（图7）、装饰画、丝巾、披肩等。西兰卡普的文创产品常以现代服装为载体进行再创作，往往采用热转印技术将西兰卡普图样应用于服饰。然而，这种应用并未有效融合传统图样与现代审美，导致产品生硬、缺乏特色和设计感。传统与现代风格的结合不佳，影响了服饰的艺术价值和经济价值。设计者需要突破传统思路，创造既实用又富含文化意义的产品[15]。同时，产品类别的单一化使消费者在接触和体验西兰卡普文创产品时可能感到乏味，难以满足消费者多样化的需求，影响其对西兰卡普文化的兴趣和认同，降低了市场竞争力。这样的文创产品难以触动消费者的感情，激起消费者的购买欲望，因而与现代审美结合的系统性文创产品开发还有待进一步研究与拓展。

图6　元素平面化的西兰卡普文创产品

图7　西兰卡普文创包袋

4　文创设计下西兰卡普的创新发展路径

4.1　明确市场定位，增进多元传播

在探讨西兰卡普文创的创新发展路径时，必须首先明确其市场定位，实现营销和文化价值的最大化。这一过程包括精准定位目标消费群体、突出西兰卡普相对于其他少数民族织锦的文化独特性，并构建具有辨识度的品牌形象。首先，市场细分与消费者分析是关键，需深入调查各年龄阶段的消费心理、审美偏好及购买动机，筛选对标出潜在购买群体，并据此设计符合其需求的产品。同时，注重产品质量的提升，满足消费者对品质与文化的双重追求。其次，在设计过程中应强调西兰卡普的独特价值，如其"通经断纬"的挑织技法与丰富多样的图案内涵，不仅展示了土家族文化的深厚底蕴，也凸显了其在织锦艺术中的独特地位。品牌是公司的信息传递工具，能够提高消费者信任度。借鉴故宫（图8）、敦煌等知名文创品牌的成功经验，西兰卡普应致力于创造独特的品牌，实现市场与文化的深度融合。通过设计独特标志、讲述品牌故事、构建精神内核，塑造高辨识度品牌，实现在竞争中脱颖而出。同时，采用多元化营销策略，如线上线下整合、跨界合作等，提升品牌知名度和影响力，推动文创产业持续发展。

图8　故宫文创品牌Logo

在传播方面，传统西兰卡普文创产品的商业渠道主要依赖于文旅融合的方式，如手工艺品店、旅游纪念品店等销售西兰卡普制品，让游客在旅行过程中接触到西兰卡普，这种方式受销售渠道和地域的限制，传播覆盖面十分有限。在数字技术迅猛发展的时代，西兰卡普文创的传播也应紧跟时代浪潮，拓展多元传播渠道[16]。在销售渠道上，可采用线上线下结合的策略，充分利用电子商务平台进行线上宣传，提高品牌曝光度。例如，将西兰卡普与抖音平台直播相结合可以提供实时互动的机会，与观众建立更紧密的联系。抖音发布的《2023非遗数据报告》指出：截至2023年5月，抖音平台上平均每天有1.9万场非遗直播，使非遗全类目被更多人看见，越来越多的年轻人加入传承队伍。为推广西兰卡普并吸引更多观众，可以通过抖音平台实施一系列直播活动。内容计划包括展示西兰卡普的制作过程，强调技艺细节，介绍文化背景，并积极与观众互动解答问题。利用抖音的通知功能提前告知直播时间和主题，通过点赞、送礼物，以及设立互动奖励机制鼓励观众参与。同时，邀请艺术家、文化专家加入直播，提升内容丰富性和吸引力。将西兰卡普与抖音平台直播相结合，可以实现实时互动和文化传播的目标[17]。线下可以举办展览、讲座、体验活动等，让消费者能够更直观地了解和体验西兰卡普文创产品。此外，跨界合作亦是重要手段，通过与时尚、教育、影视娱乐等相关产业的合作，共同推广西兰卡普文创产品，实现资源共享、优势互补，拓宽其

销售渠道，进而增加其市场份额。在国际化传播方面，应积极参加国内外文化交流与展示活动，展示西兰卡普文创产品的魅力，探索海外市场。最后，文化教育传播亦不可忽视。通过教育、讲座、展览等不同形式普及西兰卡普的文化知识与工艺价值，提高公众对其的认知度和保护意识。同时，与学校、社区深度合作，开展西兰卡普文化教育活动，培养人民大众对传统文化的兴趣与热爱，从根本上解决西兰卡普文创的本土区域局限性与购买吸引力缺失问题，实现其市场的多元化传播与发展。

4.2 优育人才发展，保护文化内涵

西兰卡普这一非物质文化遗产的保护与传承，核心在于人。第一，关于传承主体的发掘与保护。要发掘壮大非遗传承人队伍，在国家、省、市、县各级范围内挖掘优秀的土家族织锦人才和团体，积极申报非遗传承人或团体。非遗是直接依靠人、作用于人的活态传承文化内容，其关键在于传承主体的发展。要为传承人争取各级政策支持，建立传承人保护中心，提升其行业感召力及社会影响力，进而激发土家族织锦从业者的积极性。第二，以科学的教培体制培育新生力量。培养西兰卡普新生力量需要全社会的共同努力和支持。首先，需要积极发掘和培育对西兰卡普文化有浓厚兴趣的年轻一代，如通过广西兰卡普文化进校园活动，增强中小学生对西兰卡普的认知和兴趣，激发学生的学习热情，并吸引更多年轻人投入西兰卡普的学习与传承中。其次，需要拓宽西兰卡普人才的培养渠道，优化培养机制。可以通过加强西兰卡普相关学院、学校的建设，引进具有丰富经验和专业水平的教师，同时邀请优秀西兰卡普传承人到院校任教，提高教学水平和质量（图9）。最后，可以建立学生与教师、学生与艺术家之间的双向交流机制，以及校内外导师制度，加强理论与实践相结合，为学生提供更多的实践机会和平台，增强实际操作能力。除了培养专业的西兰卡普织造技艺人才外，更需注重培养与西兰卡普相关的其他专业人才，如设计师、策划师、市场营销人员等。这些人才将在西兰卡普的创意设计、市场推广等方面发挥重要作用，推动西兰卡普文化的多元化发展。第三，产品开发要把握好传承与创新的"度"，设计师与开发者应向传承人取经学习，加强交流与合作，邀请传承人进入课堂，分享技艺经验。开发者需真正地参与西兰卡普的制作实践，了解每一个步骤，在足够熟悉的情况下再进行头脑风暴，与现代设计相融合[18]。深入理解传统文化，在认真学习西兰卡普的历史、技艺、艺术价值和文

图9 西兰卡普省级传承人田若兰走进学校进行现场教学

化内涵的基础上，结合现代审美需要进行创造。以非遗传承人为核心保护文化内涵，推动文化传播。

4.3 拓展应用领域，丰富表现形式

在开发由文化遗产衍生的西兰卡普文创产品时，为了短期内获取利润，设计者往往采用简单粗暴的方式，将文字化、符号化、图像化后的西兰卡普非遗文化信息直接附着在诸如明信片、文化衫、抱枕等制作成本低、难度小、周期短的日常小商品上，导致文创产品在形式上呈现出千篇一律的态势，表达方式缺乏创新和深度，交互体验也显得乏善可陈[19]。随着消费者审美情趣的不断提升，这种同质化、缺乏创意的文创产品形式越发难以吸引消费者的购买兴趣，丰富西兰卡普文创产品的种类与表现形式刻不容缓。西兰卡普文创不应局限于单一的产品门类，而应积极拓展应用领域。从文具到服饰，从家居到动漫，甚至盲盒设计等领域，都可以成为西兰卡普元素的用武之地。以盲盒为例，近年盛行的盲盒因其随机、美感、惊喜的特性受到了消费者的广泛青睐。河南博物院推出的考古盲盒更是成功地结合了娱乐性与文化教育的功能，一度成为市场上的热门产品（图10）。西兰卡普同样可以借鉴盲盒这一形式，增强其市场传播效果。在产品开发上，以实用为原则，拒绝粗制滥造，充分考虑人体工学原理，优化产品形态与尺寸，使产品既符合使用习惯又具备美感。同时，借鉴现代产品设计理念，将西兰卡普文化元素与不同产品形态巧妙结合，突出产品的创意性，使西兰卡普文创产品真正走入生活。

另外，在元素提取上应聚焦于三个核心维度：思维、形态、功能。首先，在思维层面，应突破传统领域边界，积极寻求与时尚、家居、玩具等产业的"跨界"合作[20]。这种跨界合作不仅是对传统西兰卡普文化的一种现代诠释，更是对其应用场景的多元拓展，以此激发设计灵感，并赋予产品独特的艺术价值。其次，在形态层面，以西兰卡普图案为例，可借鉴像素化设计等现代艺

图10 河南博物院的考古盲盒

术手法，摒弃简单的元素堆砌，将西兰卡普的纹样从二维平面转化为三维立体甚至多维度的形态，实现抽象与具象的巧妙结合，进而创造出层次丰富、艺术感强烈的产品。最后，在功能层面，结合新兴技术，如数字化整合、虚拟现实等，为西兰卡普文创设计注入科技元素增光添彩。通过数字化资料的建立和文化展示平台的搭建，实现西兰卡普文化的数字化传承与展示[21]。同时，利用新兴技术增强人与产品之间的互动体验，提供定制化服务，满足消费者的个性化需求，并挖掘和创新产品的使用功能，使西兰卡普文创产品既具有艺术价值，又具有实用价值，真正实现西兰卡普的创造性转化和创新性发展，在当代重焕生机。

5　结语

西兰卡普是中华民族宝贵的文化遗产，将西兰卡普艺术元素与文创产品设计结合，为土家族织锦非遗传承提供了新的途径。通过创意设计，一方面可让西兰卡普艺术焕发新的魅力，传播中华优秀传统文化；另一方面可丰富文创产品内涵，促进文化消费。实践表明，虽然西兰卡普元素已被应用于文创领域，且取得了一定成效，但目前仍存在文化内涵挖掘不深、创意设计不足等问题。因此，文创设计者应深入了解西兰卡普艺术特色，立足消费者需求，拓展应用领域，讲好土家族故事，将西兰卡普艺术与现代审美、时代精神相融合，不断推出高质量的文创产品。将土家族织锦非遗元素与文创产业相结合，正是传统文化创造性转化、创新性发展的有益尝试，在传承中创新，在创新中发展，让古老的土家族艺术在现代社会重放异彩，为人们带来精神滋养和文化享受，是当下肩负的文化使命，更是时代赋予的神圣职责。

参考文献

[1] 王卓敏. 湘西土家织锦图案的艺术研究[D]. 长沙：湖南师范大学，2007.

[2] 任家琦，周翔. 设计伦理学视域下的文创产品设计研究[J]. 中国包装，2024，44（4）：102-106.

[3] 于永明. 非遗技艺传承背景下的文创产品设计研究[J]. 包装工程，2024，45（2）：393-396.

[4] 杨彦，温庆武. 设计扶贫视角下西兰卡普的可持续设计策略研究[J]. 包装工程，2022，43（12）：423-428.

[5] 韩超艳，孙硕，魏永侠. 基于可视化分析的中国传统文化产品设计研究热点与趋势[J]. 包装工程，2025（2）：1-13.

[6] 詹一虹，史红玲．土家族西兰卡普研究：现状与展望[J]．湖北大学学报（哲学社会科学版），2017，44（1）：90-96.

[7] 刘飞龙．西兰卡普的艺术特色及非物质文化遗产传承探析——评《西兰卡普》[J]．上海纺织科技，2023，51（2）：后插1-后插2.

[8] 彭永庆，袁理，李兴平．文化资本视域下的少数民族文化发展困境与应对——以土家织锦西兰卡普为例[J]．原生态民族文化学刊，2019，11（5）：151-156.

[9] 万小妹．西兰卡普元素在时装设计中的应用[J]．艺术百家，2019，35（5）：239.

[10] 王娇，李正，钟苡君．土家数纱花纹样特征及造物美学新探[J]．丝绸，2022，59（3）：141-149.

[11] 徐涵，张彤．"穿贯连柱"与"通经断纬"——鄂西土家族穿斗体系和西兰卡普织锦的意匠关联[J]．建筑学报，2024（5）：109-114.

[12] 程皓月．浅论土家族织锦西兰卡普的当代传承[J]．汉字文化，2019（20）：158-159.

[13] 吴金燕．文化生态视域下西兰卡普传承与创新思考[J]．设计艺术研究，2020，10（5）：128-130.

[14] 蔡乐．非遗文创，敢问路在何方？——分析非遗文创产品设计的问题和突破途径[J]．大众文艺，2024（7）：34-36.

[15] 向思全．从"本真"文本到"拟真"符号——西兰卡普的当代重构研究[J]．贵州民族研究，2018，39（4）：98-102.

[16] 王静．非遗语境下豫剧的传承与创新发展路径研究[J]．河南社会科学，2024，32（5）：119-124.

[17] 刘怡琳．新媒体背景下湘西地区西兰卡普在抖音传播的策略分析[J]．上海服饰，2023（12）：40-42.

[18] 段笔耕．"国潮"背景下文创产品的设计思路[J]．包装工程，2024，45（8）：373-376.

[19] 宗诚，邱欣妍，白新蕾．非遗视角下苗族蜡染技艺的数字化传承[J]．印染，2024，50（5）：102-105.

[20] 杨丽桥．文化生态视域下"西兰卡普"的数字化技术传承[J]．西部皮革，2024，46（3）：75-77.

[21] 董鹏程，郭东梅．湘西土家织锦文创产品设计研究综述[J]．西部皮革，2024，46（1）：34-37.

大悟织锦带的织造工艺及纹样研究❶

张玉琳ᵃ，李斌ᵃ，王燕ᵇ，赵金龙ᶜ

（a.武汉纺织大学服装学院；b.东华大学人文学院；c.湖北省非物质文化遗产研究中心）

摘要：大悟织锦带作为一种民间工艺品，是真实的鄂北人民生活的写照，极具民俗价值，但相关工艺研究缺乏和纹样研究不深入，不利于这项纺织类非遗文化的传承与保护。通过实地考察和文献研究相结合，表明大悟织锦带的织造工艺较为烦琐，按照"一梭地、一梭花"的操作方法进行织造，以打纬刀挑起数根"奇数根经纱"或"奇偶数根经纱"起花；织锦带的纹样具有较强的主观性、规律性和审美性，其纹样寓意概括了大悟人的文化追求和审美趣味，以最朴实的情感诉说着人们对美好事物的追求和美好生活的向往。

关键词：大悟织锦；民俗；工艺；织造；纹样

大悟织锦带是湖北省孝感市大悟县（鄂东北）的传统手工艺品，该织锦带实际并非丝织品，而是以较粗的棉线或彩色丝线织成，具有粗犷、厚朴感，花纹蜿蜒曲折，布局和造型也都十分严谨，其织造方法属于传统手工技艺，以简易织机织造出的各种锦带，具有实用和审美的双重价值。大悟织锦带主要流传于大悟县中南部的城关、阳平、新城、四姑、河口等乡镇。大悟织锦带最早出现于清代，具有捆绑的实用功能，审美功能次之。织锦带随着当地民间习俗的演变经历了产生、发展、流传、兴盛和衰落五个阶段。产生阶段：最初当地的农妇不舍得扔掉织布剩余的线头，便将其染上不同的颜色，织造出质朴的带子，这时的织带主要用作捆绑。发展阶段：为了适应当地落后的生产力和经济水平，采取"以物易物"的方式，将织带卖给布庄，从而赚得比原物更多的物品，也被称为"打赚件"。流传阶段：随着织锦带图案的丰富和完善，清代末期，出现以彩色花纹为主要样式的织锦带，广泛运用于生活的各个领域，深受人们喜爱。兴盛阶段：民国年间，机纺的丝线在大悟民间得到广泛应用，强度高、光泽好，手艺人将其嵌入棉线，给织锦带镶边，起装饰作用，使得织锦带更为精美细

---

❶　本文刊于《服饰导刊》2021年10月第5期。

腻，极大地激发了手艺人对丝线的重视，织锦带也因此成为人们喜爱的工艺品。衰落阶段：新中国成立后，随着现代化批量生产的织锦带工艺品逐渐增多，人们的选择余地增大，而传统的手工织锦带费时费力，且市场极小，让本来为数不多的手艺人纷纷选择转行，织锦带也因此面临绝迹。学界关于织锦的研究很多[1]~[13]，然而大悟织锦带作为湖北省的一项非物质文化遗产，目前仅有对大悟织锦带的图形[14]和装饰[15]这两个方面的探究，鲜有从织机的织造工艺及纹样特征进行论述。鉴于此，本文采用文献查阅、实地考察、视频采集的方法，探讨织机的织造工序与上机原理，并对织锦带的纹样特征及其寓意进行详细解读，通过采样绘图的方式将织锦带的工艺和纹样呈现出来，以期更好地记录和保护这一纺织类非物质文化遗产，并将其更好地传承下去。

1 大悟织锦带的织造工艺

湖北省大悟织锦带的织造工艺简单，织造工具主要由长板凳、纬线棒、综杆、分经板、打纬刀组成（图1）。将长板凳作机床，用筷子、索线临时编织提花综片，不用梭，用手把纬线送进织口，不用筘，用刀状竹片或木片轻砍，牵线时椅子靠要平，手带线要匀，花线头需记清。织造时，因花纹变化较多，不仅要凭借长时期积累的经验和储存在脑中的各种图案，还要靠灵巧的双手来掌握，因此，在织造时打纬刀要放平，打纬时力量要均匀，纵线需拉齐，经线要挑准，整个工艺以手工为主。它的诀窍主要体现在牵线和织造纹样上，牵线时要根据带的宽窄和花纹的样式而决定经线的多少，在长期的织造过程中，按照"一梭地、一梭花"的操作方法，以挑起"奇数根经纱"或"奇偶数根经纱"起花，形成十几种基本纹样，再将基本纹样进行不同的排列组合，就可织出多种多样的锦带。

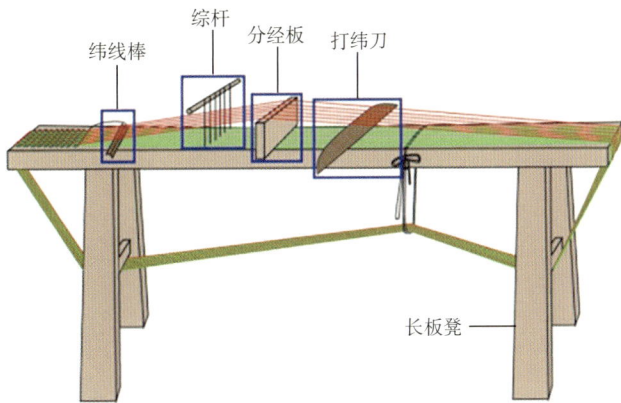

图1 大悟织机结构示意图

1.1 大悟织锦带的织造工序

大悟织锦带由大悟织机进行织造，其织机的操作步骤如下。

1.1.1 第一纬织平纹

利用上机准备中分经板形成的自然开口，用纬线棒投纬；用打纬刀从右向左打纬；用手向上提起综杆，将下层的偶数根经纱一根根牵吊起来，形成新的开口；插入打纬刀，并立起，使开口更大，方便投纬；投纬；放下打纬刀，打纬；放下综杆，回到原始位置。

1.1.2 第二纬织花纬

在综杆的右侧插入打纬刀选取花纬根经纱，同时左手配合选取花纬根经纱（此时选取的是上层的奇数根经纱）；左手将综杆轻微向上提起，形成开口，便于打纬；右手将打纬刀从右向左打向综杆处，形成新的开口；左手捏住靠近织口的花纬根经纱；右手将打纬刀抽出，移至综杆的左边，打纬刀插入花纬根经纱层，将打纬刀从右往左打向织口，形成新的开口，方便投纬；立起打纬刀；投纬；放下打纬刀，打纬。

1.1.3 第三纬织平纹

用手将综杆向上提起下层的偶数根经纱；插入打纬刀，立起打纬刀；投纬；打纬；放下综杆，回到原始位置。

1.1.4 第四纬织花纬

此步骤的花纬织造过程与第二步骤完全相同，只是在用打纬刀和手同时选取花纬根经纱时，选取的是上下两层经纱线，这是由于手艺人对织锦带花纹的不同审美需求而有所改变。因此，在选取花纬根经纱线时，可根据织锦带花纹的编排进行有规律或无规律地选择和织造。

1.1.5 第五纬织平纹

第五纬平纹织造过程与第三步骤完全相同。

以上五个步骤皆为大悟织机的操作过程，如织造多变的花纹，可根据花纹的要求一直循环第一至三步骤或第一、第四、第五步骤或五个步骤即可，整个生产过程需经过长期的练习实践才能达到熟练的程度，看似结构简单的织造工具却耗时、耗力，这主要是选取花纬根经纱的烦琐操作所导致的。

1.2 大悟织锦带的上机原理

大悟织锦的上机准备工序包括牵经、上机、穿综、穿筘、制梭五个步骤。筘的功能有三个：一是固定经纱，二是控制经纱的密度，三是打纬。但大悟织机省略了筘，取而代之的是竹制的打纬刀完成筘的第三个功能，筘的第一、第二个功能则由综杆完成。

1.2.1 牵经

就是指整理经线，是传统织造的首要工序。将经线按照一定的规律排列整齐，在牵经的过程中，需要制订好织锦带的长度和宽幅。因此，要求牵经人员在来回牵引时高度集中注意力，反复牢记显花彩经的数目，然后在纱线的一端打结，确保结实，以防织造时打结的地方松动而造成织造时的张力不均。

1.2.2 上机

就是组合所有部件进行织造。大悟织机选取生活中常用的简易木制家具长板凳作机床，该机床不仅轻便、简易，还可以随织造场地的不同而变换不同的场所。以手艺人面向织机的方位看，先将整理好的经线循环绕在长板凳上，再将木制的一块分经板用线缠绕固定于约长板凳的二分之一处。为了将经线固定好，此处需要注意两点，一是要同时捆绑板凳和板凳下方的经线，凳子左下端的经线将织成的锦带末端系紧，以此形成织造时所需要的张力；二是要将上层的奇数根经纱线放置于分经板的上面，偶数根经纱线压在分经板的下方。在织造的过程中，把织造好的带子从凳子左边向下扯，到一定程度后，要解开经线和带子组成的闭合环路，再将织好的带子重新系紧，这样就重新组成了一个闭合的回路，就能继续织造了。

1.2.3 穿综

大悟织锦带只需穿一片综，当上下两层经纱交替运动时，形成梭口。穿综时，上层的奇数根经纱穿入综线的缝隙间，下层的偶数根经纱则穿过综线最下端的环绕线上。同时，还需考虑织机下端打结处每根经线的位置，只有将其梳理清楚，才能确保经线之间不会打结，控制经线的密度，也有利于织造时张力的控制。

1.2.4 制梭

梭子一般指引导纬线进入梭道的工具，在手工织带织造过程中，梭子既可以引导纬线飞行，又可以打纬，同时还是挑花工具，用于织造更加复杂的织带，这种梭子是将纬线棒嵌入梭子壳内，因此其具有多种功能。然而，大悟织机使用的梭是将纬线棒与梭壳分离，纬线棒只是将纱线缠绕于木棍或竹棍上制成，它的功能仅限于引导纬线飞行，即投纬，所以只能称为纬线棒，而打纬和选取花纬的功能为打纬刀所属。

第二个步骤中，由于缺少卷取机构和送经机构，工序上增加了很多不必要的步骤。因此，笔者将传统织机进行了优化，在优化内部结构的同时并不改变织机的整体结构，只是局部的优化，从而提高织造效率，更好地保护和开发这项织造工艺。其优化方法即将长板凳下方的两根方形横木改为圆形的活动横木，如图2所示。左边圆形横木作为卷布轴，即卷取机构，其作用是使织口处初步形成的织物引离织口，这

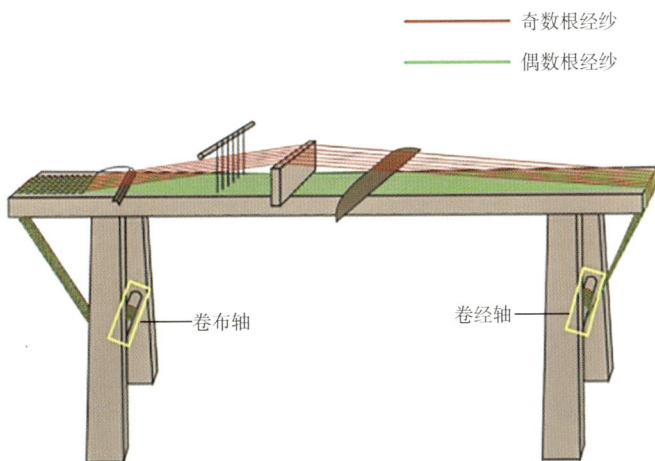

奇数根经纱
偶数根经纱

卷布轴   卷经轴

图2 大悟织机结构优化图

时无须断开带子和经线形成的闭合回路，而是将左边织好的带子和右边的经线分别卷绕到卷布棍上和卷经轴上，同时与织机上其他机构相互配合，确定织物的纬纱排列密度和纬纱在织物内的排列特征。右边的圆形横木则是卷经轴，即送经机构，其作用是在织造的过程中，使经纱的上机张力更加稳定，能够控制在一定的范围内，当张力过大时，可以通过释放经纱改善张力，同理也可将经纱卷绕起来提高张力。需要注意的是，卷布轴和卷经轴都是可以转动的，在使用卷布轴卷曲织物的同时，也要转动卷经轴释放一定的经纱以保持张力，从而继续完成织造。根据以上操作原理，证明笔者提出的优化方案是可行的。

2 大悟织锦带的纹样特征及其寓意解读

大悟织锦带具有显著的艺术文化特征，它将各种不同的图案以单独纹样、复合纹样和连续纹样的方式排列在一根很窄的带子上，在长期的编织过程中，创造提炼，形成了统一而多变的样式。织锦带大量用于帽带、围裙带、抱裙带、裤腰带、绑腿带等，亦可做男人的领带和妇女衣服的绲边，用途极为广泛。虽然不同花纹被寄寓不同的含义，但这些纹样都可概括为大悟人对"富、贵、寿、喜"的文化追求和审美趣味，是人们喜闻乐见的民间文化，是民间艺术创作和民众生活美学的快乐源泉[16]。

2.1 大悟织锦带的纹样分类及纹样特征

大悟织锦纹样错落有致、繁而不乱、疏密相间、层次分明、主题突出，见表1，其纹样具有较强的主观性、规律性和审美性，是大悟人对美好生活向往的朴实情感，成为传统的民俗文化的重要组成部分。

表1 大悟织锦带纹样

纹样分类	大悟织锦带纹样图	纹样名称	象征意义
植物纹样		白果	男女双方紧密相连
		含苞待放的荷花	高洁、清廉
		荷花	
		尖叶菊花	刚正不阿、富贵安康

续表

纹样分类	大悟织锦带纹样图	纹样名称	象征意义
植物纹样		四季青	青春常在，活力四射
		菊与向日葵	顽强的生命力
		兰花	美好、纯朴、坚贞
		连体石榴	手足情深
		牡丹	圆满、浓情、荣华富贵
		苹果树	丰收、平安
		双石榴	多子多福、团结友爱
		团瓣菊花	财源滚滚、好运不断
		圆叶荷花	刚正不阿、富贵安康
动物纹样		蝴蝶	自由、美丽
		金鱼	年年有余
		鲤鱼跳龙门	逆流而上，奋发向上
		鹭鸶	吉祥如意、一路平安
		蜜蜂	赞美勤劳的劳动人民
		亲嘴鱼	美好纯洁的爱情
		喜鹊登梅	吉祥、喜庆

续表

纹样分类	大悟织锦带纹样图	纹样名称	象征意义
文字纹样		星星包"万"字	健康长寿、儿孙满堂
		"谷"字	五谷丰登的愿景
		"寿"字	健康长寿
		"双万"字	福寿万年
		"双喜"字	双喜临门、好事不断
其他纹样		蝴蝶闹金瓜	丰收的喜悦
		花圃	祖国的花朵茁壮成长
		开心果	开心愉悦
		瓶插向日葵	顽强的生命力
		瓶中插菊	刚正不阿、富贵安康
		七子星	人丁兴旺
		太阳	热情和活力、希望和温暖
		中国结	美好的祝福和心愿

　　大悟织锦带的基本纹样虽只有十几种,但将基本纹样进行不同的排列组合,可织出千变万化的锦带。整个构图极其严谨,纹样较为抽象,可将纹样分为植物纹样、动物纹样、数字纹样和其他纹样四种,以生活中随处可见的植物纹样居多。植物纹样有白果、荷花、菊

花、向日葵、兰草、连体石榴、牡丹、苹果树、双石榴、四季青、团瓣菊花、圆叶荷花等；动物纹样有蝴蝶、金鱼、鲤鱼、鹭鸶、蜜蜂、亲嘴鱼、喜鹊等；字纹样有"谷"字、"双喜"字、"寿"字、"双万"字、星星包"万"字等；其他纹样有蝴蝶闹金瓜、花圃、开心果、瓶插向日葵、瓶中插菊、七子星、太阳、中国结等。这些纹样取自生活，最常用的颜色有白、黑、红、黄、蓝和绿，以高纯度的颜色进行配比，常用的有互补色和对比色，如黑色和白色的互补、红色和黄色的对比、黄色和蓝色的对比等等，不同的场合使用不同的色彩搭配。从设色上看，有深浅变化、主调鲜明；从形式上看，对比强烈、浓艳谐调、简洁明快，使人有安静、朴素、大方之感，给人一种运动、新颖、和谐之韵，耐人寻味、引人深思。手艺人把主观感受的东西经过艺术加工，客观再现于织锦上，丰富着人们的生活，述说着淳朴的民间故事。

2.2　大悟织锦带的纹样寓意

每种纹样几乎都到了图必有意、意必吉祥的地步，纹样所要表达的吉祥寓意亦是中国传统文化中的重要组成部分。诸如白果象征男女双方紧密相连，荷花象征高洁和清廉，菊花象征刚正不阿、富贵安康，菊与向日葵象征顽强的生命力，兰草象征美好、纯朴和坚贞，连体石榴象征手足情深，牡丹象征圆满、浓情和荣华富贵，苹果树象征丰收和平安，双石榴象征多子多福、团结友爱，四季青象征青春常在、活力四射，团瓣菊花象征财源滚滚、好运不断，蝴蝶象征自由和美丽，金鱼象征年年有余，鲤鱼象征逆流而上、奋发向上，鹭鸶象征吉祥如意、一路平安，蜜蜂象征对劳动人民的赞美，亲嘴鱼象征美好纯洁的爱情，喜鹊登梅象征吉祥和喜庆，"谷"字象征五谷丰登的愿景，"双喜"字象征双喜临门、好事不断，"寿"字象征健康长寿，"双万"字象征福寿万年，星星包"万"字象征健康长寿、儿孙满堂，蝴蝶闹金瓜象征丰收的喜悦，花圃象征祖国的花朵茁壮成长，开心果象征开心愉悦，七子星象征人丁兴旺，太阳象征热情活力、希望和温暖，中国结象征美好的祝福和心愿。这些纹样将汉字图案化、图案艺术化，通过大悟人勤劳的双手以"物"的方式来"致用"和"施艺"，以最通俗易懂的形式构建出吉利的意义，创造出极具实用性和观赏性的大悟织锦特色，同时也能从纹样上感知到大悟人的幸福观和价值观，他们寄予了生活最质朴的真、善、美，这些都成为民间新的文化创造力和想象力的重要源泉[17]。

3　结语

作为民间工艺品中的又一瑰宝，大悟织锦以其特有的文化意蕴、织造工艺和纹样特征诉说着人们对美好生活的向往和追求，其统一而多变的纹样"取之于民、寓之于民、用之于民"，从中能更好地发掘出民俗文化与民间智慧。在织锦带的整个织造过程中，由于花纬根经纱的选取、卷布和送经的操作都依靠双手完成，使得整个生产实践过于繁杂，效率低下，再加上现代化工艺产品的量化生产，传统的织锦工艺更难以"生存"。但民间传统的非遗值得我们保护和传承，需要大悟当地重建和开发这项民俗文化，培养更多的人学习和研究这项织造技术，使其在良性的传播下继续存在和发展。

参考文献

[1] 徐仲杰，等.南京云锦[M].南京：南京出版社，2002.

[2] 戴健.中华锦绣·南京云锦[M].苏州：苏州大学出版社，2009.

[3] 黄能馥.中国南京云锦[J].装饰，2004（1）：4-7.

[4] 黄修忠.中华锦绣·蜀锦[M].苏州：苏州大学出版社，2011.

[5] 钟秉章，卢卫平，黄修忠.蜀锦织造技艺[M].杭州：浙江人民出版社，2014.

[6] 杨晓瑜.谈谈蜀锦不同时期的织物纹样特点[J].四川丝绸，2008（3）：49-52.

[7] 钱小萍.中国宋锦[M].苏州：苏州大学出版社，2012.

[8] 沈惠，朱艳.苏州宋锦的演变及其价值[J].四川丝绸，2006（4）：49-51.

[9] 马红.壮锦的审美艺术与传承[J].湖南农业大学学报（社会科学版），2007,8（4）：95-97.

[10] 云宁.广西融水苗锦背带的工艺文化探析[J].广西职业技术学院学报，2017，10（3）：122-125.

[11] 韩馨娴.黎锦的保护与传承现状研究[D].北京：北京服装学院，2013.

[12] 龙博，赵丰，吴子婴，等.云南傣族织锦技艺的调查[J].丝绸，2011，48（12）：53-57.

[13] 辛艺华，罗彬.土家织锦的审美特征[J].华中师范大学学报（人文社会科学版），2001，40（3）：71-77.

[14] 肖云.大悟织锦带图形的形式语言与意义探究[D].武汉：湖北工业大学，2020.

[15] 王振伟，高春玲.大悟织锦带的装饰艺术[J].武汉：湖北工程学院学报，2016，36（5）：62-64.

[16] 周星.作为民俗艺术遗产的中国传统吉祥图案[J].民族艺术，2005（1）：52-66.

[17] 乔继堂.中国吉祥物[M].天津：天津人民出版社，2010.

华容土布的文化创意产品开发及其创新应用研究

陈尚敏

（武汉纺织大学艺术与设计学院）

摘要： 华容土布作为湖北省和鄂州市的非物质文化遗产，承载着丰富的历史和文化价值。本文通过文献研究和案例分析，探讨了华容土布在文化创意产品开发中的应用。研究发现，现代设计与传统工艺的结合，能够在文创产品中融入传统元素，并通过跨界合作开发具有市场竞争力的产品。华容土布目前在服饰、家居用品和手提包领域切实应用，尽管面临着传承人年龄化、设计创新不足和市场推广不力等挑战。本文提出了通过政策支持、资金投入、创新和市场推广等综合措施，推动华容土布文创产品的可持续发展。

关键词： 华容土布；文创产业；文创设计；风格特征；非物质文化遗产

非物质文化遗产（以下简称非遗）是人类文明的活态记忆，具有重要的历史、文化和社会价值，其保护和传承对于维护文化多样性、延续传统技艺、增强社会凝聚力、促进经济发展以及教育和启迪下一代至关重要。华容土布于2010年和2013年，分别被鄂州市政府、湖北省政府列入市级和省级非物质文化遗产代表性项目名录，因此，传承和创新华容土布是十分有必要的。通过采用文献研究法、案例研究法，发现现代设计与传统工艺相结合，在文创产品中融入传统元素，借助跨界合作能够开发具有市场竞争力的产品。除此之外，通过品牌化运营和多元化产品开发，推动非遗的市场化和产业化发展。文化旅游和体验经济相结合，打造文化体验线路和体验式消费模式，能够让消费者更深入地感受传统文化的魅力。通过如此创新应用和推广，华容土布不仅能彰显其独特的技艺和当地特色，还能带动文化旅游和创意产业的发展，实现文化和经济的双重效益。

1 华容土布技艺与文化元素分析

1.1 华容土布的历史渊源

华容区位于湖北省鄂州市西部，其以深厚的历史文化底蕴著称，气候适宜，水源充足，利于棉花种植，为土布织造提供了优质原料。早在新石器时代，华容区就有陶制纺轮等原始纺织工具。三国时期，吴王孙权在武昌建都，带来了先进的纺织技术，推动了华容土布的发展。唐太宗李世民南征途经此地，取"花容月貌"之意命名为华容。南宋末期，棉花传入江浙地区，华容妇女们开始简陋织布。元初黄道婆推广新技术，进一步提升了华容土布的工艺。民国时期，华容土布已成为当地农民日常生活和重要场合的必需品，随着需求增长，布匹店铺应运而生，产品外销至武汉等地，扩大了生产。华容区男耕女织的传统家庭生产模式，使织布技艺代代相传。1980 年代后，当地政府大力发展纺织业，华容镇成为制线之乡和纺织大镇。然而，传统土布技艺逐渐被大工厂取代，如今仅依靠一些高龄老人传承这门技艺。表1 为华容土布的历史发展情况。

表1　华容土布的历史发展情况

时间	事件	图片
新石器时期	原始纺织工具陶制纺轮已经出现	
三国时期	吴王孙权在武昌建都，发展纺织技术	
唐朝	唐太宗李世民南征途经此地命名华容	
南宋末期	棉花传入江浙地区，民间开始简陋织布	

续表

时间	事件	图片
元初	黄道婆在松江推广新织布技术	
民国时期	华容土布融入农民生活，成为商品	
1958年	华容区棉花长势	
20世纪80年代后	华容土布技艺逐渐被大工厂取代	

1.2 华容土布技艺的特点

1.2.1 制作工艺与技术要点

华容土布制作技艺是传统棉纺织技艺的一种，选用棉花为原材料，使用纺车、织布机等工具，利用棉线有规律的经纬排列交织[1]，最终织造成布匹。其制作过程复杂，主要分为择花、纺线、织布三大流程。从棉花的种植和采摘到上机织布，需要经过轧花、搓棉花、纺线、浆染、倒筒、插扣、提综、织造等共20道工序，全部由纯手工完成，充分体现了当地劳动人民的辛勤劳动和生活智慧。

纺线过程包括8道主要工序：纺线、扒线、染色、浆线、倒筒、牵线、捻篙和挽坨。这部分流程耗时最长，且线的质量直接影响成品布的质量。首先，把搓成的棉条用纺线机纺成细线，如图1所示；接着，用耙子将锭子上纺好的线绕成松散的线圈，如图2所示。染色时，将水加热至一定温度，根据需要加入适量染料和盐，再将线圈放入水中染成各种颜色，晾干后进行浆线处理，即将染好的棉线放入用面粉打浆的温水中浸泡以增强韧性，然后再次晾干，如图3所示。接下来，把染好的各色棉线用倒线机分别缠绕到线筒上；根据图案穿插不同颜色的棉线筒，通过牵筒来回拉动挂在地桩上进行牵线，如图4所示。捻箸工序是将牵好的线用手工分成上下两层，将棉线挽成坨状，如图5所示。这些繁复的工序确保了华容土布

图1　手摇纺车

图2　扒线工具

图3　浆线晾晒

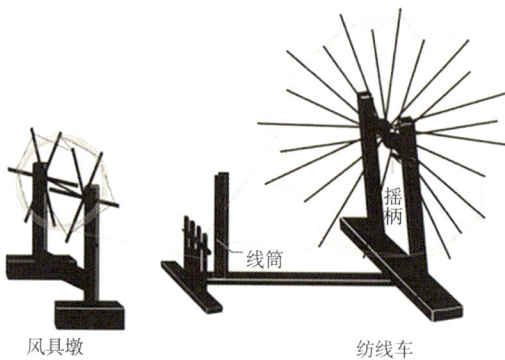 

风具墩　　　　　纺线车

图4　倒筒工具

的高质量和独特性。

织布的主要工序包括收布、插筘、调篢、上机、穿综和起机6道工序。收布是将挽好的线坨卷在扬篢上；插筘是将捻好的线头一根根插入筘中，如图6所示；调篢是将插入筘中的线分成上下两层，使其排列整齐，如图7所示；理线是理顺线头，并将其系在卷布棍上，提起综，用吊钩挂住；提综是整个织布过程中最烦琐的部分，将综线通过马口篢分别缠绕在综篢和综条上，脚踩踏板使单线和双线分离，形成织口，如图8所示；起机是两脚踩动踏板控制上层的线，双手不停地在线中投梭，并根据花型更换不同颜色的线。在这个过程中，通过棉线的重复、平行、间隔和对比等多种变化，土布形成了特有的节奏和韵律，展现出极具艺术魅力的织物风格。

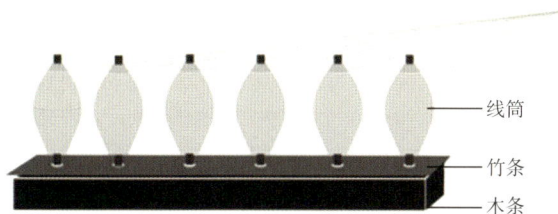

图5 捻篢

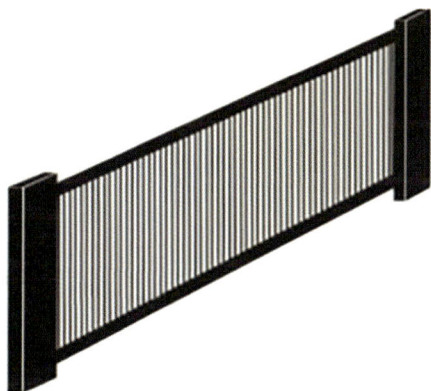

图6 插筘工具

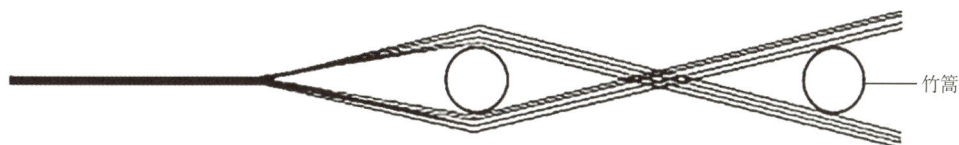

图7 调篢

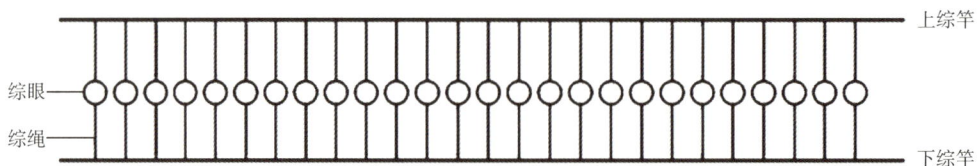

图8 穿综示意图

1.2.2 纹样与色彩特征

华容土布的纹样造型分为5种品类：镜面、条纹、格纹、芦席纹和印染。这5种品类在配色和纹样变化上都非常丰富，主要通过捻篙牵线时色纱的排列方式和织造时的工艺处理形成。每种品类都展现出富有变化且有序的纹样特征，具有独特的节奏和韵律。据了解，这些传承人虽未接受过专业的美术教育，但他们织造的纹样造型却完全符合图案的形式美法则。例如，在变化与统一、对称与均衡、节奏与韵律、对比与调和、调理与反复等方面，他们的作品运用得恰到好处。这些传承人的技艺不仅展示了传统工艺的精湛，也体现了他们在艺术创造上的天赋与智慧。

格纹的历史可以追溯到北朝时期。《颜氏家训·勉学》中记载：梁朝全盛时，贵族子弟"无不熏衣剃面，傅粉施朱，驾长檐车，跟高齿屐，坐棋子方褥"。[2] 沈从文先生对"棋子方褥"的释义为"毛织物棋子格图案"，由此可见，这是一种方格形的纹样。此类纹样也出现在北朝时期的壁画中，如圣佛袈裟等织物的表面。随着历史的演变，格纹被广泛应用于不同的载体上。传承人表示，他们不知道格纹的灵感具体来源何处，似乎天生就印在了脑海中。类似的纹样可能潜移默化地影响了传承人，使他们将其应用到华容土布工艺中。

格纹品类的华容土布主要通过不同颜色的经线和纬线的排列组合，再经由特殊的穿梭方式做出不同的规律变化，产生纵横交错的纹样造型。目前，格纹类型的土布有17种之多，是所有品类中最为常见且造型变化最为丰富的一类。具体品种包括：枣红白细格、桂花大格子、乳白大格子、橘棕细条格、万字角、桂花田字格、大筷子头、双格筷子头、渐变蓝格、大红小白格、红桂花豆腐块、九红宫格、红白细格、小豆腐块、筷子头、筷子头桂花格、三炷香豆腐格。详情如表2所示。

表2 华容土布格纹品类

名称	品类	名称	品类
枣红白细格		桂花大格子	

续表

名称	品类	名称	品类
乳白大格子		橘棕细条格	
小豆腐块		筷子头	
筷子头桂花格		三灶香豆腐格	
万字角		桂花田字格	
大筷子头		双格筷子头	
渐变蓝格		大红小白格	
红桂花豆腐块		九红宫格	
红白细格			

表3为条纹品类的华容土布，共有11种，分为单色条纹和杂色条纹两大类。单色条纹包括蓝白条子、粗纱蓝白条子和细柳条；杂色条纹则有杂色大条纹、牛仔蓝黄条、红蓝白条、隔纱条纹、籽花条纹、杂色彩条、橘红宽条子和粉底彩条。这一品类因其织造工艺相对简单而易于制作。在织造过程中，只需在牵线时将经线排列清楚，纬线只用同一种颜色，最终通过经纬线的交织形成竖条纹样。

表3 华容土布条纹品类

名称	品类	名称	品类
杂色大条纹		红蓝白条	
杂色彩条		牛仔蓝黄条	
隔纱条纹		橘红宽条子	
蓝白条子		细柳条	
粉底彩条		粗纱蓝白条子	
籽花条纹			

华容土布的印染品类是最少的，目前仅有3种，见表4，分别为植物和动物造型的图案。传统的印花土布是通过植物熬制提取染料，然后采用木板压印进行染制。具体方法是将喜欢的纹样雕刻在木板上，纹样包括植物、动物等。之后将染料均匀涂抹在木板上，再进行压印。然而，随着印染工具的减少，这种品类的土布在华容当地几近消失。

表4 华容土布条纹品类

名称	品类
蓝花	
蝉蛹	

续表

名称	品类
五彩花	

镜面品类如图9所示，也称作纯色土布，就是使用相同颜色的经线和纬线织造的土布，在织造过程中不用换梭子，一织到底。颜色有橙、红、绿等。其织造出来的颜色呈现有两种方式，一种是采用色纱来织造，另一种则是用原色纱线织造完成之后进行染色。染色的方式是在染料中浸泡上色，一般需要隔夜从染缸中取出晾干使用。

图9 镜面土布品类

芦席纹品类是华容土布中最独特的一类，见表5，共有8种纹样造型，包括三大五小、鱼牙齿、竹节纹、麻将牌、大芦席篾、千鸟纹、砖缝隙和细芦席蔑。这些纹样的创作灵感来源于当地农户用芦苇编结的芦席，因此得名芦席纹。

表5 华容土布芦席纹品类

名称	品类	名称	品类
三大五小		大芦席篾	
鱼牙齿		千鸟纹	
竹节纹		砖缝隙	

续表

名称	品类	名称	品类
麻将牌		细芦席簟	

华容土布的色彩搭配没有固定的方式，所有配色都是由织造者根据朴实的审美和个人喜好进行的。这些配色效果或古朴典雅，或绚丽多彩。格纹色彩丰富多变，配色手法灵活多样；条纹线条灵动，色彩冷暖交织；印花晕染韵味别致，花卉图案多姿多彩。通过对这四种风格的土布色彩进行提取分析，可以得出华容土布的色彩总体分为两种，即两色搭配和多色搭配。

华容土布的两色搭配以黑与白或靛蓝与白为主。表面看似简单的两种颜色搭配，实际上，通过电脑软件提取其色彩，可以发现其中有7种不同的颜色，见表6。这些颜色是由两种主色不同程度的渐变形成的[3]。其中，白色的渐变是由于棉花采摘季节不同导致成色变化，导致织物中白色存在一定色差[4]，如从浅白色到灰白色的渐变，产生多种不同程度的白色。靛蓝色则通过染色工艺形成，不同的浸泡时间、染料水的调配以及织物纹理的差异都会使颜色出现不同程度的变化。

多色搭配中分为冷色和暖色，即有冷暖的穿插和各自同类色调的搭配。表7为这三种品类的土布。红色在织造者的心中有着深刻的文化内涵，红色是他们认为最吉祥的颜色，是众色之母[5]，而冷色蓝和中性色白为辅，纵横交错于红色中，体现出线条的灵动与韵律感。

表6　华容土布色彩提取

名称	品类	色彩
印花土布		
条纹土布		
芦席土布		
格纹土布		

表7　华容土布色彩提取

名称	品类	色彩
牛仔蓝黄条		
大红小白格		
五彩花		

除了冷暖交织的配色外，还有对比色搭配。这种配色方式运用互补色关系让色彩之间的对比更加强烈，以这种对比度强烈、凸显颜色特性的配色[6]展现他们的审美特征，见表8。

表8　华容土布色彩提取

名称	品类	色彩
桂花大格子		
杂色大彩条		

2　土布类非遗文创产品开发现状分析

2.1　土布类文创产品市场

2.1.1　文创产品种类

目前，土布类工艺已经开发出多种实际投入生产和销售的文化创意产品。这些产品涵盖了广泛的类型，主要包括服饰、家居用品、手提包等。每一种产品不仅展示了传统工艺的独特魅力和深厚的文化底蕴，还通过现代设计的巧妙融合和市场化运作的精准布局，成功地融入了现代消费者的日常生活。这些文创产品不仅是文化传承的载体，更是传统技艺在现代社会焕发新生的象征。通过这些产品，消费者能够在享受美学与实用性的同时，感受到传统文化的绵延不绝和时代的不断创新。文创产品种类详情如表9所示。

表9　文创产品种类详情

服饰	家居用品	饰品	玩偶

2.1.2　国内外成功案例

国际上，泰国的"一镇一品"旅游土布产品十分畅销。2001年，泰国政府提出"草根政策（Grassroots）"，其中包括"一镇一品"计划项目[7]。自此，"一镇一品"计划项目自然地列入了泰国各地政府的发展规划之中。手工艺品一直以来都受到旅游者的欢迎与喜爱，尤其是"泰丝"或"传统土布"，其作为泰国的纪念品，具有鲜明的民族个性，具备因人因艺而异的独特风格[8]。位于泰国边陲的四色菊府的旅游纪念品当然也离不开它。这些传统艺术品的制造、款式和图案，包含了人与自然、人与其所处社会环境及历史文化的种种关系[9]。府长与其他相关部门都十分重视传统土布的发展，积极发挥各类相关研究机构的功能，在生产、加工技术的研究方面给予生产者极大的支持与指导，希望这种传统能够继续传承下去。传统土布初始时期主要应用于日常生活，绝大多数是农民自纺自用，市场消费主体多在本地。如今，随着市场开放程度越来越大，为了迎合购买者的喜好，传统土布在花色、颜色、时尚感、图案纹饰等方面也不断改善。从传统土布纳入"一镇一品"计划项目之后，传统土布得到多层次加工，附加值也得到提升。根据"一镇一品"项目，传统土布被扩展分为两种类：一是服饰；二是室内装饰及纪念品。

印度的卡迪纱丽（Khadi Saree）在秀场上亮相的频率很高（图10），手工纺织的卡迪纱丽在女性日常穿搭中十分流行，穿着简单但又时尚，使它成为很多人的首选。

墨西哥的瓦哈卡纺织（Oaxaca Textiles）历史悠久，数百个农村社区实践着纺纱、染色、编织和刺绣艺术，那里的土著居民保留着独特的服装风格。他们的设计感和色彩令人眼花缭乱，在许多情况下，本土传统，如玛雅或米斯特克（Mixtec），与后殖民时代的风格相结合。瓦哈卡纺织（Oaxaca Textiles）的生命力是美洲其他地方无法比拟的[10]。安塔玛（ANTAMA）（图11）是墨西哥的一个品牌，他们同时经营线上和线下销售，切实做到用心手工制作、积极互惠、有意义的设计创造。

图10 印度卡迪纱丽　　图11 ANTAMA服装

在国内，杭州"小巷三寻"为濒临失传的民间传统手织布赋予了新的文化内涵，制成了童装、女装、孕妇装、家纺及家居饰品等时尚产品。这些产品以优质棉和天然彩棉为原料，不上浆，不添加化学添加剂，手工织就，是纯天然健康产品。清新、简约的设计理念，细致入微的制作工艺，丰厚的传统文化内涵，使"小巷三寻"的童装迅速得到了消费者的认可。优质的民间土布文化，在"小巷三寻"的演绎中，重新回到人们的生活，焕发着现代生活的新生机[11]。

2.2 华容土布文创产品开发现状及问题

2.2.1 产品开发现状

在家居用品类别方面，如床单、被罩和靠垫的应用，目前都是用镜面风格的土布进行裁剪制作，如图12、图13所示。此外，图13中的床单、被罩是在织物表面进行刺绣，增加了

图12　土布靠垫

抱枕的质感，或者在上面进行挑花，不仅体现了土布产品风格的多样性，也体现了当下非遗跨界结合的产品开发。

　　华容土布在服饰上的应用目前只有女装，如图14所示。应用手法主要是直接裁剪。需要注意的是，由于土布的幅宽有限，因此要进行格纹对格拼接的处理工艺。

图13　土布床单、被罩

图14　华容土布服饰

　　华容土布目前在口金包上的应用主要有三类，一是利用格纹风格的土布直接裁剪应用[图15（a）]；二是用镜面风格的土布织造完成之后用扎染的手法进行蓝染[图15（b）]；三是利用条纹风格的土布应用于整体包身[图15（c）]。口金包主要受众于年纪较大的人群。

（a）格纹风格　　　　　　　　（b）镜面风格　　　　　　　　（c）条纹风格

图15　华容土布口金包

2.2.2　当前存在的问题

　　第一，传承人群普遍年纪较大，缺乏年轻人参与[12]。由于经济回报有限，年轻一代对学习和继承传统技艺缺乏兴趣，导致技艺面临断层的风险。第二，现有传承人群缺乏对现代市场需求和设计趋势的洞察力，导致产品设计缺乏创新，无法吸引年轻消费者。产品大多停留在传统形式，未能充分挖掘和利用现代设计理念。第三，华容土布的市场推广和品牌建设不足，市场知名度和认可度较低。缺乏有效的营销策略和渠道，导致产品难以进入主流市场，销售渠道单一，影响产品的广泛传播。由于设计和创新不足，华容土布产品的附加值不高，难以在市场上获得较高的价格。消费者更倾向于选择价格低廉的机织布，而非手工织造的华容土布。第四，华容土布文创开发需要投入大量资金和资源，但目前的投入不足，导致在研发、生产、营销等方面存在困难。缺乏资金支持限制了技艺的传承和创新发展。第五，当前针对传承人的技艺培训和教育项目有限，未能系统化地培养新一代的技艺传承人。缺乏对传统技艺的系统化整理和归档，导致技艺传承随机化、差异化。第六，华容土布产品在功能性和实用性方面未能与现代生活紧密结合。产品设计未能充分考虑现代消费者的实际需求，导致使用场景有限，无法融入现代生活[13]。第七，华容土布的文化价值和历史背景宣传不够，消费者对其背后的文化内涵了解不足。缺乏有效的文化宣传策略，未能通过讲好华容土布的故事，提升其文化认同度和市场吸引力。

解决这些问题，需要政府、企业和社会各界共同努力，通过政策支持、资金投入、创新设计、市场推广等多方面的综合措施，推动华容土布文创产品的可持续发展。这包括加强对传承人群的培训和教育，鼓励年轻人参与技艺传承；提升设计创新能力，开发符合现代需求的文创产品；加大市场推广和品牌建设力度，提高产品知名度和市场认可度；增加资金和资源投入，支持技艺的传承和创新发展；以及通过讲好华容土布的文化故事，增强其文化吸引力和市场竞争力。

3 华容土布文创产品开发策略

3.1 相关文创产品创新思路

3.1.1 创新理念与方法

随着时代的发展和消费习惯的变化，传统土布的受众群体逐渐缩小，产品范围局限于传统的床品、服饰及手工艺品。为了应对这一局限，需深入挖掘产品内涵，转变设计理念，克服土布色彩单调、不够时尚、款式陈旧和材质厚重等问题[14]。经验丰富的手工匠人难以独自解决这些问题，因此，华容土布应当走出鄂州，与科研院所合作，成立设计工作室，聘请行业专家指导，丰富土布的产品类型。通过创新设计，将原汁原味的土布转化为更加多样化的产品，如天然服饰、儿童用品、室内装饰品和文创旅游产品等，使华容土布成为一种艺术、一种文化和一种传承。

创新设计需要在设计理念和方法方面同时与时俱进，注重文化传承与现代融合，通过产品包装和宣传材料详细阐述华容土布的历史背景和文化故事，展现出深厚的文化底蕴；倡导环保与可持续发展的理念，在产品标签和宣传中强调其环保特点，提升消费者的环保意识；

提供多样化的产品设计和个性化定制服务，满足不同消费者的审美与需求。

在创新方法方面，将传统技艺与现代技术相结合，利用先进的设计软件和数码印花技术对传统纹样进行优化，使产品更具现代感；开发多种产品类型，包括服饰、家居用品和配饰等，将华容土布的应用范围拓展至更多日常生活场景；举办互动体验活动，设立手工坊或体验工作坊，让消费者亲身参与制作过程，增强其对传统技艺的理解与认同；通过跨界合作与品牌联名，推出联名产品，扩大品牌影响力。在市场推广与传播方面，充分利用社交媒体、短视频平台和电子商务平台进行数字化营销，制作精美的宣传视频和图片，通过广泛传播提升品牌知名度；积极参加文化展览和创意市集，现场展示和销售产品，与消费者进行面对面的交流与互动。通过这些策略，不仅能全面展示华容土布的设计理念和创新方法，还能显著提升品牌的市场竞争力和消费者的认同感。

3.1.2 丰富文创种类

结合传统华容土布工艺与现代设计，开发时装、包、饰品、家居摆件等多种文创产品。在图案设计中，可以融入传统文化元素，如花朵、蝉蛹、线条、格纹等，并结合现代审美，让图案设计更贴近传统文化。在颜色搭配选择时，应当采用传统土布的天然染色技术，保持自然环保特性，同时通过现代色彩学的运用，使产品更加丰富多彩。当前华容土布的家居用品主要集中在床单、床套等类型上，不妨扩大产品范围，满足现代消费者的更多需求，如窗帘、凳子、地毯和地垫、收纳篮和收纳袋、拖鞋和拖鞋套、宠物垫、宠物玩具等。充分发挥华容土布既环保耐用又具有独特的手工风格的特点。类似的效果可以参照其他土布类工艺文创产品，如图16所示。为了进一步拓展华容土布的应用领域，可以考虑开发更多个性化和定制化的产品。例如，根据不同节庆和重要活动设计限量版产品，不仅能够满足消费者的个性化需求，还能增加产品的独特性和收藏价值。此外，针对不同年龄段的消费者，如儿童和老年人，开发适合他们的特色产品，如儿童的玩具和衣物，老年人的舒适服饰和健康用品等。

图16 格子纹土布小凳子套

3.1.3 创新应用

数字化创新势不可当，华容土布文创产品也应当利用数字化技术，在布料图案设计、颜色搭配和生产工艺方面进行创新，提升产品的市场竞争力。例如，非遗+3D打印技术不仅解决了工艺复杂、制作周期相对较短的问题，还可以更好地、更便捷地将非遗传承下去。利用3D打印技术可以将土布的工艺简单化并批量生产，也可以很好地呈现其图案和色彩。类似的技术可以应用于茶叶罐或茶杯、手机壳、车载手机支架等多种产品上。可以参考其他土布的3D打印成果，如图17所示。

当前，也有部分学者尝试了激光刻印纹样的技术应用于华容土布服饰设计中，这种工艺符合当下的潮流，但有一定的缺陷，主要在于温度过高，土布肌理易被破坏，图案在穿着时受到摩擦力的影响容易破坏完整性[15]。另外，激光雕刻切割出来的颜色只有一种，比较单调，如图18所示。

图17　色织土布纹样在文创产品中的数字化应用

图18　华容土布休闲男装

3.2　文创产品营销策略

3.2.1　明确产品定位与市场细分

在市场定位方面，华容土布可以针对不同消费群体进行精准定位，提升市场竞争力和品牌影响力。第一，在高端文创市场，通过精美设计和独特手工艺吸引高收入人群和文化爱好者，开发限量版和定制化产品[16]，彰显文化和艺术价值。第二，在时尚与设计市场，将华容土布与现代潮流相结合，开发时尚服饰和家居装饰产品，吸引年轻的时尚设计爱好者，增强产品的时尚感和市场吸引力。第三，在绿色环保市场，突出天然材料和手工制作特点，吸引关注环保和可持续发展的消费群体，推广绿色生活理念。第四，在旅游文化市场，将华容土布作为地方文化代表，开发适合旅游纪念品市场的产品，在旅游景区和文化展览中设立销售点，同时设计精美包装，推广为高端礼品，适合各种送礼场合。通过这些市场定位，结合线上线下多渠道营销策略，华容土布可以在市场上找到适合的切入点，实现市场的全面覆盖和深度渗透。

3.2.2　构建品牌故事与形象

明确华容土布作为非遗工艺的使命，在传承和弘扬传统手工艺的同时，打造具有影响力的民族品牌。品牌理念如环保、手工、品质、鄂州文化等，都应贯穿品牌的所有活动和产品。除此之外，必须突出华容土布的特点，如独特的纹理、天然的材质、精湛的工艺等，强调其与其他产品的区别。

倪珍云（图19）是湖北鄂州市华容区的一个农民，从母亲手中接过姥姥传下的织机，8岁学习纺线，10岁时随母亲学织布、刺绣，18岁掌握了织布的纺纱、染色、配色、纺织等全套传统技艺。织了60年土布，是省级非遗华容土布的传承人。

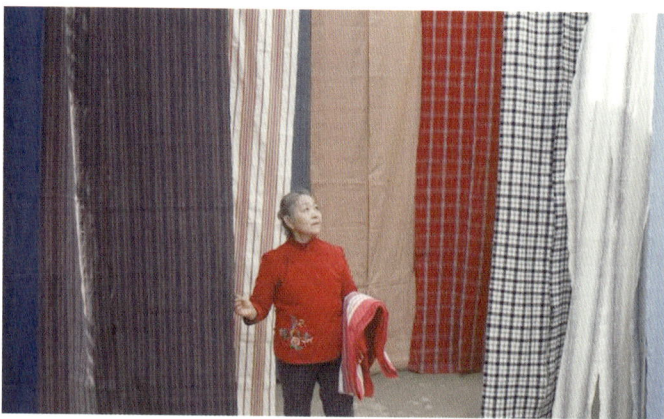

图19　华容土布传承人倪珍云

除了倪珍云外，还有其他的华容土布传承人，如市级传承人陈桂珍，她从小随母亲姜育兰和外祖母姜胡氏学习纺织土布技艺，15岁时已经全部掌握了织布的纺纱、染色、配色、纺织等多种复杂的工序。可以根据这些传承人的故事构建华容土布文创品牌的故事，让读者能够迅速融入故事情境。列举华容土布品牌所取得的成就和荣誉，如获得的奖项、合作伙伴、市场份额等，增强故事的真实性和可信度，进一步鼓励顾客尝试华容土布产品，体验其独特的魅力和价值。需要注意的是，要根据目标市场和受众特点，调整故事的讲述方式和语言风格，使故事更具针对性和吸引力。

3.2.3　线上线下同步发展

线上宣传是重中之重。通过微博、微信、抖音等社交媒体平台进行宣传，发布华容土布产品使用效果、制作过程、传统文化故事等内容，吸引年轻消费群体。并且不再局限于线下门店，还要在淘宝、京东、小红书、抖音等电商平台开设旗舰店，利用直播、短视频等形式展示产品，提升品牌知名度。紧跟各类型宣传、营销活动，在组建文化研究会、开展专题宣传日的过程中，提供物料帮助，对自身产品进行宣传。线上店铺与地方物流体系进行深度合作，确保销售活动的高效率与高效能。重视线上购物的反馈与交流工作，确保对顾客的问题能够及时回答、对顾客的意见能够及时回复，保证自助服务质量。在上述工作的基础上，自营网络店铺应进一步通过各类社交媒体进行新产品、新活动的宣传工作，以提升自身产品的市场影响力。

在线下活动时，也不要仅开设门店，还要鼓励传承人或手艺人积极参加各类文化创意展览，设置华容土布展，通过实物展示和现场制作演示，再造互动体验。尽量确保各店铺在具备一定差异性的同时，在元素应用上存在共通性，以此强化顾客对产品特色的第一印象。在此基础上，应针对店铺内销售人员进行专业培训，确保其对顾客消费心理有着深度认知，为顾客提供更高质量的购物体验。同时，也可开展店铺打卡折扣、分享社交媒体折扣等特色活动，激发潜在的用户市场，潜移默化地推进宣传工作。

与当地政府、媒体合作，制作专题报道、纪录片等，深入介绍华容土布的历史、工艺和传承人故事。当前湖北省政府、鄂州市政府以及农民日报、荆楚网等媒体都有讲述华容土布及其传承人的故事。要更多地邀请传承人或消费者参与文化类节目、访谈节目，推广华容土布的文化价值和创新应用。与地方文旅结合，开发土布文化体验渠道，吸引游客亲身体验土布制作工艺，购买特色产品[17]。

4 结语

华容土布作为湖北省和鄂州市的非物质文化遗产，具有重要的历史、文化和社会价值。其传承和创新对于维护文化多样性、延续传统技艺、增强社会凝聚力以及促进品牌建设至关重要[18]。本文通过创新理念、创新思路、创新应用的思考，将现代设计与传统工艺相结合，提出了华容土布在文创产品中融入传统元素的同时，需通过跨界合作开发生产具有市场竞争力的产品。品牌化运营和新产品开发助力非遗市场化和产业化发展，文化旅游和体验经济能让消费者更深入地感受传统文化。

华容土布的文创产品涵盖服饰、家居用品、手提包等种类，但面临着传承人老龄化、设计创新不足和市场推广力度不够等问题[19]。解决这些问题需要政府、企业和社会各界共同努力，通过政策支持、资金投入、创新和市场推广，推动华容土布文创产品的可持续发展。以上措施包括加强传承人员培训、提升设计创新能力、加大市场推广力度，并通过讲好华容土布的文化故事，增强其文化吸引力和市场竞争力[20]。通过这些努力，华容土布不仅可以实现技艺与文化的传承，还能够提高商业价值，让这项非物质文化遗产活起来、用起来，真正地融入人们的生活中。

参考文献

[1] 冒周培. 南通土布二次改造研究[J]. 轻纺工业与技术, 2019, 48（5）: 22-23.

[2] 张晓霞. 从"棋子方褥"看北朝织物框格纹的西来之源[J]. 南京艺术学院学报（美术与设计版）, 2013（3）: 73-77, 164.

[3] 黄媛. 棉织面料的艺术色彩搭配研究[J]. 染整技术, 2018, 40（11）: 60-62.

[4] 李学英. 绚丽多彩的花土布[J]. 北方美术, 1995（4）: 49-51.

[5] 光同敏. 新疆维吾尔族印花土布图案研究[J]. 装饰, 2013（2）: 94-95.

[6] 金立平, 陈东生, 孙晓雁. 色彩与服饰配色[J]. 济南纺织化纤科技, 1994（4）: 3-9.

[7] 约翰·芬斯顿. 东南亚政府与政治[M]. 张锡镇, 等译. 北京: 北京大学出版社, 2007.

[8] 魏欣. 提升旅游纪念品价值的设计研究[J]. 南昌大学学报, 2004, 35（3）: 49-52.

[9] 马翀炜, 陈庆德. 民族文化资本化[M]. 北京: 人民出版社, 2004.

[10] Sayer. C.（2002）. Textiles from Mexico[M]. University of Washington Press 2001. ISBN-13: 9780295982342.

[11] 高秀苹. 杭州市土布文化产业化发展个案研究报告——访土布产品生产企业: "小巷三寻"[J]. 现代交际, 2018（8）: 67-69.

[12] 董芳, 张彬. 威县土布的传承保护与创新发展研究[J]. 纺织报告, 2024, 43（1）: 118-121.

[13] 周玉蓉. 数字化背景下土布纺织技艺传承与创新发展[J]. 化纤与纺织技术, 2023, 52（12）: 47-49.

[14] 曹丽花, 梅军. "非遗"视角下岜沙苗族土布制作工艺传承与保护[J]. 广西民族师范学院学报, 2021, 38（6）: 6-11.

[15] 冉喻菱, 周雯. 崇明土布的创新应用实践[J]. 纺织科技进展, 2022（8）: 45-49.

[16] 刘嘉欢. 江南色织土布的现状分析以及纹样探索创新[J]. 上海工艺美术, 2019（2）: 100-101.

[17] 陈研, 张旭. 周庄"土布"元素在旅游纪念品中的创新设计[J]. 当代旅游, 2019（6）: 284.

[18] 潘伟伟. 整合与活化——江南土布的非遗再设计研究[D]. 南京: 南京艺术学院, 2019.

[19] 李超华, 高月梅, 魏振乾. 南通色织土布技艺传承的困境及创新思路[J]. 智库时代, 2019（15）: 241-242.

[20] 丁健. 南通色织土布技艺非物质文化遗产保护和应用分析[J]. 纺织报告, 2023, 42（7）: 107-110.

数字织造技术驱动的传统纺织工艺创新研究——以枣阳粗布为例

黎桀武

（武汉纺织大学艺术与设计学院）

摘要：传统纺织工艺在中国的纺织历史中有着举足轻重的地位，并构成了纺织类非物质文化遗产的一个关键分支[1]。作为中国传统手工艺品的典型代表，枣阳粗布凭借其深厚的历史底蕴和独特的文化价值而闻名。但是，随着社会的不断进步和数字织造技术的飞速发展，这些珍贵的传统手工技艺正面临着创新与转型的巨大压力。在这样的背景下，如何将经典技艺与当代需求相融合，实现创造性转化和创新性发展，成为一个亟待解决的关键问题。本文专注于探讨现代科技与传统枣阳粗布制作工艺的整合，着重考察了数字化设计与生产技术的应用、自动化与智能化工艺流程的探索，以及可持续发展理念与环保意识的整合，旨在为这些古老技艺注入新的生命力和提供发展机遇。本文揭示了传统与现代融合是激发枣阳粗布工艺创新的核心动力。

关键词：枣阳粗布；创新；传统与现代；融合；技艺发展

传统纺织技艺作为中华民族珍贵的文化遗产，承载着丰富的历史和文化内涵，其以独特的质地、粗糙的触感和精美的花纹设计深受人们的喜爱。然而，传统纺织技艺在现代社会面临着一系列的挑战和困境。特别是在消费者日益追求产品多样化、个性化以及快速响应的当下，传统纺织行业急需找到新的突破口。

本研究以枣阳粗布作为具体案例，旨在探究如何将传统手工技艺与数字化生产有效结合，通过深入分析传统纺织技术与现代数字织造技术各自的特点和优势[2]，探讨其在推进枣阳粗布产业发展中的应用潜力。本研究对于传统纺织行业的发展具有重要的意义和价值，传统纺织技艺代表着中华民族的文化传统和智慧，通过与数字织造技术的融合，可以将传统手工技艺与现代科技相结合，为传统手工技艺的保护和传承提供新的途径和方法[3]。

1　传统和现代枣阳粗布制作技艺特点

1.1　传统枣阳粗布制作技艺特点

枣阳粗布起源于中国湖北省枣阳市，其历史可以追溯到唐代。据史料记载，唐代时期的枣阳纺织业就已经兴盛，并以生产粗糙的布料而闻名[4]。随着岁月流逝，这种独特的手工纺织品逐步演变为当地的文化象征和重要产业。枣阳粗布使用的主要原材料是当地产的优质棉花。这种棉花纤维柔软且坚韧，适合于手工纺织，能够生产出均匀、有弹性的纺线[5]。手工纺纱，通常由有经验的纺线师傅进行操作。纺纱过程中，纺线师傅会根据需求调整纺车的速度和张力，以保证纺出的纱线粗细均匀（图1、图2）。织布是制作枣阳粗布的关键环节，采用手工织布机进行操作。织布工艺的一个特点是双经织布，即在织布机上设置两组经线，并通过调整织布机的松紧度和纬线的密度控制织物的厚薄和质地。枣阳粗布的纹样设计多样，常见的有花纹、格子和纹路等。这些纹样通常由经验丰富的手工艺人根据传统图案或自创设计进行绘制，使得每块枣阳粗布都具有独特的风格和特点。最终完成的枣阳粗布还需经历染色和印花。在这一步骤中，通常选用如蓝靛、茜草、木槿花等天然植物染料，这不仅赋予了纺织品自然的色彩，也保持了其天然和环保的属性。通过一系列精细的手工工序，枣阳粗布

图1　传统棉纺织材料及工具

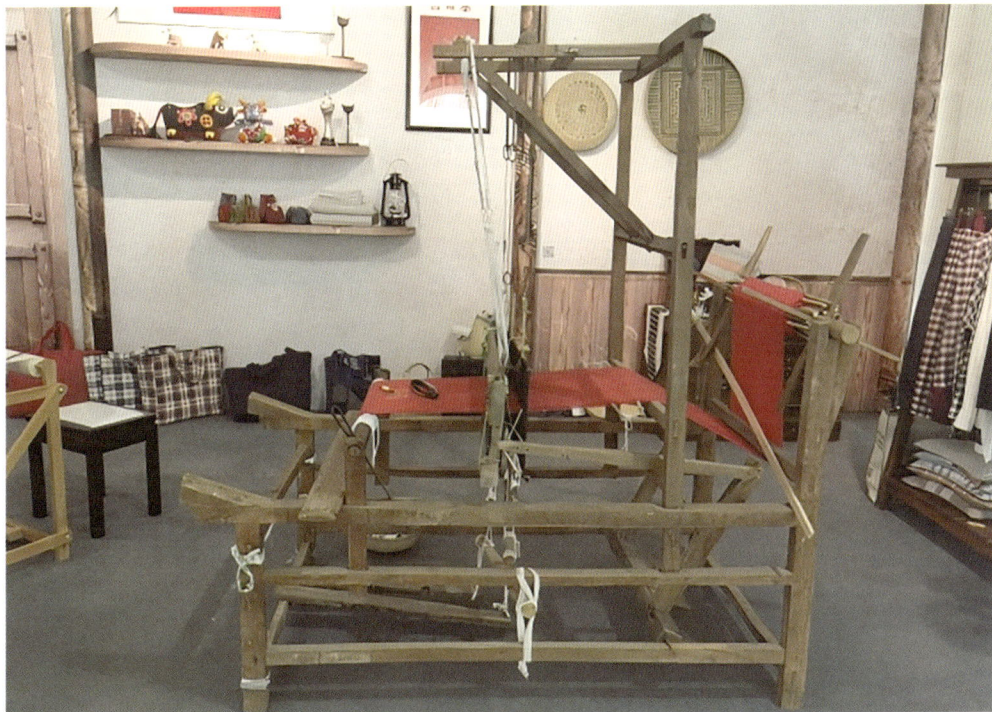

图2 传统枣阳粗布织机

以其独有的魅力讲述着古老文化的故事，同时昭示着传统工艺与现代审美相结合的无限可能。

枣阳粗布的制作过程传承了古老的纺织工艺，其中包括选棉、纺纱、织布等环节。传统的制作过程依赖于手工操作和传统织布机械，经过多个环节的精心制作，形成了其独特的质感和纹理[6]。然而，这一过程往往涉及大量的人工操作，不仅需要经验丰富的工匠，而且需要耗费大量的时间与精力，导致劳动成本较高[7]。相对于现代化的纺织生产线，传统手工制作方式无法实现大规模、高速度的生产，制约了产量的提高，传统枣阳粗布制作技艺在纹样设计方面存在一定的限制。传统纹样设计通常依赖于手工绘制或传统图案，缺乏灵活性和多样性，难以满足现代市场对个性化和多样化的需求[8]。传统枣阳粗布制作技艺中，还可能存在一些资源利用效率低下的问题。传统的枣阳粗布制作技艺中存在一定的挑战和困境，通过引入现代数字化技术，可以有效解决部分问题，如提高生产效率、降低成本、增加设计的灵活性以及提升资源的高效使用等。这不仅能够为传统枣阳粗布注入新的活力，还能确保这项珍贵的文化遗产得以传承和发展。

1.2 现代枣阳粗布制作技艺特点

随着时代的演进，现代枣阳粗布的制作工艺在继承传统技术的基础上，迎来了诸多创新与变革。与传统手工方法相比，现代生产方式已转向机械化，利用自动化的纺纱机和织布机，能够显著提升生产效率并缩短生产周期[9]。现代枣阳粗布使用先进的纺纱技术，如自动控制纺车、喷气纺纱等，使得纱线的粗细均匀度更高、质量更稳定。现代枣阳粗布注重创新设计，结合时尚元素和市场需求，推出更多样化的纹样和图案。同时，借助计算机辅助设计和图案打印技术，可以更快速地实现设计和样品制作。现代枣阳粗布制作过程中注重环保和可持续发展，采用环保染料和染色工艺，减少对环境的污染。同时，推崇使用有机棉等可持续纤维原料，关注纺织品的环保性能和可回收利用。在制作过程中，现代枣阳粗布也借鉴了一些新的工艺技术，如采用预缩处理技术，使织物在后续使用和洗涤过程中不易缩水变形。同时，在现代设计领域，枣阳粗布的传统纹样和色彩不仅被用于服装设计中，还广泛应用于家居、装饰品等多个领域，展现了传统与现代美学的完美交融，以及文化与艺术元素的相互融合（图3）。这些创新性发展不断推动着枣阳粗布在新时代中的传承与繁荣。

图3　枣阳粗布时装、家居饰品

　　在迈向现代化的道路上，枣阳粗布的制作工艺应着重考虑自动化和智能化的发展趋势。通过引入尖端的纺织设备和技术，不仅可以极大提升生产效率、降低生产成本，而且可以实现更高品质的质量。在现代枣阳粗布制作技艺中，还应关注环境保护和可持续发展。采用环保染料和染色工艺，减少对环境的污染。现代市场对于个性化和多样化的需求越来越高，因此现代枣阳粗布制作技艺需更多注重设计创新和个性化定制，可以借助计算机辅助设计和图案打印技术，更快速地实现设计和样品制作，满足市场的多样化需求。尽管吸纳了现代技术和设备，传承和创新传统技艺也依然是现代枣阳粗布制作不可忽视的核心。保留并传递传统技艺的独特魅力和文化内涵至关重要，同时需要将这些传统元素与现代化的需求和趋势结合起来进行创新发展。随着技术的进步和现代化生产的需求，一些传统工艺流程可能已经被机械化或数字化替代，以提高生产效率和质量的一致性。数字织造技术的应用也为枣阳粗布的生产带来了新的工艺流程，如数字设计、数控纺纱、计算机控制的织机等。这些新技术和工艺方式在传统工艺的基础上进行创新和融合，为枣阳粗布的生产带来了更多可能性和发展空间。

2　传统与现代的融合：创新的动因

2.1　社会环境变化对制作技艺的影响

市场需求和消费者偏好的演变对枣阳粗布的生产及其创新方向产生了深远的影响。在社会和经济不断发展的背景下，消费者对纺织产品的期望持续进化，这为枣阳粗布这一传统纺织品既带来了挑战，也提供了机遇。

市场需求的演变对枣阳粗布的传统制作技艺提出了新的要求。现代消费者越来越关注纺织产品的品质、舒适度以及环保属性，这促使枣阳粗布的制作工艺必须进行持续的创新和改进，以生产出更符合这些新兴需求的产品。同时，消费者的个性化和独特性追求不断增强，他们寻求独特的纺织品以表达自己的个性和审美品位。因此，枣阳粗布的设计与生产不仅要融合传统元素，还要紧跟现代时尚潮流，并通过创新的设计和营销策略吸引现代消费者的目光。随着全球对可持续发展和环境保护的关注日益增加，传统纺织技艺与现代数字织造技术的融合路径也需要考虑可持续发展和环保意识的结合，以推动枣阳粗布的可持续生产和消费。

环境因素如气候变化和自然灾害对农业生产具有深远影响，这些影响不可避免地延伸到枣阳粗布制作所需的原材料，主要是棉花的产量与质量。气候条件的变化，包括温度升高、降水模式的改变，都可能对棉花的生长周期和纤维品质产生影响[10]，进而影响到传统枣阳粗布的制作工艺和产出。环境变化也可以激发创新和适应新技术的需求。面对新的挑战和机遇，枣阳粗布制作技艺可能需要借鉴现代科技和数字化工具，以提高效率、质量和可持续性。数字织造技术、新型纺纱工艺、环保染色等创新方式，可以帮助枣阳粗布制作适应新的环境要求，并推动传统工艺与现代技术的融合。环境变化加强了社会对可持续发展的关注，这也对枣阳粗布制作技艺提出了新的要求。随着社会对环境友好型产品的需求增加，枣阳粗布制作技艺需要考虑减少能源消耗、降低碳排放和减少废弃物的产生等方面。

2.2　技术进步对创新的促进作用

技术进步在传统纺织技艺与现代数字织造技术融合的双创路径中发挥着重要的促进作用[11]。随着数字化、机器学习和人工智能等前沿技术的持续发展，纺织行业正在经历一场深刻的变革[12]，这些技术提供了无限的创新潜力，不仅改变了纺织工艺的方式和效率，还拓宽了纺织产品的设计和应用领域。

技术进步为传统纺织技艺与现代数字织造技术的融合开辟了新天地[13]。首先，计算机辅助设计（CAD）软件、数控织机和3D打印等先进设备的应用，使得设计师能够更加自由地进行创意设计和模拟，加速样品制作和产品开发的过程。同时，数字化技术也提供了更多的数据分析和预测能力，帮助企业更好地理解市场需求和消费者趋势，从而进行精准定位和创新产品的开发。其次，技术进步提高了效率和生产力，为创新提供了更好的支持[14]。自动化和智能化生产设备的引入，能够提高生产效率、降低成本，并减少人力资源的浪费。数字织造技术的应用，如计算机控制的织机和纺纱设备，使得纺织生产过程更加精确和可控，减少了传统手工技艺中可能存在的误差和变异性。这种高效的生产方式为企业释放了更多的资源和时间，使创新活动成为可能。最后，技术进步打破了传统纺织技艺的局限，创造了全新的创新空间。传统纺织技艺在设计和生产过程中存在一定的限制，而数字织造技术的应用为创新者提供了更多的自由度和创造性的机会。通过数字化设计和模拟，可以在保持传统技艺精髓的同时探索更复杂、独特的纹理、图案和结构。数字技术的支持还使得个性化定制和小批量生产成为可能，不仅满足了消费者的多样化需求，也为企业带来了独特的竞争优势。

技术进步在传统纺织技艺与现代数字织造技术融合的创新路径中起到了至关重要的推动作用。通过提供新的工具和资源、提高效率和生产力以及打破传统限制，技术进步为纺织行业创新带来了新的机遇和挑战，促进了传统技艺与现代技术的融合，推动了枣阳粗布的发展和创新。

3 传统纺织技艺与数字织造技术的融合路径

3.1 数字化设计和生产技术的应用

数字化设计和生产技术的应用在传统纺织技艺与现代数字织造技术融合的双创路径中起着重要的作用[15]。通过数字化设计和生产技术，可以提高枣阳粗布的设计效率、生产效率和产品质量，实现个性化定制和小批量生产，推动枣阳粗布的创新性发展。

数字化设计技术为枣阳粗布的设计过程提供了更多的灵感和创意来源。传统的纺织设计依赖于手工绘图和样品制作，过程相对耗时，且受限于设计师的经验和技能。而数字化设计技术，如CAD和3D建模，能够提供更加直观、灵活和高效的设计工具。设计师可以通过数字化平台进行快速设计、修改和实验，实现更多样化的纹理、图案和色彩组合，提升枣阳粗布的设计创新性和多样性。数字化生产技术提升了枣阳粗布的生产过程的高效性和精确性。传统的纺织生产依赖于手工操作和传统织机，生产效率较低且易受人为因素影响。而数字化生产技术，如计算机数控织机和自动化生产线，能够实现精确的纺织图案和结构控制，提高生产效率和产品质量的稳定性。

　　数字化设计和生产技术的应用为传统纺织技艺与现代数字织造技术的融合开辟了新途径，提高了枣阳粗布的设计创新性、生产效率和产品质量，有助于传统纺织技艺的传承与创新，同时也满足了市场的多样化需求。

3.2　自动化和智能化工艺的探索

　　随着科技的不断发展，自动化和智能化技术在纺织行业的广泛应用为传统纺织技艺带来重要的变革[16]。这些技术的引入不仅提高了生产效率和产品质量一致性，还增强了精确性和可控性，同时也为传统技艺的传承与创新提供了新的可能性。

　　首先，自动化工艺的应用可以提高枣阳粗布制作过程的生产效率和一致性。传统的枣阳粗布制作过程依赖于手工操作，工艺复杂且需要较长时间。而通过自动化设备和机器人技术，可以实现纺纱、织造、染色等环节的自动化处理，大幅缩短生产周期，并减少人为因素对产品质量的影响[17]。自动化工艺的应用还能够实现大规模生产，满足市场需求的扩大和提高。智能化工艺的应用可以提高枣阳粗布制作过程的精确性和可控性。其次，通过传感器、数据采集和分析技术，可以实时监测和控制纺织过程中的温度、湿度、纺纱张力等关键参数，保证制作过程的稳定性和产品质量的一致性。智能化工艺能够根据不同材料和工艺要求进行优化和调整，实现个性化定制和精细化管理。再次，利用人工智能和机器学习技术，可以分析和挖掘大量的纺织数据，为制作工艺的优化和创新提供科学依据和决策支持。自动化和智能化工艺的应用也带来了枣阳粗布制作技艺的传承和创新。通过数字化技术的应用，可以将传统的制作工艺转化为数字化的工艺文件和指导，实现知识的保存和传承。最后，智能化工艺的应用也为创新提供了更多的可能性，如通过虚拟仿真和模拟，可以预测和评估不同工艺参数对产品性能的影响，帮助设计师和生产者进行创新实验和优化。自动化和智能化工艺的探索在传统纺织技艺与现代数字织造技术的融合中具有重要意义[18]。

4　结语

　　我国的纺织类非物质文化遗产的传承与发展见证了中华民族传统文化和历史[19]。枣阳粗布作为纺织文化遗产之一，是非常重要的传统文化资源，在当代具有历史价值、文化价值、艺术价值与开发价值，我们应正确处理传统棉纺织技艺和现代工业化的关系。本研究以枣阳粗布为例，探讨了传统纺织技艺与现代数字织造技术融合的创新路径。通过对枣阳粗布的特点、文化价值以及数字织造技术的优势和挑战的分析，揭示了传统与现代技术融合的重要性和创新潜力[20]。数字织造技术在传统纺织行业中具有广阔的应用前景，为传统工艺的传承和创新提供了新的可能性。本研究结果对于推动传统纺织行业的创新发展、提升质量和竞争力具有重要的实践意义和启示作用。

参考文献

[1] 陈海英，胡晓东，冯泽民. 传统棉纺织技艺的非物质文化属性及当代价值体现[J]. 武汉纺织大学学报，2022，35（2）：53-58.

[2] 赵宏，曹明福. 中国纺织类非物质文化遗产概论[M]. 北京：中国纺织出版社，2015.

[3] 卢毅. 基于虚拟仿真技术的江苏传统织造技艺的传承与创新[J]. 化纤与纺织技术，2022，51（5）：64-66.

[4] 刘咸，陈渭坤. 中国植棉史考略[J]. 中国农史，1987（1）：35-44.

[5] 徐艺乙. 材料·工艺·形态——传统手工艺及其关键词解读[J]. 徐州工程学院学报（社会科学版）2017（5）：1-4.

[6] 孟贵成. 实例分析非遗的继承与发展——以威县土布纺织技艺为例[J]. 大众文艺，2015（2）：2.

[7] 刘立军，阴建华，胡玉良，等. 河北省威县传统土布纺织的历史发展与当代传承[J]. 河北科技大学学报（社会科学版），2020，20（4）：102-107.

[8] 魏利粉. 非物质文化遗产衍生品设计开发——以红安大布为例[D]. 武汉：武汉纺织大学，2016.

[9] 马军胜. 河北省传统手工纺织技艺的保护与传承[J]. 河北企业，2008（4）：64-65.

[10] 中国非物质文化遗产网·中国非物质文化遗产数字博物馆. 传统棉纺织技艺[EB/OL].（2008-06-07）[2023-05-28]. https://www. ihchina. cn/project_details/14476/.

[11] 任敏，魏洁. 南通土布图案艺术分析[J]. 现代装饰. 理论，2012（11）：213，215.

[12] 贺晓丽. 我国棉纺织技术的发展历程研究[D]. 天津：天津工业大学，2005.

[13] 杨传杰. 山东传统织机造物文化探究[D]. 济南：山东工艺美术学院，2013.

[14] 杨烨. "织中之圣"——中国缂丝的传统技艺传承[J]. 中华文化论坛，2013（3）：141-144.

[15] 李捷. 在创造性转化、创新性发展的基础上弘扬中华优秀传统文化[J]. 中国国家博物馆馆刊，2015（12）：23-25.

[16] 王杰. 中国传统文化研究中的几个问题[J]. 北京青年政治学院学报，2006，15（2）：62-68.

[17] 许永璋. 有关传统文化与现代化关系的几个问题[J]. 天中学刊，2000，15（6）：66-69.

[18] 包晓光. 新时代语境下传统文化创造性转化创新性发展的几个问题[J]. 湖南社会科学，2018（3）：7-13.

[19] 陈先达. 中国传统文化的创造性转化和创新性发展[J]. 前线，2017（2）：33-38.

[20] 黄前程. 中华传统文化创造性转化的理论基础、历史经验与当下思考[J]. 贵州社会科学，2016（12）：92-97.

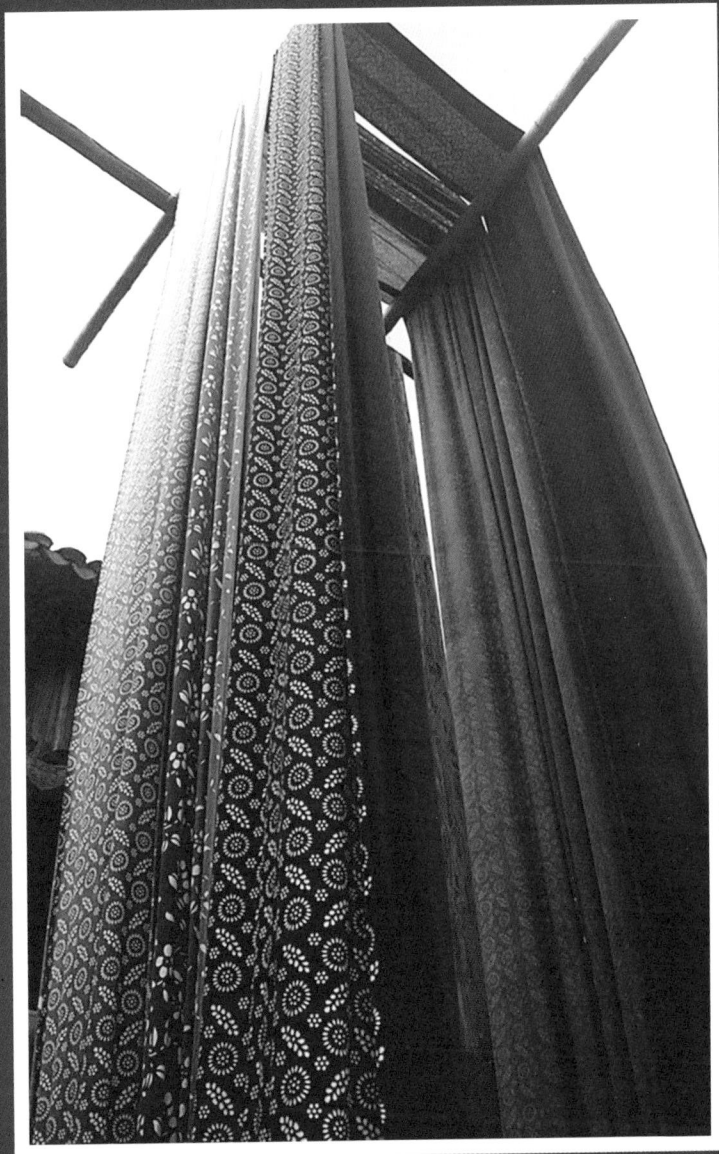

第三篇 · 印染篇

天门蓝印花布元素在现代插画中的
创新应用研究 ❶

彭信宇，张雷

〔武汉纺织大学艺术与设计学院〕

摘要：天门蓝印花布作为湖北省非物质文化遗产，具有极大的艺术价值和审美内涵，将其传统纹样应用于现代插画创作中，能够为弘扬传统文化提供新的传播载体。本文通过采样绘图、文献查阅等研究方法，将天门蓝印花布纹样造型、色彩和图案构成与现代插画相结合，进行创新设计。研究表明，天门蓝印花布与插画设计结合具有一定的可行性，将天门蓝印花布纹样、色彩、图案元素和构图法则经过纹样提取、艺术加工之后与现代插画设计相结合，弘扬了天门蓝印花布的审美价值，也为现代插画设计注入了新活力。

关键词：天门蓝印花布；纹样；插画；创新应用

据史料考证，蓝印花布距今已有1300多年的历史，是传统防染印花技术的具体展现。最初的蓝印花布以蓝靛草为染料，用黄豆粉、石灰粉做防染浆，经过画样、镂刻、坯布处理等多道工序染制而成。天门蓝印花布纹样取材广泛，纹样造型彰显荆楚风味，颜色蓝白分明、质地淳朴、清新明快，可以从各方面与插画相结合。插画作为一种用图形语言进行信息传达的艺术形式，是审美价值和艺术内涵相统一的体现。但就目前国内插画风格而言，自20世纪80年代以来，中国经济得到了迅速发展，但落后的艺术文化的发展难以跟上经济发展的步伐，在插画艺术领域出现了大量模仿与抄袭欧美或日韩插画风格的现象，导致目前国内插画市场鱼龙混杂。整体呈现出极度缺少本民族特色的问题，带有本民族传统设计语言的插画少之又少[1]。如何将现代插画与中国传统图案元素相结合，形成属于我们民族独特的插画风格，是当代插画师共同面对的课题。本文以天门蓝印花布纹样进行创新与现代插画相结

---

❶ 本文刊于《服饰导刊》2021年10月第5期。

合，既让传统文化以更年轻化、流行化的艺术形式被大众所认知，又增添了插画的民族特色和文化内蕴，找到属于年轻设计师自己的插画风格。

1　天门蓝印花布纹样造型在插画中的应用

受荆楚地域文化的影响，天门蓝印花布纹样图案大多保留着楚文化的浪漫古拙之韵，分为几何纹样、动物纹样、植物纹样、器皿纹样、文字纹样、人物纹样等。无论哪种图案造型，都蕴含着吉祥幸福之意，表达了荆楚百姓对美好生活的向往。本文拟以植物纹、几何纹、动物纹为例，将之运用到现代插画设计中，将传统民间艺术与现代插画艺术相结合，碰撞出不一样的艺术火花。

1.1　天门蓝印花布植物纹样在插画中的应用

植物纹样是蓝印花布纹样中最常见的一种，深受百姓喜爱。楚国崛起之地——江汉平原，是草木繁盛之地，《楚辞》中不乏对芳草佳木的讴歌咏叹："秋兰兮麋芜，罗生兮堂下，绿叶兮素华，芳菲菲兮袭予""芷葺兮荷屋，缭之兮杜衡，合百草兮实庭，建芳馨兮庑门"。或许正是这样的自然环境与人文情怀，助楚人洞鉴了草木之情。将其表现在造型艺术上，即鲜活秀丽、娉婷舒展的纹饰形象[2]。艺人们"通过艺术的手法概括与提炼出来，使形象更鲜明，节奏更强烈，表现力更充分，更富有装饰性"。[3]在天门蓝印花布图案创作中，纹样主要涉及的植物有梅花、兰花、牡丹、菊花、海棠、石榴、烟草、灵芝、葡萄、芙竹、松树、橘树等。这些传统植物纹样是艺人们通过艺术的手法概括与提炼出来的，使形象更鲜明、节奏更强烈、表现力更充分，更富有装饰性。天门蓝印花布传统植物纹样往往与其他不同形式的传统纹样相结合，从而形成寓意美好与吉祥的新型纹样。人们还常用各种植物、果实表达或比喻某种概念性的含义，将自己的情感理想或美好祝愿投射到对象物上，赋予了客观对象物主观的情感体验。例如，象征富贵的牡丹、象征长寿的松鹤、象征多子的石榴、象征平安的竹子等，都表达了人们的美好祝愿与对美好生活的向往，也反映了当时人民的审美情趣与幸福安定的生活状况。

笔者将天门蓝印花布经典纹样"凤戏牡丹"（图1）中的最小单元纹样进行提取，运用简单的线条进行描绘，勾勒出纹样的轮廓外形（图2）。并仔细分析其单个图案的风格，观察其中的规律和排列组合的形式，绘制相同风格的插画风格，使其元素能够更好地与之结合。以装饰画N1为例（图3），将"凤戏牡丹"完整的纹样进行渲染、褪色处理，降低整个纹样的色彩饱和度和明度，将之用于插画背景中。而提取出的最小单元纹样主要与插画中人物服饰造型相结合，运用图形变化、翻转、变色、组合排列等手法，既最大限度地凸显出天门蓝印花布的民族特色，又能与插画创作主题和内容相结合。将提取出来的纹样少量多次加入插画中，不生硬、不落俗地在增添了插画传统民俗特色的同时，又赋予了传统民俗文化新的生命力。

图1　凤戏牡丹

图2　凤戏牡丹的纹样提取（笔者绘制）

图3　装饰画N1

1.2　天门蓝印花布几何纹样在插画中的应用

传统的几何纹样最早形成于原始社会时期，它是"用各种直线或曲线等构成的规律或不规律的几何装饰纹样"。[4]早在两千多年以前，楚人的器皿、织物上就已经出现了几何纹样，"这些单元纹样按照一定的规则构成纹样。和东周时期的青铜器纹样、漆器纹样一样，具有鲜明的时代特色，与人们的追求和信仰有着千丝万缕的联系。"[5]这对天门蓝印花布纹样造型有着极大的影响。在楚文化影响下，天门蓝印花布创作出来的几何图案与楚国几何纹样的造型风格基本一致，保留了其质朴古拙的风格和浓郁的地域文化特色。例如，天门蓝印花布枕巾局部图（图4），在整幅图案的周围出现了连续不断的回纹，这些回纹也是天门蓝印花布中经常出现的传统几何纹样。回纹的特点是简洁大方、典雅规整，常在蓝印花布中用作边饰，它广泛吸纳了汉字"回"的特点，搭配经常作为边饰的"如意纹"与"盘长结"等，外观喜庆且受人喜爱，寓意吉祥如意、四季如意、平安如意。另外，天门蓝印花布纹样中也经常出现"云雷纹""云纹""乳钉纹""旋涡纹"等，这些传统几何纹样有着共同的特点，即常以一个或者几个为单位进行有规律的排列组合，形成连续的有规律的直线、曲线或者形成循环反复的面。这些传统纹样通过规律的几何图案或富有变化的几何图案，既增添了传统纹样的整齐美和秩序美，又形成了简洁明快的视觉效果。

图4　天门蓝印花布枕巾局部

笔者将天门蓝印花布枕巾中回字纹样进行提取（图5），

回字纹样具有鲜明的民族特色，将此纹样以反复连续的构图方式运用到民俗插画人物服饰袖口的装饰中，将提取的牡丹花纹进行变形、翻转，反复叠加应用于旗袍的主体装饰中，增添了插画的民族特色。插画背景利用回字纹样排列组合形成完整的图样，正片叠底降低整个背景的不透明度，让传统纹样最大限度地与现代插画相结合的同时，又加强了背景的纹理感（图6）。

图5 "回纹"提取

图6 插画《然》（笔者绘制）

1.3 天门蓝印花布动物纹样在插画中的应用

天门蓝印花布中对传统动物题材的应用十分广泛，主要来自自然中的动物，如喜鹊、鸳鸯、鹿、鹤、鱼等，都表达了人民百姓对美好生活的向往和吉祥之意。例如，"喜上眉梢"借用喜鹊这一形象表达了对喜庆和美满幸福的祝愿，还有"年年有余""金鱼闹莲""鹤鹿同春"等。另一种就是人们主观臆造的动物形象，如"龙""凤""麒麟"等，这些均是中国古代图案中具有丰富内涵的典型纹样，他们总是将深邃的图腾意象和玄奥的精神意念合并而出。"楚地绣品的纹样除个别是仿制青铜器花纹的蟠螭纹外，大多以龙、凤为主题。"有明确记载的龙、凤形象，除了楚帛画中的几例外，当属楚绣纹最为生动鲜明，如一凤二龙相蟠纹绣（图7），纹样主题是置于菱形内的一凤二龙共身相蟠纹，凤鸟居中，两侧各有一龙，头部均朝向前方，外侧是展开的凤翅，花纹由单独纹样做四方连续组合。天门蓝印花布深受楚文化的影响，龙、凤的神秘象征意味广泛应用，如寓意富贵吉祥的凤戏牡丹、麒麟吐书（图8）、龙凤呈祥（图9）等。

在现代插画创作中，受到大环境的影响，越来越多的插画师走向"国际主义"风格，简约的线条、图形绘制出的插画作品虽然受到大众一致好评，但似乎缺乏特色。这一点在天门蓝印花布中似乎可以弥补。

图7 一凤二龙相蟠纹绣

图8 麒麟吐书被面

以天门蓝印花布中的"鹿纹"为例，先秦至汉代视白鹿为仙兽，是仙人的坐骑，西汉诗赋《楚辞·哀时命》："浮云雾而入冥兮，骑白鹿而容与。"而且鹿与禄谐音，可象征福禄常在，官运亨通[6]。笔者对天门蓝印花布动物图案中的"鹿"纹（图10）进行单独提取，简单勾勒出图案的外形，画面背景采用肌理笔刷进行简单的渐变着色处理。画面整体色调以蓝色为主，风格简约唯美，小鹿纹样与画面中简单的黑色树枝线条相结合，在蓝色背景的衬托下，带给人一种幽静神秘之感。小鹿纹样不再仅是单一的图形纹样，还是优秀传统文化与现代时尚的统一。二者的结合既是视觉元素的结合，也是文化观念的交融（图11）。

图9　龙凤呈祥

图10　鹿纹图

2　天门蓝印花布颜色在现代插画中的应用

"色彩的情感传达给人的感觉是最直接的也是最普遍的，色彩是非常重要的一个设计因素，它具有非常丰富的内容。在传统服饰中常常利用某种情感特点的色彩来象征事物的某种内涵，使得服饰能通过色彩传递一种明确的思想倾向和审美情趣，众多服饰大多同时采用三种或三种以上纯度极高的浓烈

图11　《晨雾中》

色彩，因为色彩也是纺织品印花图案设计的最重要的因素之一，而蓝印花布服饰在设计中始终保持着自己独有的色彩选择方式。"[7]天门蓝印花布在色彩上以淡蓝色和深蓝色为主，配上大量的白，蓝白相间，给人以清新雅致之感，与青花瓷颜色相似具有浓郁的中国传统文化底蕴。既符合《周易》中强调的阴阳相合、共生之美，又展现出虚实相生的道家传统美学思想。"天门蓝印花布在长期的历史发展进程中有一定的历史渊源。据文献记载，早在明清时期，湖北地区的老百姓就大胆地运用蓝色、白色于布匹和服饰上，且其在色彩上只采用此两色以别于其他面料多种色彩搭配。"[8]蓝白两种颜色单纯朴实，相互碰撞下又给人以明快雅

致之感。

　　在现代插画设计中，有插画师应用中国传统色调，基于阴阳五行和水墨五彩，重视装饰性和象征性色彩的表达，创作出具有中国传统文化风格的插画作品。而天门蓝印花布以两色为主，风格质朴古拙[10]，笔者通过分析天门蓝印花布色彩风格及其内涵，将其应用到现代插画创作中，如图12《寒》和图13《归去来》所示，主要使用蓝、白两种色调，以一种颜色为背景底色，而另一色作为画面中具体的形象色，同时应用色彩的明暗关系，在统一色调下进行层次过渡，使画面在保持蓝色和白色两种色调的基础上呈现出一种渐变的效果而不是高饱和度的颜色对比。将靛蓝色运用于插画创作中，搭配白色，不仅打破了人们对于靛蓝色保守暗沉的印象，同时也保持了天门蓝印花布原有的雅致质朴的风格。

图12　《寒》　　　　　　　　　　　　　　图13　《归去来》

3　天门蓝印花布图案构成在现代插画中的应用

　　"蓝印花布纹样的结构形式是由多层次的点、线、面按照形式美法则结合形成大小合理、疏密得当、协调统一的整体图案。"[9]天门蓝印花布饱满，全面的构图与地域文化和民间艺术审美密不可分。构图样式主要分为对称式构图、连续式构图和藻井式构图三种[11]。刘勰的

《文心雕龙·丽辞》中有言："造化赋形，支体必双，神理为用，事不孤立。夫心生文辞，运裁百虑，高下相须，自然成对。"对称式结构被运用于各类传统艺术中，也是天门蓝印花布构图中最常见的，主要讲究图案画面的平衡感和对称性。连续式构图是不断重复、排列相同的图案的构图模式，主要给人一种庄重的秩序感。藻井式构图是我国传统古建筑中常用的装饰手法[12]，因为"交木如井，画以藻纹"，故叫藻井，通常以圆形、方形为主，天门蓝印花布中藻井式纹样通常中心图案为圆形，周围图案围绕成圆形或者方形，边框以几何纹样环绕（图14）。

图14　龙凤呈祥方巾

在现代插画创作中，如天门蓝印花布中的连续式构图也经常出现[13]。连续式构图插画经常被用于插图绘本的环衬页，如绘本《多多老板和森林婆婆》的环衬页就主要以木桩的图案连续排列而成（图15）。将木桩这一图案反复叠加，通过不断的复制排列形成连续式构图形式，带有浓烈的装饰意味。这也为连续式构图方式应用在插画创作中奠定了基础，将其应用于儿童绘本插图之中富有童趣和天真稚拙之感。除此之外，对称式构图也被运用于插画创作之中，在日本插画家清水裕子早期的作品中就可见到对称式构图的应用（图16）。画中人物构图饱满对称，给人一种平衡感，在插画中对称式构图还会给人带来一种高级的趣味性。

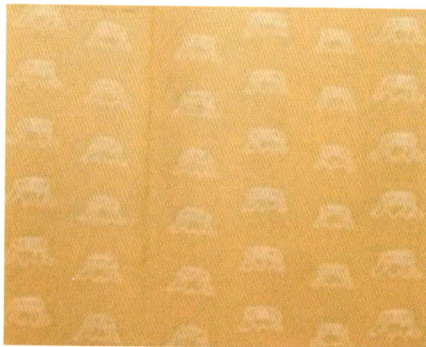

图15　《多多老板与森林婆婆》环衬页

4　结语

对天门蓝印花布进行分析并对其进行新的设计，既保留、传承了中华优秀传统文化，又在此基础上进行了设计创新，也为现代插画创作注入了民族图案元素[14]。实践证明，将天门蓝印花布

图16　清水裕子插画作品

纹样与现代插画设计相结合具有一定的可行性。天门蓝印花布的纹样造型特点、色彩和图案组成都为现代插画设计带来了具有民族特色的绘画语言，增强了国内插画的国际辨识度和文化内蕴。同时，用大众喜闻乐见的新时代艺术语言使天门蓝印花布重回大众视野，在一定程度上也是对天门蓝印花布的传承和保护。在创作中，将中华优秀传统文化与现代插画相结合，既可以提升国内插画的国际影响力和辨识度[15]，也可以创造出真正具有中国民族特色的插画作品。

参考文献

[1] 张雷. 天门蓝印花布的技艺与文化研究[D]. 上海：东华大学，2018.

[2] 王妮. 浅析湖北天门蓝印花布的艺术特征与应用[J]. 服饰导刊，2013（3）：89-91.

[3] 张巨平. 湖北天门的蓝印花布[J]. 装饰，2006（1）：91-92.

[4] 张晓霞. 中国古代植物装饰纹样发展源流[D]. 苏州：苏州大学，2005.

[5] 彭澎，杨红燕. 插画艺术文化[M]. 北京：清华大学出版社，2008：1-3.

[6] 袁浩鑫. 传统吉祥纹样与现代设计[J]. 齐齐哈尔大学学报（哲学社会科学版），2006
　　（3）：142-144.

[7] 李智伟. 中国元素在现代插画中的应用研究[J]. 艺术评鉴，2017（19）：63.

[8] 张晓霞. 中国古代染织纹样史[M]. 北京：北京大学出版社，2016：369-375.

[9] 沈从文. 龙凤艺术[M]. 北京：北京十月文艺出版社，2013：173-182.

[10] 陆岚. 民间蓝印花布的色彩观[J]. 装饰，2005（9）：73.

[11] 刘祎纯. 湖北蓝印花布传统纹样研究[D]. 武汉：武汉纺织大学，2015.

[12] 陈华锋. 构成中的形式美法则[J]. 美术大观，2012（5）：79.

[13] 方春莲. 国内商业插图应用的缺陷分析[D]. 南京：南京艺术学院，2010.

[14] 王宇航. 中国插画设计中的传统与时尚[D]. 长春：吉林大学，2013.

[15] 彭浩. 楚人的纺织与服饰[M]. 武汉：湖北教育出版社，1996：110-115.

第四篇 · 刺绣篇

新时代黄梅挑花的创造性转化与创新性发展研究

彭思琦

（武汉纺织大学艺术与设计学院）

摘要： 黄梅挑花作为湖北省最早的国家级非物质文化遗产（以下简称"非遗"）项目之一，其传承与发展虽一直稳步进行，但影响力与认知度仍然有限。探讨具有针对性的符合新时代创造性转化和创新性发展的理论和实践方向已成为一个重要课题。本文采用文献研究法和观察法，以黄梅挑花为研究对象，分析其在设计、技艺和市场化等方面的整体传播与发展的创新可能性。在保留非物质文化遗产核心的同时，提出拓宽相关产业范围的设想，从文化再创、科技融合、市场拓展等方向进行探索，旨在将传统与现代相融合，完善并推动其在当代社会中的发展与传承，从而进一步保护和弘扬这一独特的非物质文化遗产。

关键词： 黄梅挑花；非物质文化遗产；创造性转化和创新性发展

非物质文化遗产是人类文明的宝贵财富，也是民族文化的重要组成部分。然而，在全球化和现代化的冲击下，一些地方性的非遗项目面临着消亡和失传的危险，需要采取有效的保护和传承措施。因此，作为黄梅县特色非遗之一的黄梅挑花也需要与时俱进，实现创新性发展与创造性转化，以适应社会变化和市场需求，提升自身的生命力和影响力。

黄梅挑花是一种传统的刺绣工艺，具有悠久的历史和独特的艺术风格，是首批国家级非物质文化遗产之一。然而，随着社会经济的发展和人们生活方式的改变，黄梅挑花面临着传承断层、市场萎缩、技艺流失等问题，亟须进行创新性发展与创造性转化。通过对黄梅挑花非遗项目的研究，可以探索非遗项目如何在保持传统特色的同时，实现与现代社会和市场的对接和融合，为其他非遗项目提供借鉴和启示。

本文主要围绕以下两个问题展开：黄梅挑花发展存在的困境以及如何实现创新性发展与创造性转化。旨在通过对黄梅挑花非遗项目进行分析，揭示其创新性发展与创造性转化的可能性和可行性，并提出相应的策略和措施。

1 黄梅挑花传承现状和发展困境

黄梅挑花是首批国家级非物质文化遗产，以明快的色彩组合和精巧的图案设计凸显其独特的艺术表现力，是具有重要影响力的民间工艺瑰宝。

1.1 传承保护现状

随着地域性传统手工艺的日渐衰落，一些非遗从业者和传承人在保持原生技艺本真性的同时，开始有意识地开发非遗衍生产品和多元业态，打造非遗品牌，提高非遗产品附加值和市场占有率。国家对中华传统文化保护的力度加大，使针对黄梅挑花的各项保护措施也有了一一落实的机会：黄梅挑花文化展厅的设立，在黄梅县博物馆中以影像、物品展示等形式多方面向观者展现黄梅挑花；为了推进黄梅挑花技艺的传承与发展，政府授予黄梅挑花技艺传承者石久梅、胡德稳、陈昭君等人为"非物质文化遗产传承人"；湖北省多地成立了非物质文化遗产生产性保护示范基地；当地成立了多家致力于黄梅挑花技艺保护的公司，进行产品研发与销售，并组织黄梅县挑花女们手工制作挑花产品，初步形成了产销结合的产业链；在政府和学校的大力支持下，在黄梅县的中小学生中普及了黄梅挑花技艺，并逐年扩大影响范围。[1]这些措施不仅提升了黄梅挑花的知名度和影响力，还为其在当代社会的传承和发展奠定了坚实的基础。

1.2 项目发展困境

1.2.1 传承人口的缩减与认知度低

黄梅挑花作为一门民间传统手工艺，主要依靠口传心授的方式传承，但随着社会变革的深入和生活环境的改变，民族服饰不断被外界所同化，技艺传承极易出现断裂。

黄梅挑花的传承有别于其他手工技艺。在封建时代，挑花绣朵是女儿房中事，一般是在较为封闭的状态下由母亲向女儿、婆婆向儿媳的一两个人之间的口传心授（图1）。所以它的师承关系仅限于女性圈子：祖母→婆母、姑妈、婶婶；外祖母→妈妈、姨妈、舅妈；这是一种基于血亲关系的传承模式。后来，妯娌间、姊妹间、姑嫂间、同村的邻居姐妹间都形成一种互相学习的亦师亦友的关系。

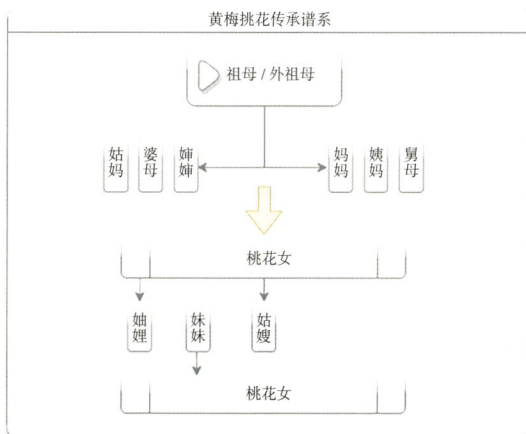

图1 黄梅挑花艺人传承谱系

伴随传承人口减少与老龄化，黄梅挑花面临新鲜血液极为匮乏的困境。由于黄梅挑花的制作技艺需要长期的学习和专业的培训，而非省级、国家级的普通传承人能获取的资金有限，成本与报酬之间极不平衡。此外，黄梅县本身不具备大城市的繁华与便利，黄梅挑花整体宣传力度受限、相关信息的了解渠道稀少、传播范围较小，缺少对于年轻一代的吸引力，因此特定区域之外的大众认知度一直不高。年轻一代对这项技艺的兴趣低，导致他们很少愿意投入时间和精力学习黄梅挑花技艺。目前，多数传承人为20世纪五六十年代的老前辈，这种传承人口的老龄化现象，导致传承面临中断和失传的风险[2]。

1.2.2 市场化的难以适应

黄梅挑花传统的挑花流程为纺纱—织布—漂染—调制，作为一种纯粹的手工艺，黄梅挑花耗时耗力，挑一幅图案少则三五天，多则一个月，但相应的报酬往往偏低。除了挑花流程繁杂，黄梅挑花的原料和工具也较为单一。主要原料是当地的家织布，又叫大布，这种布被染成青色作底，艺人依靠一根针、一根线（七种颜色）在上面交替挑绣各种图案。虽然手法多种多样——有单面挑、双面挑，有素色挑花、彩色丝线挑花，也可在同一产品上有挑有绣有补，但总体来说，黄梅挑花的材料和工具较为单一，手法技艺的创新难度较大，现有条件难以适应多样化的市场需求。

同时，黄梅挑花缺乏应对市场需求变化的能力与市场化运作。随着社会经济的发展和人们审美观念的改变，市场对黄梅挑花的需求也在发生变化，但市场化运作仍然相对薄弱，缺乏有效的推广和营销渠道，缺乏品牌建设和市场推广的策略，这限制了黄梅挑花的知名度和商业化发展的机会。尽管黄梅挑花是国家级非物质文化遗产，但其认知度和竞争力仍显不足。

1.2.3 高新技术的低覆盖与整体的时代脱轨性

在各行各业追求人工智能和高新技术的背景下，单纯依赖传统手工艺，除了少数佼佼者外，多数缺乏有效的消费支撑和资本扶持。而盲目的商业化会致使存在大量鱼目混珠的低劣制品，若一时炒作则带来的不对等的消息流通又会使民众进一步流失。此外，仅依靠人力的传授与一般的文献记载等不利于技艺的长久保存与传播，新兴产业与技术的应用一定程度上也是发展的必由之路。

1.2.4 多产联合与地域标志性的打造欠缺

黄梅县地处鄂赣皖三省交界处，荆楚文化与吴越文化在此交融，有着黄梅小调、太极纯功、黄梅戏、禅宗祖师传说、岳家拳、采茶戏、文曲戏等多种非遗传承[3]。黄梅挑花作为湖北省黄梅县的地方特色和文化名片，具有先天性优渥的文化融合土壤。然而，黄梅挑花在多产联合与地域标志性打造方面仍存在不足[4]。传统工艺流程和思维的固化阻碍了时代和文化的变迁。黄梅挑花的制作过程在一些地方形成了固化的工艺流程，图案设计与题材设想缺乏新的构思，整体缺乏创新和变革的意识。随着社会的快速发展和文化环境的变迁，娱乐和消费选择逐渐多样化，西化的易接受性与同类竞品的高宣传度使黄梅挑花的地位和影响力逐渐减弱，限制了其发展空间[5]。

2　传统与现代两线并行的双创策略

要解决黄梅挑花面对的发展困境，需要进一步加强对非遗技艺及相关器物生产原料的保护和传承。建立健全非遗技艺的调查记录、代表性传承人、理论研究等体系，提高非遗技艺的知名度和认知度，增强非遗技艺的社会影响力和文化自信。同时，加大对非遗技艺的资金、人才、设施等方面的支持，为非遗技艺的发展提供保障。

建立多元合作机制，进行多方面人才引进，在加强传承与培养的同时激发创意和创新，创建良好的市场环境，保持内容输出，提升权威机构与官方性质的支持力度，推动非遗技艺的跨界融合并促进其创新改革。利用新媒体平台、数字化技术、文创产品等方式[6][7]，在尊重和保持非遗技艺的传统特色和本真性的基础上[8]，根据现代社会和市场的需求，将非遗技艺与文化旅游、文化娱乐、文化教育等领域相结合，拓展非遗技艺的传播渠道和消费市场，并对非遗技艺进行适度的改良和创新，提升非遗技艺的经济价值和社会效益，增强其竞争力和吸引力。实施传统文化与工业产业分流但又联合政策，以产业收益反哺技艺，通过现代化资本运作实现共赢。

2.1　以加强传统技艺传承人培养为核心主轴

黄梅挑花是湖北黄梅县的地方特色，代表了该地区的文化传统和工艺技艺，记录了当地人民的智慧和创造力，是其历史和文化的重要组成部分。作为一种精湛的手工艺，黄梅挑花具有较高的艺术价值和审美价值。在加强传统技艺传承的过程中，不能顾此失彼，需要注重对黄梅挑花技艺的传承与培养。通过系统的培训计划，培养新一代黄梅挑花艺术家和工匠，传授技艺和知识，保留和发扬这门技艺的核心价值。

2.2　以文化产业为例的产业链联合

2.2.1　品牌形象建立及周边文创产品开发

以核心技艺为中心发展，创建优秀品牌形象，传统工艺高端制品与现代工业流水生产齐头并进，打造围绕黄梅挑花的IP生态圈。结合黄梅挑花的传统工艺、图案特点和民俗文化等进行创意设计，依据当代具有价值的热点与潮流开发出新颖、独特的文创产品。探索黄梅挑花在不同领域的合作可能性，除了常见的融入家居用品、服装、配饰等产品中，还可以利用年轻人喜爱的文化形式与产品特征，抽取黄梅挑花特色元素[9][10]，截取挑花针法、动作中具有美感的一面进行再创作，使其与现代生活相融合，提升市场竞争力。同时也需要对应用题材进行有效筛选与把控，避免滥用而破坏非遗本身所代表的文化含义[11]。

开发周边产品时可以提取黄梅挑花的传统元素并进行二次创作。细分现代主流消费群体，按照不同群体的喜好选择相应的产品类型，有针对性地融合黄梅挑花的特色，扩大影响范围，吸引更多人参与非遗的传承和保护。以下就文创周边产品的类型做参考性探讨。

（1）以常见纺织制品进行图案、用具、材料、故事等相关元素的创作。在已有的方巾、背心等产品基础上，对造型和题材进行改造，以符合更多群体的喜好。此外，还可以针对更多纺织类产品的应用进行相应尝试。

（2）以小饰品、小摆件、小挂件等进行相关构建，以放置型手办、可动性玩具等进行相应元素的提取再利用（图2）。将挑花中的经典元素或热门元素以挑花手法、仿挑花样式进行刺绣饰品的创造或应用在其他材料上。例如，提取"福寿双桃"方巾（图3）及仙女元素制作可动玩偶（图4）。

联动热门游戏、动画等作品进行宣传（图5），以挑花纹样或手法为主体，但不可一味追求宣传和利益，必须始终以黄梅挑花的传承和发展为主线。

（3）制作相关纪录片，创作IP形象的二次元动画、短片故事等（图6）。

通过校园联合，定期举办相关主题活动、比赛和课程，征集年轻人的想法与新型创意，吸收新型人才，推动黄梅挑花整体活态发展。

2.2.2 开发特色产业链与创业孵化

建立黄梅挑花的创业孵化基地，打造一体化的产业生产链，为有创业意愿的年轻人

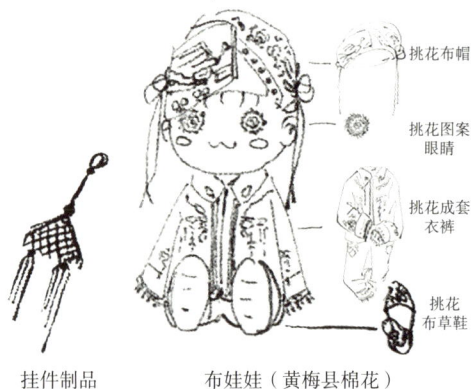

挂件制品　　　　布娃娃（黄梅县棉花）

图2　黄梅挑花元素提取示意（娃娃）

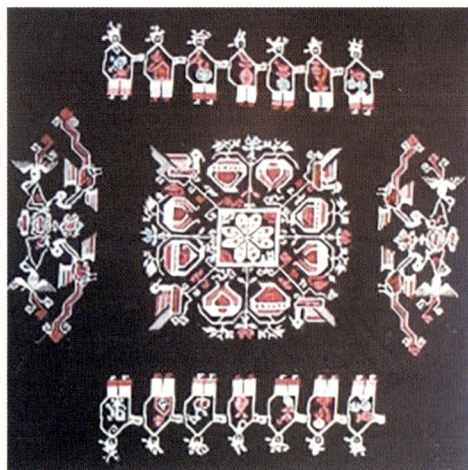

图3　"福寿双桃"方巾

黄梅挑花与黄梅戏
七仙女可活动玩偶
（布/纸/树脂）

图4　样式融合示意

提供创业支持和培训。通过培训和指导，帮助创业者掌握黄梅挑花的技艺和管理知识，开展相关的创业项目，推动黄梅挑花产业的发展。引进多方面的人才，包括年轻设计师、技术专家等新鲜血液，为黄梅挑花注入新的创意和活力。同时，加强品牌建设和市场推广，提高黄梅挑花的知名度和认可度，但也要避免过于驳杂的低质量内容输出。

图5 热门游戏、IP联动形象示意

图6 多媒体记录与再创示意（动画演绎）

3 高新科技的多渠道应用

3.1 黄梅挑花的数字化处理与再创造

3.1.1 数字化处理的基础

黄梅挑花源于民间，承载着丰富的地域文化和民俗风情。然而，传统的黄梅挑花技艺往往依赖于师徒间的口传心授，缺乏系统的记录和保存手段，这使得其传承面临着巨大的挑战[12][13]。为了有效保护和传承这一非遗，我们需要对其进行数字化处理。

通过高分辨率的扫描技术和摄影技术，我们可以将黄梅挑花的精美图案和细腻针法以数字图像的形式保存下来。这些数字图像不仅具有极高的还原度，还能够通过计算机进行放大、缩小、旋转等操作，便于研究和欣赏。同时，利用计算机视觉技术，我们可以对数字图像进行自动识别和分析，提取出黄梅挑花的特征元素和针法规律，为后续的创新设计提供数据基础。

3.1.2 再创造的无限可能

在数字化处理的基础上，可以利用计算机图形学、人工智能等技术对黄梅挑花进行再创造。例如，通过算法生成新的图案设计，或者将传统图案与现代元素相结合，创造出既保留传统韵味又符合现代审美的作品。此外，我们还可以利用虚拟现实技术构建黄梅挑花的虚拟展示平台，让观众能够在沉浸式的环境中感受黄梅挑花的魅力，甚至参与虚拟的挑花制作过程中，体验传统技艺的乐趣。

3.2 规范行业与透明化保障措施

3.2.1 建立非遗数据库

为了更有效地管理和保护黄梅挑花等非遗，我们需要建立一个全面的非遗数据库。这个数据库应该包括黄梅挑花的历史渊源、技艺特点、传承谱系、代表作品等多方面的信息。同时，数据库还应该具备强大的检索功能，支持用户根据关键词、分类等方式快速找到所需的信息。在建立数据库的过程中，我们可以借鉴国内外先进的非遗保护经验，制定科学的分类标准和编码体系，确保信息的准确性和完整性。此外，我们还可以通过与传承人、专家学者等合作，不断补充和完善数据库的内容，使其成为一个动态更新的知识库。

3.2.2 透明化保障措施

为了保护黄梅挑花传承人和创作者的权益，需要建立一套透明化的保障措施。首先，应该对黄梅挑花的传承人和创作者进行登记和认证，确保他们的身份和作品得到法律的认可和保护。其次，可以利用区块链等技术手段，为黄梅挑花的作品建立唯一的数字版权标识，防止作品被非法复制和传播。最后，需要加强对黄梅挑花市场的监管，打击假冒伪劣产品和侵权行为，维护市场的公平竞争秩序。通过这些措施，可以为黄梅挑花的传承和发展提供一个良好的法治环境。

3.3 构建虚拟网络空间非遗社群

3.3.1 促进交流与分享

互联网的发展为我们提供了一个跨越时空的交流平台。我们可以利用这个平台构建黄梅挑花的虚拟网络空间非遗社群，将分散在各地的传承人、创作者和爱好者聚集在一起。在这个社群里，大家可以分享自己的经验、心得和作品，互相学习和借鉴，共同推动黄梅挑花的传承与发展。为了提升社群的活跃度和凝聚力，可以定期举办线上线下的交流活动，如研讨会、讲座、工作坊等。这些活动不仅可以加深成员之间的了解和信任，还可以为黄梅挑花的传承和创新提供更多的灵感和思路。

3.3.2 扩大影响力与传播范围

通过虚拟网络空间非遗社群，可以将黄梅挑花的魅力传播到更广泛的人群中。我们可以利用社交媒体、短视频平台等新媒体工具，发布黄梅挑花的相关内容，吸引更多人的关注和兴趣。同时，我们还可以与其他非遗项目或文化机构合作，共同开展宣传和推广活动，扩大黄梅挑花的影响力和知名度。

3.4 黄梅挑花的虚拟展览与电子印刻技术应用

3.4.1 虚拟展览的创新体验

传统的实体展览受限于场地、时间等因素，往往难以覆盖所有的观众。而虚拟展览则能够打破这些限制，让更多的人在线上欣赏到黄梅挑花的美丽。可以利用虚拟现实技术构建一个逼真的虚拟展览空间，让观众仿佛置身于真实的展览现场。在这个空间里，观众可以自由浏览各个展区，查看作品的详细信息，甚至可以与作品进行互动，获得更加沉浸式的观展体验。虚拟展览还可以结合多媒体元素，如音频、视频、动画等，为观众提供更加丰富和生动的展示内容。通过这些创新的展示方式，我们可以将黄梅挑花这一传统技艺以更加鲜活的形式呈现在观众面前，激发他们对传统文化的兴趣和热爱。

3.4.2　电子印刻技术的快速制作与定制化

电子印刻技术是一种将数字图案快速转移到材料上的新型技术。在黄梅挑花的制作过程中，可以利用电子印刻技术实现产品的快速制作和定制化。通过计算机设计软件绘制出所需的图案，然后将其发送到电子印刻设备上进行打印，就可以在短时间内制作出精美的黄梅挑花作品。

电子印刻技术不仅提高了生产效率，还降低了制作成本，使得黄梅挑花作品更加亲民和普及。同时，这种技术还支持定制化服务，可以根据客户的需求和喜好制作出独一无二的黄梅挑花作品。这种个性化的定制服务不仅满足了消费者的多样化需求，还为黄梅挑花的创新性发展提供了新的动力。

3.5　跨领域实验性再创造

3.5.1　材料制造的创新应用

黄梅挑花的传统材料主要是丝绸和棉线，而随着科技的发展，我们可以尝试将其他材料引入挑花的制作中。例如，利用新型纤维材料、纳米材料等，可以创造出具有特殊质感和功能的黄梅挑花作品。这些新材料不仅可以丰富黄梅挑花的表现形式，还可以为其注入更多的科技和现代元素。

3.5.2　建筑改造的艺术融合

除了材料制造外，我们还可以将黄梅挑花的技艺和元素应用到建筑改造中。通过将挑花的图案和针法融入建筑的装饰和设计中，可以创造出具有独特文化韵味的建筑空间。这种跨领域的融合不仅可以提升建筑的艺术价值，还可以为黄梅挑花的传承和发展开辟新的领域和空间。

4　地域性融合与跨文化合作交流

4.1　地方旅游结合：黄梅挑花与旅游业的深度融合

4.1.1　标志性建筑、公共装置、主题酒店等的建立

将黄梅挑花元素融入地方标志性建筑、公共装置和主题酒店的设计中，是提升黄梅挑花知名度和影响力的有效途径。我们可以邀请知名建筑师和设计师，以黄梅挑花的图案、色彩和技艺为灵感，创作出具有地方特色和时代气息的建筑作品。这些建筑不仅可以成为城市的名片，还能够成为黄梅挑花传播的新的载体。例如，可以在黄梅挑花的发源地或主要传承地，建设一座以黄梅挑花为主题的标志性建筑，如挑花艺术馆或文化广场。可以在这座建筑中融合传统与现代的设计元素，通过挑花的图案和技艺展示，向游客讲述黄梅挑花的历史故

事和文化内涵。同时，可以在建筑内部设置展示区、互动区和体验区，让游客能够全方位地感受黄梅挑花的魅力。此外，我们还可以在旅游景区、商业街区等地方设置黄梅挑花的公共装置，如挑花雕塑、壁画等。这些装置不仅可以美化城市环境，还能够吸引游客的注意力，提升黄梅挑花的知名度。在主题酒店方面，我们可以以黄梅挑花为主题，打造具有地方特色的客房、餐厅和会议室等。通过黄梅挑花的装饰和用品，让游客在住宿和用餐的过程中感受到传统文化的魅力。

4.1.2　工作坊与展示中心等的建立

为了更深入地展示黄梅挑花的制作过程和技艺，可以建立黄梅挑花的展示中心和工作坊。可以在展示中心陈列黄梅挑花的历史文物、代表作品和制作工具等，通过图文、视频和实物等多种形式，向游客介绍黄梅挑花的起源、发展和传承情况。同时，还可以在展示中心设置互动环节，如挑花体验区、虚拟现实体验区等，让游客能够亲身感受黄梅挑花的制作过程和艺术魅力。工作坊则是传承和发展黄梅挑花的重要场所。在这里，我们可以邀请黄梅挑花的传承人和技艺高超的工匠，向游客传授挑花的技艺和心得。游客可以在这里学习挑花的基本知识和技巧，亲手制作挑花作品，体验传统手工艺的乐趣。通过工作坊的活动，不仅可以培养新的传承人，还能够激发游客对传统文化的兴趣和热爱。

4.2　国内外文化展览与跨地域联动：黄梅挑花的国际交流与合作

4.2.1　参与国际文化艺术展览与交流活动

拓展黄梅挑花的国际市场需要加强与国内外相关机构和组织的交流与合作。通过参与国际文化艺术展览和交流活动，可以向世界展示黄梅挑花的独特魅力和文化价值，获得更多国际友人的关注和认可。在国际文化艺术展览方面，可以积极争取，促使黄梅挑花作品纳入国际知名的艺术展览中，如威尼斯双年展、巴黎时装周等。通过这些展览，让黄梅挑花与世界各地的艺术家和设计师进行交流和碰撞，拓宽其艺术视野和创作思路。同时，还可以组织黄梅挑花的专题展览，向国际社会全面展示黄梅挑花的历史渊源、技艺特点和艺术成就。在交流活动方面，可以邀请国际知名的艺术家、学者和设计师等来华进行学术交流和技艺研讨，共同探讨黄梅挑花的保护、传承与创新问题。同时，还可以组织黄梅挑花的传承人出国访问和演出，向国际社会展示黄梅挑花的艺术魅力和技艺水平。

4.2.2　跨地域联动与品牌合作

除了参与国际文化艺术展览和交流活动外，我们还可以通过跨地域联动和品牌合作等方式，推动黄梅挑花的国际化进程。例如，可以与国内外知名的时尚品牌、家居品牌等进行合作，推出以黄梅挑花为设计元素的时尚服饰、家居用品等。通过这些合作，我们可以将黄梅挑花的艺术元素与现代设计理念相结合，创造出具有时代气息和市场竞争力的产品。同时，还可以与其他地区的传统手工艺进行联动，共同开展文化交流与合作项目。例如，可以与江南的刺绣、西南的蜡染等传统手工艺进行跨界合作，创作出融合多种文化元素的作品。这些作品不仅可以展示中国传统手工艺的多样性和包容性，还能够促进不同地域文化之间的交流与融合。

5　结论与展望

黄梅挑花作为一项具有悠久历史的非物质文化遗产，在创造性转化和创新性发展的道路上仍需进一步探索[14]。通过注入新的思维和创意、激发创意和创新，将推动黄梅挑花走出传统的舒适区，促进作品的市场流通和消费者认知度的提升，权威机构与官方的支持则将为黄梅挑花提供更多的资源和保障，促进黄梅挑花非遗项目的创新性发展与创造性转化。

相信多个领域的探索与应用，将为黄梅挑花的创造性转化和创新性发展带来新的机遇和挑战。通过不断创新和探索，黄梅挑花将更好地适应现代社会的需求，焕发新的活力，实现非物质文化遗产的现代传承和发展。

参考文献

[1] 陈隽哲，缪玲. 黄梅挑花纹样在现代软装设计中的应用研究[J]. 丝网印刷，2023（6）：5-7.

[2] 李多阳，杨小羽，闫瑞欣，等. 黄梅挑花图案创新设计——以兔纹样为例[J]. 纺织报告，2023，42（3）：66-68.

[3] 徐澜，尹敏. 湖北非遗黄梅挑花的研究综述[J]. 服装设计师，2023（2）：126-132.

[4] 许小芳. 湖北黄梅挑花帆布包设计[J]. 上海纺织科技，2023，51（2）：101.

[5] 刘怡婧，许旭兵. "非遗+"文化与技艺的再生性——以《Reborn·新生》艺术实践为例[J]. 美术大观，2023（1）：145-149.

[6] 聂玮琦.《农耕瑰宝-黄梅挑花》[J]. 上海纺织科技，2021，49（11）：101.

[7] 谢涛，聂玮琦. 谢涛、聂玮琦设计作品[J]. 毛纺科技，2021，49（8）：114.

[8] 章璇. 黄梅挑花在景观装置中的开发价值与思考[J]. 美术教育研究，2021（15）：77-78，81.

[9] 王星莹. 非遗地理标志"黄梅挑花"的视觉表征研究[D]. 武汉：中南民族大学，2021.

[10] 李鑫扬. 黄梅挑花图案的模件系统[J]. 装饰，2021（4）：120-123.

[11] 易单，余青莲，李端妮. 湖北黄梅挑花与贵州花溪挑花的艺术特点[J]. 今古文创，2020（43）：39-40.

[12] 朱传欣."非遗"技艺活力再现（创造性转化创新性发展纵横谈·解读国风国潮）[EB/OL].（2022-04-12）[2023-06-18]. http：//ent. people. com. cn/n1/2022/0412/c1012-32396579. html.

[13] 杨艳君，苏皓男. 黄梅挑花的数字化保护策略研究[J]. 美术大观，2018（3）：112-113.

[14] 潘百佳. 湖北最美黄梅挑花[M]. 武汉：湖北美术出版社，2016.

"两创"视域下的汉绣创新转化研究

陆敏

（武汉纺织大学艺术与设计学院）

摘要：在当今社会，传统手工艺与现代创新理念的融合已成为文化发展的重要趋势。汉绣，作为中国传统文化的瑰宝，其在"两创"（即创新与创业）时代背景下的发展尤为引人注目。本文旨在探讨传统与创新的交织在汉绣发展中扮演的角色，特别是在"两创"时代的背景下，通过对汉绣的特点、"两创"概念与应用、汉绣与两创的融合、推动汉绣与"两创"融合的建议以及未来研究展望的分析，研究了汉绣在创新时代的发展。本文采用文献综述和案例研究的方法，深入探讨了汉绣传统与创新的关系。首先通过对汉绣的特点进行梳理，揭示了汉绣作为传统手工艺的独特之处；其次介绍了"两创"的概念与应用；再次探讨了汉绣与两创的融合，通过案例分析汉绣与"两创"融合的具体实践，并分析了其中面临的挑战与机遇，在此基础上提出了推动汉绣与"两创"融合的建议；最后展望了未来汉绣与"两创"融合研究的发展方向，指出未来研究可以进一步深入挖掘汉绣与"两创"融合的创新模式和商业价值，探索更多的应用领域和合作机会，以推动汉绣的可持续发展和传承。本文从传统与创新的视角探讨汉绣在"两创"时代的发展，为汉绣的创新与传承提供了理论与实践的指导，也为传统手工艺的发展与保护提供了有益的启示。

关键字：汉绣；两创；融合

1 汉绣特点

汉绣承载着荆楚文化的生活方式和文化风俗。汉绣纹样的主题形成受到楚文化精神思想的影响，蕴含着传统民俗文化内涵，但又有着自身独特的风格。汉绣涵括荆沙流派、武汉流派、洪湖流派等地区特色风格，又在这些风格变化中形成了和谐统一的效果，使其艺术风貌充满创造力和想象力。

1.1 富有象征意义的纹样

在汉绣丰富的纹样当中，花卉类题材以其普遍性和广泛应用性脱颖而出。花卉图案以其流畅的线条、圆润的形态和生动活泼的生命力，深受大众喜爱。在古代农耕社会中，种植花卉是人们生活的重要组成部分，自然而然地，花卉也成了汉绣中广受欢迎的主题。花卉植物题材又可以划分为牡丹、莲花、莲蓬、梅兰菊等题材。每种花卉都承载着特定的吉祥寓意：牡丹代表着富贵吉祥，表达了人们渴望和祈求美好和富足的生活理想；莲花因其象征纯洁和爱情，被誉为"芙蓉"；莲蓬则寓意着对子嗣的渴望，象征着"莲生贵子"。

汉绣中的动物纹样同样富有象征意义，龙、凤、麒麟、鸳鸯等图案频繁出现，各自承载着不同的文化寓意。龙在汉绣作品中尤为常见，象征着吉祥、富贵和长寿；凤凰作为楚国人民的图腾，代表着和平与祥瑞，是楚文化中极具代表性的符号，动物纹样中的"凤"则在汉绣中被赋予了更加生动的形象和神秘的氛围。汉绣中的人物形象则具有鲜明的阶级和社会属性，其位置安排往往根据人物的社会地位而定。设计对象多来源于宗教、神话、戏剧和文学作品，人物表现注重原创性，整体构图简洁而画面丰满，人物形象多以粗犷的笔触和写意的风格呈现。金银线的使用，为汉绣中的人物形象塑造了独特的外部轮廓，成为汉绣区别于其他刺绣艺术的显著特征之一。汉绣最为显著的特点，也是其与其他地区刺绣艺术不同之处，在于其独特的文字题材——通过将植物或动物元素图案填充于汉字之中，形成新的视觉形象。单绣字、重复绣字、花与字的组合，都是文字题材的不同表现形式。例如，"福"字常以花卉装饰，寓意吉祥；"寿"字则常用仙鹤、牡丹或寿桃等元素装饰，象征着长寿。这些视觉形象不仅表达了人民对美好生活的向往和寄托，也体现了浓郁的地方特色和文化价值。

1.2 艳丽多彩的色彩

汉绣用色艳丽鲜明，颜色对比强烈，给观赏者强烈的视觉冲击力。楚人尚赤，充满热情的红色代表着楚人对生命的追求与热爱。楚绣是汉绣的源头，汉绣的绣品中同样也保留着对红色的追求和热爱。为了获得光彩夺目的视觉效果，汉绣以重色为底色，延续了楚文化自由浪漫与大胆创新的情感风格，又采用黄、红、蓝、黑、白五色作为主绣线，再辅助其他混合颜色的绣线，使得底色和图案的色彩形成了鲜明的对比反差。

汉绣手工艺人在以重色为底色的基础上，再使用金银线，从而产生绚丽夺目、豪华气派的审美效果。汉绣中常常使用金银色进行制作，这种工艺也称作"金银平绣""金银丝绣"或者金银制。金银线的质地轻盈柔软，可以产生华丽、富丽堂皇的效果。汉绣中的人物大多数用其勾勒出外部轮廓，使得汉绣在表达人物造型时更加简洁饱满，向观者展现出豪迈粗犷、神形兼备的人物形象气质[1]，因此被广泛地应用于汉绣的制作当中。此外，通常把花鸟、动物等一些图案的局部，用金银线绣制在衣袖口、领口、腰带等部位。绣工师傅们巧妙地运用各种丝线、金银线、珠子等材料，精心配色，使作品呈现出鲜明、绚丽的色彩效果。这些色彩不仅仅给人美观的视觉享受，也具有象征意义和文化内涵。

1.3 富有动感的构图造型

汉绣在表现手法上强调夸张变形、想象丰富、富有立体感。所谓的夸张变形，汉绣艺人们擅长打散传统的龙凤形象，并将其变形后再重新组合绣制；在汉绣作品中可以看到大胆的创作，如将不同季节的花绣制在同一株植物上；为了产生立体感的效果，通过颜色搭配，再来回铺针使绣面产生立体效果[2]。图案结构上运用几何布局，巧妙结合禽兽和花卉植物形象特征，如鸟纹、龙纹、花草纹。在整体布局中，为了构图的完整性、形象的严谨性，力求突出主题，常常会采用对称式、均衡式、连续式、单点式、重心式和多点式构图。对称式构图是以中心点为基准，左右呈对称式分布；均衡式构图是整体布局均匀，各个部分大小相当；单点式构图是整个图案只有一个突出的元素，其他元素相对较小，围绕着这个突出的元素进行布局；多点式构图是整个图案中存在多个重要元素，它们分布在整个图案中，通过组合和协调达到整体的平衡和和谐。这些造型构图经常在汉绣中应用，通过巧妙的布局和组合，能够营造出富有动感和艺术感的氛围。

2 "两创"的概念与应用

2.1 "两创"的定义

2013年11月26日，习近平总书记在山东曲阜视察时，提出"创造性转化、创新性发展"思想（以下简称"两创"），从中华民族历史文化，特别是传统道德规范角度，提出"古为今用、推陈出新""扬弃继承"等"两创"相关具体要求[3]。创造性转化强调的是将创新的想法、技术或研究成果转化为实际应用和商业价值，涉及将创新成果转化为具有实际可行性的产品、服务或解决方案，并将其引入市场。这个过程通常需要进行市场调研、商业模式设计、产品开发等活动，以确保创新能够成功商业化并满足市场需求。创新性发展强调的是通过创造性的思维和方法，推动现有事物的发展和改进，涉及对现有的产品、服务、流程或组织进行创造性的改变和提升，以满足新的需求、解决问题或实现更高的目标。创新性发展可以涉及改进现有产品的功能和性能，提供更好的用户体验，探索新的市场机会，创造新的商业模式等。在实践中，创造性转化和创新性发展通常是相互关联和互相促进的。创造性转化需要创造性思维和方法来发现和开发新的商业机会，并将其转化为实际应用。同时，创新性发展可以通过引入创新的思维和方法，为创造性转化提供新的方向和机会，促进更快速和有影响力的商业化过程。

2.2 "两创"在传统手工艺中的应用

"两创"在传统手工艺领域的应用可以推动传统手工艺的创新、传承和发展，为其注入新的活力和商业价值。主要体现在创新设计、技术与工艺创新、市场拓展与品牌建设、文化传承与教育推广几个方面。在创新设计上，传统手工艺往往具有悠久的历史和独特的文化特色，但有时需要与现代审美和市场需求相结合。通过"两创"的创新设计方法，可以将传统手工艺与现代设计理念相融合，创造出具有独特时尚感和市场竞争力的作品。这可以包括创新的图案设计、色彩运用、产品结构和功能设计等方面。在技术与工艺创新上，传统手工艺往往依赖于熟练的手工技艺和特定的工艺流程。通过引入现代科技和工艺技术，可以提升传统手工艺品的制作效率、品质和创新性。例如，利用数字化技术辅助设计和制作，可以精确地复制和调整传统手工艺品的细节和尺寸；使用先进的加工设备和材料，可以提高制作效率和产品的耐久性。在市场拓展与品牌建设上，传统手工艺往往面临着市场推广和品牌建设的挑战。"两创"可以通过创新的营销策略和渠道拓展，提高传统手工艺品的市场知名度和销售额。例如，通过线上销售平台和社交媒体等渠道，将传统手工艺品推广给更广泛的消费者群体；建立专业的品牌形象和故事，提高产品的附加值和认同度。在文化传承与教育推广上，传统手工艺承载着丰富的文化和历史内涵，"两创"可以帮助传统手工艺在文化传承和教育推广方面实现创新。通过数字化技术和多媒体手段，可以记录和传承传统手工艺的技艺和知识；通过开设培训班和工作坊等形式，可以将传统手工艺的技能和美学传授给更多的学习者。"两创"在传统手工艺领域的应用可以促进创新设计、技术与工艺创新、市场拓展与品牌建设，以及文化传承与教育推广，进一步激发传统手工艺的创造力和商业潜力。

3 汉绣与"两创"的融合

3.1 融合的背景与需求

汉绣于2008年被纳入第二批国家级非物质文化遗产名录。习近平总书记对非物质文化遗产保护做出重要指示："要扎实做好非物质文化遗产的系统性保护，更好满足人民日益增长的精神文化需求，推进文化自信自强。要推动中华优秀传统文化创造性转化、创新性发展，不断增强中华民族凝聚力和中华文化影响力，深化文明交流互鉴，讲好中华优秀传统文化故事，推动中华文化更好走向世界。"[4] "两创"方针为非遗文化的保护和发展和非遗精神文脉的表达形式指明了方向，也深刻揭示了文化发展的客观规律。汉绣艺术作为中国传统的刺绣艺术形式之一，在图案主题、色彩运用以及针法上都有其自身独特的风格，有着悠久的历史和丰富的文化内涵。而"两创"是指文化创意产业与科技创新的结合，目的在于推动汉绣传统文化的创新与传承。

随着现代化进程的推进，传统文化在一定程度上面临着传承困境，通过将汉绣与科技创新相结合，可以实现对汉绣技艺的保护和传承，同时创造出更多样化、创新化的汉绣作品，使传统文化焕发新的生机和活力。汉绣手工艺作为传统文化的重要组成部分，与当代文化产业存在强烈的关联性，而文化创意产业作为现代经济的重要组成部分，对于刺绣等传统手工艺品的需求日益增长。将汉绣与科技相结合，可以提高生产效率、拓宽市场渠道，满足更多消费者的需求，促进文化创意产业的繁荣发展[5]。汉绣是中国传统文化的重要组成部分，融合"两创"可以为汉绣的教育和普及提供新的手段和方式。通过科技创新，可以开发出更加生动、趣味的汉绣教育资源，提高汉绣的普及度，激发更多人对汉绣的兴趣和热爱[6][7]。

总之，汉绣与"两创"的融合可以通过技术创新、市场需求和文化传承等方面的推动，实现传统文化的创新性发展。这不仅能够促进汉绣艺术的传承和普及，还能够推动文化创意产业的繁荣，为传统文化注入新的活力和动力。

3.2　数字化技术与汉绣创新设计研究及其应用

汉绣传统文化是国家和民族发展的重要推动力。中华优秀传统文化资源丰富多彩，在科技时代不断发展中，将汉绣艺术与现代设计、科技创新相结合，使得传统的汉绣焕发出新的生机和创造力。这样不仅提升了汉绣的艺术性和实用性，还推动了汉绣的传承与发展，并使文化创意产业产生了积极的经济效益。

3.2.1　"数码汉绣"设计

"数码汉绣"设计是一种利用计算机技术和数码印花技术将汉绣图案数字化并应用于汉绣创作的设计方法。传统的汉绣通常通过手工刺绣的方式完成，需要刺绣师傅一针一线地完成复杂的图案[8]。而"数码汉绣"设计则通过将汉绣图案转化为数字格式，利用计算机软件进行设计和编辑，并通过数码印花技术将图案高精度地打印在织物上，从而实现汉绣的自由设计和多样化生产。这种技术的应用，使得汉绣可以更加灵活地融入现代服装、家居等领域，满足不同消费者的需求。设计师可以利用计算机软件对传统的汉绣图案进行编辑、修改和创新，实现图案的放大、缩小、镶嵌等操作，以满足不同产品和应用的需求。同时，利用数码印花技术，可以将设计好的汉绣图案直接打印在织物上，节省了手工刺绣的时间和成本，并且能够实现复杂图案的高精度还原。这种设计方法的优势在于可以实现汉绣的快速设计和大规模生产，不仅可以提高汉绣产品的生产效率，同时也扩大了汉绣的应用领域。例如，在服装、家居纺织品、工艺品等方面，"数码汉绣"设计可以为产品注入更多创新的元素和个性化的特点，满足不同消费者的需求。

3.2.2 "汉绣时尚"设计

这是将汉绣艺术与时尚设计相结合的一种创新设计方法。它将传统的汉绣技法、图案和元素融入现代时尚设计中，创造出独特而具有个性的时尚作品。设计师可以运用传统的汉绣刺绣技法，将汉绣的图案、线条和颜色应用于时尚产品的设计中，如服装、配饰、鞋履等。设计师可以以汉绣的花鸟、山水、龙凤等传统图案为灵感，通过巧妙的设计和刺绣工艺，将这些图案转化为现代时尚元素，赋予时尚作品独特的文化内涵和艺术气息。将传统文化与时尚潮流相结合，打造出既具有传统文化底蕴又具有现代时尚感的作品[9]，不仅能够突出汉绣的精美工艺和独特风格，同时也满足了现代消费者对个性化、时尚化的需求。"汉绣时尚"设计应用范围广泛，可以涉及服装、配饰、家居用品等多个领域，如将汉绣元素运用于家居纺织品的设计中，创造出具有文化内涵和艺术氛围的家居产品。

3.2.3 "汉绣艺术品"设计

在"汉绣艺术品"设计中，艺术家或设计师运用传统的汉绣刺绣技法和图案，结合现代的艺术表现手法，创作出独特的艺术品。这是将汉绣艺术与艺术品创作相结合的一种设计方法，通过运用汉绣的技艺、图案和元素，创作出具有观赏性和收藏价值的艺术作品，这些作品可以是以织物为基础的平面作品，如绣画、绣屏、绣扇等，也可以是以三维形式呈现的立体作品，如绣球、绣饰等。在设计过程中，艺术家可以借鉴传统的汉绣图案，通过色彩、线条和刺绣工艺的运用，创造出富有个性和艺术性的作品。如可以运用刺绣线的厚薄变化、色彩的渐变和组合等技巧，赋予作品丰富的层次感和立体效果。同时，艺术家也可以结合现代艺术表现手法，如组合、拼贴、立体雕塑等，将汉绣元素与其他艺术形式相融合，创造出更具创新性和个性化的作品。"汉绣艺术品"设计的作品具有观赏性和收藏价值，既展示了传统汉绣的高超技艺、独特美感和魅力，又在现代艺术领域中创造了新的审美和表现方式。同时，"汉绣艺术品"设计也为传统汉绣的传承和发展提供了新的途径。

3.2.4 "科技与汉绣"设计

"科技与汉绣"设计是利用科技创新手段，将汉绣与电子技术、智能技术相结合，开发出具有互动性和创新性的汉绣产品。设计师可以利用电子元件、传感器和智能设备等技术，将其嵌入汉绣作品中[10]，这些科技元素赋予了汉绣作品新的功能和特点。如将发光元件嵌入汉绣作品中，可以实现光影变化和发光效果，使汉绣作品在不同光线下呈现不同的视觉效果；或者利用传感器技术，实现触摸、声音或动作感应等互动效果，使汉绣作品具有更多的参与性和趣味性。此外，设计师还可以利用虚拟现实（VR）、增强现实（AR）等技术，将汉绣图案与数字化的虚拟世界相结合。通过使用头戴式显示器或移动设备，用户可以体验到虚拟汉绣艺术作品的沉浸式展示和互动体验[11]，拓展传统汉绣的表现形式和应用领域。这种形式结合了传统文化艺术和现代科技的力量，为汉绣注入了新的创新性和未来感，不仅能够增强汉绣作品的艺术性和观赏性，同时也提升了其与现代科技产品的融合度，满足了现代消费者对科技化、互动性的需求。

3.3 汉绣与"两创"融合的挑战

汉绣与"两创"的融合面临着传统与现代之间平衡的挑战。汉绣作为一项源远流长的手工艺传统，具有丰富的历史和文化内涵，是传承了几千年的技艺和美学。而现代创新创业则注重科技应用、市场需求和商业化运作[12]。汉绣作为传统的手工艺，与现代创新创业的需求和速度存在一定的冲突。在汉绣与"两创"结合的过程中，需要平衡传统的工艺技法和现代的创新思维，既保留汉绣的独特魅力，又迎合现代消费者的需求和市场趋势[13][14]。在平衡传统与现代的挑战中，需要应用合理的策略和方法，充分发挥两者的优势并进行有机融合。这样不仅能够保护和传承传统汉绣的独特魅力，还能够为汉绣注入新的活力和商业价值，使其在现代社会中得到更广泛的认可和应用。

在汉绣创新中，技术的运用是关键。然而，将传统的汉绣技艺与现代科技相结合并不容易，需要将传统技能转化为适应现代科技需求的形式，而这需要汉绣从业者具备相关的科技和创新能力，以及对传统汉绣技艺的深入理解。首先是学习和适应技术。将传统汉绣与现代科技相结合，需要从业者学习并适应新的技术，可能涉及数字化设计软件、智能制造设备、电子元件等技术的使用和操作。从业者需要具备相关的科技知识和技能，以便能够熟练地运用这些技术创造出具有创新性和现代感的汉绣作品。其次是技术与技能的融合。传统汉绣作为一种手工艺，其技艺传承和技能培养需要长期的实践和经验积累[15][16]。在与"两创"融合时，需要将传统的手工技艺与现代科技的应用相融合，而这需要从业者具备对传统汉绣技艺的深入理解和研究，同时具备现代科技的相关知识和应用能力，以实现技术与技能的有机转化。再次是设计创新的能力。设计创新是关键，它需要从业者具备创新思维和设计能力，把传统汉绣的元素与现代创新相结合，创造出具有市场竞争力和时尚感的作品[17]。这涉及对市场趋势的了解、对消费者需求的把握，以及对汉绣本身的创新解读和设计表达。最后是人才培养和传承。技术与技能的转化需要有足够的人才培养和传承机制。传统汉绣技艺需要从业者进行长期的学习和实践，以掌握精湛的手工技能。同时，为了适应"两创"的需求，需要培养具备科技应用和创新能力的汉绣从业者。而这需要教育机构、行业协会和企业等共同努力，提供系统化的培训和教育，推动技术与技能的转化和传承[18]。

在应对市场与推广的挑战时，汉绣与"两创"融合的从业者需要加强市场营销和品牌管理的能力，同时加强与行业协会、设计师、品牌等相关方的合作，共同推动汉绣与"两创"的发展和市场拓展。汉绣作为一种文化艺术形式，需要找到合适的市场定位和推广策略。创新的汉绣作品需要与现代时尚、家居、工艺品等市场相结合，以满足消费者的需求。同时，也需要在市场推广方面做好宣传、品牌建设等工作，提升汉绣的知名度和认可度。

4　推动汉绣与"两创"融合的建议

推动汉绣与"两创"融合发展是一个全方位的任务，需要从多个层面进行努力。首先，促进跨界合作，建立起汉绣与"两创"相关领域的跨界合作机制，鼓励设计师、科技公司、文化机构等不同领域的专业人士共同参与汉绣创新设计。通过合作，可以将传统汉绣技艺与现代科技、创新理念相结合，实现资源共享、优势互补，推动融合发展。其次，鼓励创新创业，培养和激发从业者的创新创业精神，鼓励他们积极探索汉绣与"两创"的结合方式，推陈出新。提供创新创业的支持政策、资金和资源，鼓励从业者尝试新的设计思路和商业模式，推动汉绣与"两创"的融合发展[19]。也要加强对汉绣与"两创"作品的市场推广和品牌建设，通过举办展览、参与时尚活动、开展线上线下营销等方式，提升作品的曝光度和市场影响力。同时，注重打造有独特品牌形象和故事的汉绣品牌，增强消费者的认知和情感认同。再次，注重汉绣的文化传承与教育推广工作，通过组织展览、举办讲座、开设培训班等方式，向公众普及汉绣的历史、技艺和文化价值。加强与教育机构的合作，推动汉绣艺术的教育普及，培养更多对汉绣与"两创"有兴趣和了解的人才。加强对从业者的培训和技能提升，提高他们在数字化设计、智能制造、科技应用等方面的技术水平[20]。鼓励从业者学习和应用新的技术工具和方法，提升汉绣制作的效率和品质，推动汉绣与"两创"的技术融合。最后，政府部门可以加强对汉绣与"两创"融合发展的政策支持，包括资金扶持、税收优惠、知识产权保护等方面。同时，建立起完善的产业链和生态系统[21]，鼓励相关企业和机构投资与创新，推动汉绣与"两创"的产业发展。通过汉绣与"两创"融合发展，实现传统与现代的有机结合，为汉绣注入新的活力，创造更多的商业价值。

5　对未来的汉绣与"两创"融合研究的展望

未来的汉绣与"两创"融合研究具有广泛而深远的前景。通过持续的创新和研究，可以为传统的汉绣艺术注入现代的创造力和科技元素，推动汉绣的发展与传承，为文化艺术创作带来新的可能性。同时，这种融合能够为文化产业带来更多商业机会和经济增长。在未来的研究中可以探索更多数字化技术在汉绣创作中的应用，如计算机辅助设计（CAD）、虚拟现实（VR）和增强现实（AR），为汉绣提供更高效、精确和创新的设计和制作工具，扩展汉绣艺术的创作空间。此外，还可以研究创新型的工艺技术，提高汉绣制作的效率和品质，提升汉绣作品的质感和功能性。随着科技的不断发展，将汉绣与智能技术相结合，打造智能汉绣作品。例如，嵌入传感器和LED灯的可穿戴设备，实现汉绣作品的互动和动态效果，将其变为具有科技感和时尚性的艺术品。将汉绣与西方时尚设计、民族传统艺术等结合，创造出独特的文化融合作品，可以促进汉绣与不同文化、艺术形式的跨界融合。

同时，加强国际交流与合作，推广汉绣与"两创"的研究成果，提升其国际影响力和市场竞争力。

参考文献

[1] 李月，于铭雪. 浅析荆楚汉绣的艺术表现形式及文化价值[J]. 大众文艺，2020（7）：46-47.

[2] 吕春虹. 汉绣装饰纹样的艺术特色[J]. 艺术科技，2015，28（9）：241，280.

[3] 赵秋丽，李志臣. 山东：守护文化根脉　传承红色基因[N]. 光明日报，2019-11-27（4）.

[4] 林继富，王祺. 非物质文化遗产保护领域的"两创"实践研究[J]. 中国非物质文化遗产，2023（2）：14-30.

[5] 彭妤欣. 汉绣艺术对外文化传播交流展示研究[J]. 纺织报告，2023，42（3）：123-125.

[6] 张新沂，陈旭. 汉绣工艺文化的传承与创新发展研究[J]. 民艺，2021（4）：119-122.

[7] 颜雪晨. 汉绣文化的数字化保护与传承模式[J]. 纺织报告，2022，41（6）：113-115.

[8] 吕丹. 以汉绣、西兰卡普为代表的湖北非遗文化的现状与发展研究[J]. 纺织报告，2022，41（5）：113-115.

[9] 王欣，施济琼. 基于"国潮"视阈的汉绣艺术活态化传承[J]. 美术教育研究，2022（6）：68-69.

[10] 万云青，李静. 媒体技术支持下的汉绣动态呈现设计研究[J]. 美术教育研究，2022（3）：84-85.

[11] 田雨晨，费晓萍. "互联网＋"时代下民族工艺品的网购包装设计的应用研究——以汉绣为例[J]. 中国民族博览，2020（4）：190-191.

[12] 裴紫娟，朱华欣. "非遗"汉绣产业化发展的工业设计创新探究[J]. 美术教育研究，2019（16）：39-40.

[13] 田静. 汉绣艺术在当下文创产品设计中的运用[J]. 艺术科技，2019，32（9）：120.

[14] 刘津. 非遗视域下汉绣传承的"变"与"不变"再思考[J]. 福建茶叶，2019，41（5）：81.

[15] 汪小娇. "非遗"元素汉绣在首饰设计中的应用及创新结构研究[J]. 艺术评论，2017（9）：169-172.

[16] 王覃，李星宇，黄朝晖，等. 浅析汉绣戏服纹样的艺术特征及文化内涵[J]. 艺术教育，2022（9）：241-244.

[17] 刘晓越. 以中华优秀传统文化"两创"推动汉服文化发展研究[J]. 西部皮革，2023，45（10）：121-123.

[18] 吴劭鹏. 海丝文化视域下德化陶瓷艺术的"两创"研究[J]. 佛山陶瓷，2023，33（5）：15-17.

[19] 王育济，李萌. 数字赋能中华优秀传统文化"两创"的产消机制研究[J]. 山东大学学报（哲学社会科学版），2023（3）：41-50.

[20] 潘婷婷. 推动中华优秀传统文化"两创"发展助力高质量就业[J]. 中国就业，2023（4）：48-49.

[21] 王川. 浅析"两创"视域下博物馆文物保护与研究路径[J]. 文物鉴定与鉴赏，2022（24）：103-106.

非遗传承视域下汉绣的发展历程与现状研究

秦晓林

（武汉纺织大学艺术与设计学院）

摘要：汉绣于 2008 年列入第二批国家级非物质文化遗产名录，作为非遗的重要组成部分，对于增强中华文明传播力与影响力有着重要的作用。本文采用历史考察、资料研究、文献分析和田野调查等方法对汉绣的文化内涵进行简要概述，梳理汉绣的发展历程，分析汉绣目前的发展困境，探讨汉绣的发展对策，以期为有效保护和传承汉绣文化提供思路。

关键词：汉绣；传承；发展现状；非物质文化遗产

汉绣艺术，作为我国璀璨的非物质文化遗产瑰宝，其独特的艺术风格——大开大合、浪漫无比，一直深受人们的喜爱与追捧。然而，在时代的洪流中，这门古老而精湛的传统技艺正面临着前所未有的发展挑战。随着现代化进程的加速和多元文化的冲击，汉绣艺术的传承与发展面临着诸多困境。值得欣慰的是，国家的"十四五"规划明确提出了坚持发展和弘扬中国传统文化的战略要求，这一重要举措为汉绣艺术的复兴与创新提供了难得的历史机遇。基于此，本文旨在深入剖析汉绣的发展历程，审视其发展现状，并探索汉绣在新时代背景下创新发展的可能路径及可能性。

1 国内研究现状

自 2008 年我国将汉绣正式列为国家级非物质文化遗产代表性项目以来，学术界对汉绣的关注度显著上升，相关的研究也逐渐深入。截至目前，关于汉绣艺术的理论研究已经趋于成熟，这些研究主要集中于汉绣的历史发展研究、汉绣的艺术特征研究、汉绣的现代设计研究和汉绣的传承发展研究四方面。

1.1 汉绣的历史发展研究

在汉绣的历史发展研究方面，部分学者从历史学的角度出发，研究汉绣在历史中的演变过程。例如，叶依子和叶云在《汉绣流考》[1]一文中研究汉绣在清中期的鼎盛状况，在清中期影响汉绣发展的主要因素以及汉绣在各地区的发展状况，分析了汉绣形成的历史条件；在《汉绣的娩出与发展变化》[2]一文中从清朝嘉庆年间、光绪年间、抗日战争时期、新中国成立后这几个汉绣演变关键的历史节点和荆州、汉口、洪湖这三个汉绣发展的集中地区探讨汉绣的历史发展，并且指出汉绣目前发展所遭遇的困境。周薇和谢敏在《汉绣文化的历史演进与传承保护》[3]一文中对东汉末至三国时期、清朝至民国时期、抗日战争至新中国成立初期、"文革"至市场经济时期这几个关键的历史节点入手，阐述了汉绣文化的历史演进，分析了汉绣当下的发展困境，并提出了相应对策。岳占军和彭伟在《楚韵悠悠——试述汉绣的文化流源》[4]一文中从汉绣艺术的文化内涵角度出发，研究了汉绣的文化流源，探讨了汉绣与浪漫的楚文化、豪迈自信的楚人精神、源远流长的民俗文化之间的辩证关系。窦瑜彬、翟戈、谢敏君在《汉绣的发展历程分析与展望》[5]一文中，从历史的角度出发呈现汉绣的发展历程，指出汉绣与楚绣的历史渊源，汉绣在鼎盛时期到衰落时期的历史节点和具体变化，同时对汉绣的发展现状做出分析，提出汉绣日后的发展方向。盛晶晶在《浅析汉绣文化的历史演变》[6]一文中从汉绣的起源时期、兴盛时期、复苏与危机时期和目前四个时期分析汉绣的整体发展历程。

1.2　汉绣的艺术特征研究

在汉绣的艺术特征研究方面，各学者主要从汉绣的表现形式和工艺特点的角度出发进行发掘，如汉绣艺术的图案、造型、技法、色彩等方面。冯泽民等的《汉绣艺术初探》[7]、王覃等的《浅析汉绣戏服纹样的艺术特征及文化内涵》[8]、侯懿凌的《汉绣纹样的艺术特色》[9]和李月等的《浅析荆楚汉绣的艺术表现形式及文化价值》[10]，作者都侧重于对汉绣纹样的艺术造型、艺术布局、艺术色彩、艺术工艺进行研究。钟蔚在《汉绣纹样的艺术特征提取研究》[11]中对收集的汉绣纹样原始样本进行分类和提取，依次分析各类纹样的审美特征和文化内涵。汪捷和苏箐在《汉绣视觉色彩表现研究》[12]一文中对汉绣的视觉表现和色彩分类进行了集中的探讨。熊杰在《汉绣中的楚文化》[13]一文中对汉绣的题材、构图、用色进行分析，并在此基础上对汉绣满、俗、粗、拙、朴、板的审美特征进行了着重论述。

1.3　汉绣的现代设计研究

汉绣的现代设计研究已成为当前对汉绣的主流探索领域。众多学者热衷于探讨如何将传统汉绣艺术的精髓与现代设计理念相融合，进而将这一古老艺术巧妙地运用到现代产品之中，从而充分展现汉绣艺术的当代价值与独特魅力。比如，汪小娇在《"非遗"元素汉绣在首饰设计中的应用及创新结构研究》[14]一文中，首先对汉绣的发展和风格特点做出分析，在此基础上提出首饰设计在运用汉绣元素时要取其形、达其意、延其色、承其技；黄敏和张姜馨在《汉绣衍生产品设计现状及展望》[15]一文中着重研究将非物质文化遗产与现代设计相结合设计衍生产品的可行性和重要性，并且在对汉绣衍生产品现状进行分析的同时，提出在汉绣衍生产品设计开发的过程中应该遵循"了解文化""把握艺术特色""合理开发"的原则。杜晓茹在《汉绣工艺产品开发现状研究》[16]一文中对汉绣工艺产品现状进行分析，指出汉绣工艺产品目前存在的问题，提出汉绣产品开发策略。姜梅、李川、杨娟在《文化认同背景下中国元素在店面空间设计中的应用——以茶颜悦色概念店为例》[17]一文中提到，茶颜悦色武汉"凤彩"概念店对传统凤鸟图案和汉绣技艺进行了现代化表达。刘钰薇和周瑄在《基于文化层次理论的汉绣文化创意产品设计》[18]一文中，基于文化层次理论，研究汉绣文化创意产品的设计意义、设计方法和设计思路。

1.4 汉绣的传承发展研究

关于汉绣的传承发展研究，主要是从多元化的视角出发，全面探讨并寻求切实有效的汉绣保护策略，旨在确保这一非物质文化遗产得到妥善保护与持续发展。欧冰颖和叶洪光在《浅析汉绣的传承与保护》[19]一文中，通过对汉绣的现状进行分析，研究汉绣的接续保护措施，提出武汉地区汉绣市场资源整合优化的对策。叶洪光和黄琳在《湖北省刺绣类非物质文化遗产传承人群体的研究》[20]一文中从非遗活态化传承的角度出发，对非遗传承人数量和群体特征进行分析，提出问题所在和相应的举措。鲁江兰在《浅析汉绣的现状与发展》[21]一文中研究汉绣在近代衰落的主要原因，并在此基础上提出汉绣发展需要保护、创新以及产业化。颜雪晨在《汉绣文化的数字化保护与传承模式》[22]一文中对汉绣的数字化保护路径进行研究，指出数字赋能是汉绣文化保护与传承的必经之路，将汉绣文化与现代化数字技术相结合具有现实意义。

综上所述，国内对于汉绣艺术的理论研究日臻成熟，涵盖了对汉绣的发展历程、艺术特点、工艺技法、文化内涵以及审美特点等全方位的探讨。在汉绣的创新性转换研究中，主要是将汉绣艺术与现代产品相融合进行创新性设计，方式包括但不限于将汉绣纹样提取用于文创产品设计中、汉绣纹样与现代服装相融合等。但是，对于汉绣艺术传承与发展的理论研究仍存在一些不足。2021年，中共中央办公厅、国务院办公厅印发《关于进一步加强非物质文化遗产保护工作的意见》，其中明确指出："非物质文化遗产是中华优秀传统文化的重要组成部分，是中华文明绵延传承的生动见证，是联结民族情感、维护国家统一的重要基础。保护好、传承好、利用好非物质文化遗产，对于延续历史文脉、坚定文化自信、推动文明交流互鉴、建设社会主义文化强国具有重要意义。党和政府高度重视非物质文化遗产保护工作，特别是党的十八大以来，在以习近平同志为核心的党中央坚强领导下，我国非物质文化遗产保护工作取得显著成绩。"而汉绣作为我国非物质文化遗产的重要组成部分，研究其传承与发展已经有了强烈的现实意义。

2 汉绣的发展历程

2.1 起源期

从现有的历史文献和考古资料来看，汉绣的起源深远，其历史可以追溯到春秋战国时期的楚绣，距今已有超过两千三百年的悠久历史。屈原的《楚辞·招魂》："翡翠珠被，烂齐光些；蒻阿拂壁，罗帱张些；纂组绮缟，结琦璜些。"描述了当时楚国宫中楚绣制品的华丽之美。精美华贵的丝织品在当时的楚国成为尊贵的象征和地位的标志，因此贵族阶级对于刺绣品的大量需求在很大程度上推动了楚国刺绣行业的发展与繁荣。以先秦时期来说，楚国的丝织业代表着当时我国丝织技艺的最高水平。到了战国时期，楚国的丝织品更是远销至西伯利亚等偏远地区，其闻名程度可见一斑。直到秦始皇统一六国，虽然楚国的刺绣行业不可避免地遭受了打击，刺绣艺人们流落民间，但是却未就此消失，楚绣开始在民间传承和发展。从广西马山一号等楚墓出土的丝织品中的图案可见楚绣的风格特征：这些丝织品上的刺绣纹样以凤和龙为主要动物纹样，反映了楚人对凤鸟等自然元素的图腾崇拜。色彩以赤色为主色，这与楚人尚赤的风俗密切相关。刺绣的整体图案充满想象力，造型夸张而变形，展现了楚人独特的浪漫情怀和奇诡的艺术风格。

2.2 鼎盛期

明清时期，中国商业贸易的迅猛发展和手工业的兴盛，成为刺绣行业繁荣的重要推动力，地域性绣种开始出现，汉绣迎来了其发展鼎盛期。在明末清初，汉口镇由于其地理位置优势成为当时的军事重地，渐渐地取代了荆州江陵地区，成为湖北地区新的政治经济文化中心。这一变迁使得汉口镇的汉剧得以广泛传播，成为当地的文化瑰宝。此时的汉绣不仅仅被用于民俗服饰和宗教祭祀活动，还被广泛应用于戏剧的行头。汉剧的繁荣为汉绣的发展创造了极为有利的条件，并且最终使武昌成为汉绣的主要生产基地。

到咸丰年间，汉绣持续繁荣发展，朝廷在汉口镇设立织绣局，此举吸引了一大批优秀、杰出的民间艺人聚集在此，主要承担绣制各种官服和饰品的工作。随着民间工匠的慢慢聚集，人数逐渐增加，汉口多地开始涌现出绣铺这一独特的商业形态，这些绣铺沿街而立，最终整条街道得名"绣花街"，成为一条标志性的行业街道，象征着汉绣达到了巅峰时期。此时的汉绣图案丰富多样，针法技艺精湛灵活，造型鲜明生动，产品种类繁多，可以做绣衣、绣枕、门帘等生活用品，也可以做壁挂、中堂、屏风之类的装饰品，还可以做神袍、袈裟之类的礼仪用品，展现了汉绣的独特魅力，深受人们喜爱。随着汉绣的商业化发展，它不再局限于服务王公贵族，而是可以满足不同社会阶层的审美需求，逐渐融入普通市民的生活中。

2.3 沉浮期

然而，这一繁荣景象在抗日战争时期被无情打破，由于日军的入侵，绣花街被炸毁，汉绣艺人不得不抛弃商铺，四散逃命，汉绣产业日趋凋零，汉绣技艺更是几乎失传，汉绣进入衰败期。抗战胜利之后，曾经繁荣的刺绣街仅仅有12家商铺得以恢复，此时的汉绣行业难阻衰退之势。这一趋势直到新中国成立之后才迎来好转。新中国成立后，政府高度重视传统工艺的保护和发展，汉绣作为传统工艺之一，也受到了特别的关注与支持，从而逐渐恢复了生机。1951年，在政府的政策引导下，原先的汉绣老字号店铺积极组成联营社，并分为三批。他们不再生产旧时期的宗教祭祀用品，而是专注于生产戏剧服装以及符合社会风尚的各类用品，这一转变标志着汉绣行业正逐步适应新时代的需求，并焕发出新的活力。1955年，随着生产合作化运动吹响号角，原先的三个刺绣联营社积极响应，合并成为武汉首个工艺刺绣生产合作社。合作社的生产模式也随之转型升级，开始专注于为专业剧团和名伶定制高品质的戏曲服饰和道具，彻底告别了以往批量生产低端戏服的阶段。这一变革不仅提升了汉绣的艺术价值，也为其培养了一批杰出的传承人，其中就包括汉绣大师任本荣先生。之后，受限于历史原因，汉绣的发展进入了停滞期。直到1980年代初，戏剧才得以恢复，汉绣行业也随之重新得到发展。此时汉绣产品不再拘泥于戏剧用品的生产，而是逐渐拓展至床单、被罩等民间日常用品，展现出更为广泛的应用空间。然而，进入20世纪90年代，受市场经济体制改革、武汉旧城改造、绣花街拆除以及工业化的冲击等一系列影响，汉绣行业再次面临严峻挑战，逐渐走向衰败。在其之后的发展过程中，得益于国家对于非遗的重视和汉绣艺人的不懈努力，汉绣终于在2008年6月14日被国务院批准列入第二批国家级非物质文化遗产名录。2013年，武汉汉绣博物馆落成，为世人免费展出了由任本荣、黄圣辉、姜成国等汉绣传承人及其他爱好者精心制作的千余幅汉绣作品，彰显了汉绣的深厚底蕴与独特魅力。到了2018年，汉绣荣登湖北省首批传统工艺振兴目录，汉绣再次展现出新的活力。然而，在当今国潮文化蓬勃兴起、科技日新月异、工业飞速发展的时代背景下，汉绣虽然迎来了新的发展机遇，但也面临着前所未有的挑战。

3 汉绣的发展现状

3.1 宣传效果不足

进入20世纪90年代以来，随着互联网的普及，信息传播工具以及传播环境都发生了很大的变化。人们的信息获取方式也日趋多样化，同时网络媒体得到更多的依赖，所以企业整合营销传播理论（IMC）要在新的形势下，做出相应的改变，发展态势趋向于立体化，网络整合多媒体营销传播成为一种大势所趋。因此，在今天互联网高度发展的态势之下，要抓住一切机会,利用好互联网平台,提高传统工艺的知名度。

截至目前,汉绣艺术的传承人们主要集中在小工作室内,从事有关汉绣艺术的活动。其中,姜成国不仅在文体中心设立了工作室,进行汉绣的创作活动以及开展相关的教研活动,同时在2018年创建了武汉姜氏汉绣文化创意有限公司,但是目前在知名度方面仍待提高。王燕的工作室原先建立在武汉民众乐园内,随后因为维修等,将工作室移到了武汉纺织大学校园内。这些工作室虽然充满了艺术气息,但受限于较小的空间以及非繁华商圈的地理位置,难以获得实体店面的支持,因而在汉绣的宣传上显得力不从心。更令人担忧的是,市面上许多打着"汉绣"旗号的线下店铺,实则是利用虚假的创新和粗制滥造的汉绣产品来误导消费者,这种行为严重损害了汉绣的声誉和形象。

汉绣的宣传和重视在"上层"与"下层"之间出现了较为明显的断层现象。多数报道聚焦于政府和官员对于汉绣的重视以及汉绣在乡村振兴和经济发展中的贡献,这无疑展现出了政府对于汉绣以及其他传统工艺的重视。但是,这些报道往往未能深入挖掘汉绣的艺术特性和独特魅力,导致宣传内容未能有效激发群众的兴趣,对提升汉绣的知名度和影响力效果有限。

因此,在推动汉绣传承与发展的过程中,需要更加注重对汉绣艺术本身的传播与展示,这样的宣传方式不仅能够激发群众对汉绣的浓厚兴趣与热爱,还有助于提高汉绣文化的社会认知度和影响力,进而推动汉绣文化的传承与普及。

3.2 工业化冲击加剧

随着现代化的发展,生产方式和商业理念发生了深刻的变革,工业化行业凭借其高效、快速的生产能力,以及产品可复制的显著优势,逐渐挤压了以家庭式作坊为主要生产模式、生产周期长的传统手工业,包括汉绣在内的诸多手工艺面临生存空间被挤占的挑战。

汉绣目前依然沿用家庭式作坊生产方式,缺乏完整的产业链结构,在性价比、生产速度等方面,显然无法与工业化生产相媲美。据汉绣传承人陈才珍讲述,一幅汉绣作品通常需要一个人独立完成,其制作周期因作品大小而异,小型作品如扇子可能仅需两到三天,而大型作品则可能耗时七八个月之久。这种生产周期长、人力成本高的特性,使得汉绣在工业化时代难以满足人民群众对于快速、便捷、高性价比产品的需求,导致汉绣从业人员大量流失至其他行业。如此往复,形成了恶性循环,进一步削弱了汉绣产业的竞争力。同时,工业化时代的到来也带来汉绣伪冒产品泛滥的问题,内部人员用机绣成品代替手工制作,混淆外部人员的理解,降低了人们对于汉绣的认知和尊重,严重损害了汉绣的名声。

3.3 产品创新性不足

汉绣产品类型单一,主要集中在装饰工艺品和服饰用品上,如挂屏、桌布、枕套、围巾、衣服等。这些产品虽然美观实用,但在多样性和个性化方面存在明显不足,难以全面满足当代消费者多元化和个性化的需求，市场的变化和竞争使得汉绣容易被其他刺绣品或其他工艺品所替代。此外，汉绣产品在设计上也显得较为陈旧，往往局限于花卉、动物、人物等传统图案和色彩。这些图案和色彩固然承载着丰富的民族特色和文化内涵，但在创新和时尚感上却显得力不从心，未能紧跟当代社会的审美观念和生活方式。这种设计上的滞后使得汉绣产品与现代家居、服装等难以和谐搭配，以致在视觉上产生不协调和冲突感。更为关键的是，汉绣产品的生产技术落后，汉绣产品主要依赖于手工制作，虽然体现了匠心精神，但同时也限制了生产效率和产品质量的提升。手工制作不仅耗费大量时间、人力和物力，导致成本高昂、价格昂贵，而且难以保证产品质量的稳定和一致，容易出现瑕疵和误差。这些因素无疑都制约了汉绣产业的发展和其市场竞争力。

4　汉绣的发展路径

4.1　推动汉绣艺术产品商品化，扩大生存空间

随着社会的快速发展与进步，汉绣艺术的生存语境发生了极大的变化，传统的文化土壤经历了深刻的变革，使其无法再像农耕文明时期那样发挥特定的社会作用。因此，汉绣艺术同样需要实现从生产场所到市场的跨越性转变。在走向市场化和商品化的道路上，汉绣应致力于创建能够突显其独特优势的品牌，并明确其品牌定位。鉴于汉绣艺术生产周期长、工艺程序复杂的特点，可以将其定位为中高端消费产品，既避免了工业化产品的直接冲击，又能以略低于名绣产品的价格策略，在市场中避免同质化竞争，从而确保汉绣艺术的独特价值和魅力得以传承和发扬。

4.2　推动汉绣艺术创新，提供发展动能

民间艺术作为深深根植于传统大众文化的艺术表现形式，汉绣亦根植于传统文化的土壤中。历经数千年的演进，汉绣所处的文化语境已经发生了翻天覆地的变化，因此在其接续发展的过程中，需要在保持其传统性和原创性的基础上，捕捉现有文化语境的新规律，融入符合大众审美的创新元素。对于传统的汉绣技艺，我们应当不断推陈出新，在保留其独特魅力的基础上创造出能够吸引当代大众目光的汉绣产品。例如，针对汉绣的传统纹样，可以在保持其奇诡粗犷的审美风格的同时，对纹样进行卡通化和国风化，赋予这些古老纹样新的生命力，以符合当代儿童和年轻人的审美风尚。

4.3　推动汉绣艺术传播，提高知名度

在新媒体蓬勃发展的背景下，汉绣艺术正展现出前所未有的崭新面貌。其形态逐步虚拟化，借助先进的数字化技术，汉绣的精致图案与绚丽色彩被巧妙地转化为二进制编码，实现

了传统艺术的数字化转型。同时，新媒体为汉绣的传播提供了更加便捷的渠道，使汉绣作品及其背后的故事能够迅速传遍全球，实现了跨越时空的文化交流与互动。更为重要的是，新媒体的互动性为汉绣艺术注入了新的活力，观众不仅可以通过网络平台欣赏到汉绣的精美作品，还能借助互动技术参与汉绣的创作与体验之中，使汉绣艺术呈现出更加个性化和多元化的特点。

在新媒体背景下，汉绣艺术同样面临着创造性转化和创新性发展的双重挑战。这就要求汉绣艺术在坚守传统特色和风格的基础上，与时代精神相结合，与现代生活相融合，并与世界各地的文化进行广泛交流，不断开拓创新，提高其艺术水平和社会价值。例如，汉绣可以与现代设计、时尚服饰、家居用品等领域相结合，打造具有民族特色和时尚气息的产品，让传统艺术焕发新的生机；可以与其他地域或国家的刺绣工艺进行比较和交流，学习借鉴它们的优势和特点；可以与其他艺术形式如音乐、舞蹈、戏剧等进行跨界融合，创造出更加丰富多彩的艺术表达。

5　结语

汉绣艺术作为我国著名的非遗传承项目之一，在当今社会下面临着宣传效果不足、工业化冲击严重、产品创新性不足的发展困境。需要将汉绣推入市场，找准其自身定位，推动其不断创新，提高汉绣艺术的知名度，让越来越多的人关注汉绣艺术，进而深入了解汉绣艺术，感受其魅力。

参考文献

[1] 叶依子，叶云. 汉绣流考[J]. 艺术与设计（理论），2007（8）：195-197.

[2] 叶云，叶依子. 汉绣的娩出与发展变化[J]. 湖北社会科学，2009（6）：190-192.

[3] 周薇，谢敏. 汉绣文化的历史演进与传承保护[J]. 兰台世界，2015（18）：28-29.

[4] 岳占君，彭玮. 楚韵悠悠——试述汉绣的文化流源[J]. 大众文艺，2011（13）：192.

[5] 窦瑜彬，翟戈，谢敏君. 汉绣的发展历程分析与展望[J]. 大众文艺，2014（16）：44-45.

[6] 盛晶晶. 浅析汉绣文化的历史演变[J]. 西部皮革，2017，39（4）：77.

[7] 冯泽民，李健. 汉绣艺术初探[J]. 武汉科技学院学报，2008，21（9）：38-41.

[8] 王覃，李星宇，黄朝晖，等. 浅析汉绣戏服纹样的艺术特征及文化内涵[J]. 艺术教育，2022（9）：241-244.

[9] 侯懿凌. 汉绣纹样的艺术特色[J]. 西部皮革，2018，40（5）：86.

[10] 李月，于铭雪. 浅析荆楚汉绣的艺术表现形式及文化价值[J]. 大众文艺，2020（7）：46-47.

[11] 钟蔚. 汉绣纹样的艺术特征提取研究[J]. 服饰导刊，2018，7（2）：23-29.

[12] 汪捷，苏箐. 汉绣视觉色彩表现研究[J]. 中国报业，2017（24）：83-84.

[13] 熊杰. 汉绣中的楚文化[J]. 文学教育（上），2022（4）：177-179.

[14] 汪小娇. "非遗"元素汉绣在首饰设计中的应用及创新结构研究[J]. 艺术评论，2017（9）：169-172.

[15] 黄敏，张姜馨. 汉绣衍生产品设计现状及展望[J]. 原生态民族文化学刊，2017，9（3）：153-156.

[16] 杜晓茹. 汉绣工艺产品开发现状研究[J]. 艺术与设计（理论），2018，2（4）：122-124.

[17] 江梅，李川，杨娟. 文化认同背景下中国元素在店面空间设计中的应用——以茶颜悦色概念店为例[J]. 湖南包装，2023，38（1）：99-101，125.

[18] 刘钰薇，周瑄. 基于文化层次理论的汉绣文化创意产品设计[J]. 西部皮革，2021，43（22）：105-106.

[19] 欧冰颖，叶洪光. 浅析汉绣的传承与保护[J]. 西部皮革，2017，39（14）：63.

[20] 叶洪光，黄琳. 湖北省刺绣类非物质文化遗产传承人群体的研究[J]. 服饰导刊，2018，7（1）：30-34.

[21] 鲁江兰. 浅析汉绣的现状与发展[J]. 山东纺织经济，2021（6）：33-35.

[22] 颜雪晨. 汉绣文化的数字化保护与传承模式[J]. 纺织报告，2022，41（6）：113-115.

"非遗"视域下的红安绣活艺术传承与
创新设计应用

王珊珊

（武汉纺织大学艺术与设计学院，武汉430073）

摘要： 本文通过对红安绣活的历史发展渊源、题材的寓意种类以及艺术形式进行深入分析，探讨如何将红安绣活这种富有文化底蕴的传统手工艺更好地与时代相结合，进行传统产品创新设计，使其与现代生活紧密接轨，实现更好的传承和创新发展。本文以红安绣花鞋垫为例，对其艺术形式进行研究，提取其艺术特色，并尝试将这些特色融入生活设计中，实现传统产品的创新设计。这样，红安绣活将能更好地被大众所熟知与了解，得到更好的保护，进而实现其传承与发展。

关键词： 非遗；红安绣活；艺术传承；创新设计

1　红安绣活的历史久远

红安绣活作为汉族民间刺绣艺术的一种，以连袜绣花鞋垫为其突出的代表，广泛流行于红安地区。其历史可追溯至汉代，唐代开始兴起，至明清时期达到鼎盛。在红安，连袜绣花鞋垫既是一种平常的生活实用品，又是具有特别意义的汉族民俗艺术。妇女们都把它作为展示才华的平台，也把它作为人际交往的礼品。过去，红安姑娘出嫁之前都要绣上几百双绣花鞋垫，出嫁时带到婆家。人们通过新娘绣花鞋垫的多少、做工的精细和花样的难易，来评判新娘的聪明和灵巧。受传统观念的影响，男性绣花的很少。与其他民间艺术一样，红安绣花鞋垫是在当地人民群众中间，随着地域风情和人文历史，逐步形成并日益完美的一门艺术，很难确定它的创始人名，界定它产生的准确年代。红安绣花鞋垫源远流长，是从如下两个方面推断的。

其一，笔者在调研过程中，曾于20世纪80年代走访过陈素珍等十余名优秀作者，近来又先后走访了吴士英、袁顺娥、叶秀英、李仙菊等四位健在的杰出老年作者。论年龄，她们的上辈师长都应在百岁以上，师祖都应在120岁以上。由此可见，红安绣花鞋垫至少在100年以前就达到了相当高的水平。另外，这几位老年作者都是在当地众多普通作者中涌现出来的杰出人物，彼此素不相识，分别居住在红安东西南北不同方位的山区，说明红安绣花鞋垫早在百余年前就盛行于红安各地，并流传出"黄安（红安县的原名）无女不绣花"的民谣。

　　其二，普通鞋垫在历史上有两种用途：一是用来垫鞋；二是将它缝在袜子底部，因而又名"袜底"。我国化纤袜子的盛行是在1980年代后，此前的绝大部分袜子是用棉线织成的，不耐穿。为了延长袜子的寿命，人们就给袜子缝上袜底（即鞋垫）。袜子的问世应追溯到我国的夏朝，公元前21—前17世纪就出现了最原始的袜子，这也是现代袜子的鼻祖。

　　红安绣花鞋垫是在普通鞋垫的基础上，融入红安刺绣艺术的独特技法与美学理念，从而形成的独具特色的艺术品。红安刺绣的历史渊源没有文献记载，据近年来一些作者的探讨，可做出一些时间段的推断。王霞在《红安刺绣与中原文化》中写道："从红安刺绣的针法、图案、色彩、内容各个方面都能折射出红安这块文化土壤形成的轨迹。即是以楚文化为基础吸收各方文化，尤其是吸收南北文化的营养逐步形成的一块肥沃的文化土壤。"江厚碧在《红安刺绣艺术赏析》中写道："另据本县永河区老艺人李英豪讲：'我师传教时说：红安刺绣始于东汉光武年间，兴于唐，盛于清。'""红安刺绣与楚文化一脉相承。"综上所述，可以推断红安绣花鞋垫的历史至少已有千年。

　　20世纪50年代初至70年代末是红安绣花鞋垫的鼎盛时期：全县各地村村寨寨、灯前檐下、田头地边，到处可见妇女们津津有味地绣鞋垫、品鞋垫、展鞋垫的场面；其作品的形式和内容都有明显的发展：形式方面吸收了外地刺绣的营养，体现了当代人的审美意识；内容方面融进了时代精神，如图案中出现了毛主席的诗词"梅花欢喜漫天雪"等。1980年后，红安绣花鞋垫和制作者日趋少见，直至目前呈现出濒危状态。

2　红安绣花鞋垫的艺术特色

　　红安绣花鞋垫所用器具非常简便，即一根绣花钢针或一根刺绣空管针，以及一枚顶针。红安绣活一般按工艺可以分为三大类，即线绣、绒绣和挑花[1]。其中，线绣最为常见，所用器具是绣花钢针，穿以彩线。常用针法有平针、单套针、双套针、散针（用于点缀）、正抢针、反抢针和梭针（又称辫针）。绒绣则相对少见，所用器具是空管针，针尖有针眼，制作时将绒线穿入空管后再从针眼穿出，刺穿鞋垫坯子时留有绒线串，成型后剪破线串并搓成毡状，使作品效果呈现立体感。但需要注意的是，绒绣技法不适于刺绣类似工笔画或单线细纹型的花样。另一种绒绣技法是在一双鞋垫中间夹上几层废纸，用一根较长的钢针穿上彩线，依照花样在鞋垫面上刺绣。刺绣完成后，从两只鞋垫中间割开，拔掉废纸，再将彩线头搓成绒状，其效果与管针绒绣相似。

2.1　红安绣花鞋垫工艺特征

红安绣活在工艺技巧、构图风格以及图案寓意等方面，都充分展现了长江中游地区绣花鞋垫的典型工艺特征和独特的艺术魅力[2][3]。红安绣花鞋垫造型生动，装饰性强，突出表现出清新夺目的质朴美、浪漫美、明快美，不仅富有艺术价值，还具有很高的实用价值。

红安绣花鞋垫的基本特征体现在以下两个方面。

2.2.1　创作的原生态特征

老年作者中的绝大多数来自闭塞的山区，在相当长的历史时期，他们中的多数人是文盲，有的甚至是聋哑人。在艺术创作方面，她们不可能从书本或其他方面得到理性知识。其创作过程不经缜密的构思，她们的创作并不是自然主义的生活再现[4]。她们并不懂现实主义与浪漫主义相结合的理念，只是把平时积累的美感和美欲更加痛快淋漓地释放出来。于是，她们在经过潜意识的酿造的基础上尽兴地夸张、变幻，使其艺术作品的美比生活中的美更集中、更鲜明、更强烈、更具个性[5]。由此，充分表明了她们在艺术创作上的原生态。

2.2.2　具有独特的艺术风格

红安绣活在针法上巧妙融合了当地土花布的织造、印花、纺织以及纳鞋底等传统艺术技法；从构图、色彩方面看得出红安地域的山乡风物，闻得到从红安地域的深厚文化底蕴中散发出来的乡土气息。

红安绣花鞋垫在红安这块特定的地域里滋生、蔓延，它以其独特的艺术风格、实用价值深入人心，在一个漫长的历史阶段形成了具有地方特色的乡风民俗。至今，红安各地随便一个村镇都有珍藏品，都可以举办家庭展览活动。

2.2　红安绣花鞋垫的种类

红安绣花鞋垫从表现技法来看，主要分为线绣和绒绣两种；而从构图风格方面来分类，则包括写实型、写意型和写实写意结合型三大类。写实型是根据风物的自然形态美化而成，既要求逼真又要求富于美感；写意型是抓住自然风物的形状特征进行夸张和变幻，形成一种独特的花型，要求神似，如纯图案型和文字变幻型（图1）；写实写意结合型是以风物自然形态为主体，配以象征性图案或文字。其中，最常见的是"鸳鸯"和"龙凤"纹饰，寓意着婚姻与爱情的美满幸福。也有"连生贵子"纹样，表达对家里人丁兴旺的渴望。"财"的表现纹样则一般比较含蓄内敛，常用谐音图案与同意词汇来表达，如"卍"字图（"卍"即"万"）、蝙蝠（意"福"）、铜钱（意"富贵"）等。"寿"和"禄"通常会作为一个主题出现在同一幅绣品中，共同表达对家庭美满幸福和健康长寿的追求。

从色调方面分类，可以分为三大类：一是豪放型，特点是使用大红大绿等鲜艳色彩，色调对比明快，体现了山区人的豪爽性格；二是深沉型，主要以深色为主，明暗变化反差较小；三是淡雅型，色彩鲜亮而不艳丽，追求清新秀丽的效果，并十分注重与面料颜色的协调。从走线的方法来看，可以分为两大类：一是依样走线，即依照画好或剪好的花样，

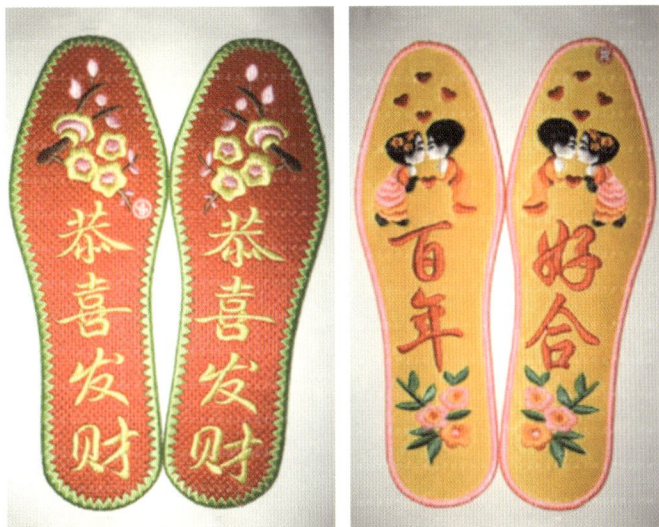

图1　文字图案绣花鞋垫

运用一般刺绣的方法走线，花型之外的空白无针迹；二是破格走线，即先配单色线刺成细小均匀的格子，然后根据花型、图案的需要，在格子上挑绣而成作品，这类走线方法不用先画花样，全凭作者的想象进行刺绣，其技法是从纳鞋底时破格纳花的方法演变而来的，属红安绣花鞋垫特有的一种技法。

从立意方面分类，可以分为两大类：一是装饰类，直接表现作者心目中的自然风物，多为花鸟虫鱼（图2、图3）；二是祝愿类，根据不同的对象，不同的场合需要而立意，如祝愿长者的有"福禄双全""长命锁"，祝愿孩童的"和合神"，祝愿亲友的"莲年有鱼"（即连年有鱼之意），祝愿情人的"鸳鸯戏水""并蒂莲开""双鱼"等。

图2　花鸟图案绣花鞋垫

图3　花朵图案绣花鞋垫

3　红安绣活的当代价值

3.1　红安绣活的现状及问题

红安绣活作为我国民间刺绣艺术的重要组成部分，同时也是红安地区文化的典型代表，具有深厚的文化底蕴和独特的艺术价值。红安绣活有上百种图案，并且以这种图案的方式展现着本民族的自然风味、文化心理等特质。它在艺术文化、经济开发等方面具有重要价值，从而促进文化创新和经济社会发展[6][7]。

在艺术文化价值方面，红安绣活在图案设计上，注重取形、延意、传神；在色彩运用上，追求饱和鲜明，配色大胆且富有变化；在造型上，则强调夸张效果，针法多变，风格多样，体现了深厚的传承性、独特的地域性以及文化的互渗性。它的图案寓意是在原始意念下对大自然的感知，在理念观察下对美好生活的向往[8]。这种红安绣活的人文精神是人民重要的精神财富。同时以其特色为文化及艺术的发展提供了创造源泉。在经济开发价值方面，"民族的即国际的"，民族国际化的呼声得到越来越多人的响应，也有越来越多的人开始关注这种民间的艺术。因此，红安绣活具有在服装、包装、旅游产品和特色工艺品等领域的经济开发价值[9][10]。目前，红安绣活已取得很大的成就，但是在全球化的大背景下仍存在很多问题。

3.1.1　传承工艺人才的流失和技艺的严重缺乏

红安绣活，这一镶嵌在红安文化土壤中的瑰宝，以其独特的民族风格和精湛的工艺技术，见证了红安地区的历史变迁与文化繁荣。然而，随着时代的发展，红安绣活的传承正面临着前所未有的危机。老一辈的红安绣活艺人，那些曾经用针线编织出无数美丽图案的匠人，大多已离我们而去，他们的精湛技艺和深厚情感，如同散落的珍珠，难以串联成完整的传承链。与此同时，中年一代的刺绣艺人，在生活的重压和市场的变化下，不得不放弃手中的针线，转向更为现实的生计，使得红安绣活的技艺传承出现了严重的断层[11]。更为令人担忧的是，年轻一代在多元文化的冲击下，对传统文化的认知和兴趣逐渐减弱，他们更倾向于追求现代、时尚的生活方式[12]，对红安绣活这一传统手工艺的兴趣和热情日益减小。这不仅导致了传承工艺人才的流失，更使得红安绣活的技艺面临着失传的风险。这种技艺的缺失，不仅将是红安文化的一种损失，更是对人类非物质文化遗产的一种伤害。

3.1.2　开发意识淡薄，产品单一，创新力和竞争力严重不足

在全球化的今天，红安绣活这一传统手工艺面临着来自世界各地的文化和时尚的冲击。许多群众对非物质文化的价值与意义缺乏足够的理解和认同，导致对红安绣活的开发意识相对薄弱。在市场上，红安绣活的产品线过于单一[13][14]，缺乏创新性和多样性，许多产品仍然停留在传统的款式和风格上，缺乏与现代审美和市场需求相结合的元素。这种产品单一的问题，不仅限制了红安绣活的市场竞争力，还导致了产品开发的消极状态。更为严重的是，由于缺乏创新性和竞争力，红安绣活在市场上逐渐被边缘化。许多消费者更倾向于选择那些具有时尚感和创新性的产品[15]，而红安绣活则因为缺乏这些元素而难以吸引他们的目光。这种市场挑战和文化困境，使得红安绣活的传承和发展面临着巨大的压力。

3.1.3　红安绣活非物质文化遗产的开发利用渠道极为狭窄

尽管红安地区已经进行了旅游开发，但红安绣活这一非物质文化遗产的开发利用渠道仍然十分狭窄[16]。目前，红安绣活相关企业数量稀少，且大多规模较小、实力较弱。这些企业缺乏足够的资金和技术支持来推动红安绣活的产业化发展。同时，政府在推动旅游产业发展的过程中，也未能充分将红安文化的内涵融入相关产业的开发中，使得游客在游览红安时只能停留在表面文化的体验上[17]~[19]，无法深入了解和感受红安绣活的独特魅力。此外，红安绣活的产业化发展还面临着诸多困境。包括：缺乏专业的市场营销和品牌推广团队推广红安绣活的产品和文化，缺乏与时尚产业和创意产业的融合推动红安绣活的创新和发展，缺乏完善的产业链和供应链支持红安绣活的产业化进程。这些困境使得红安绣活的开发利用渠道更加狭窄，限制了其传承和发展的可能性。

3.1.4　政策环境不完善，相关机制不健全，制约红安绣活的发展

通过深入调查发现，在推动红安绣活及相关产业发展方面，缺乏明确的政策导向和具体

的支持措施，使得红安绣活在传承和发展的过程中缺乏有力的政策保障和支持。此外，对红安文化的研究也相对滞后，缺乏系统性和深入性的研究成果指导红安绣活的传承和发展[20]，使得红安绣活在面对市场挑战和文化困境时缺乏足够的理论依据和实践指导。同时，相关机制的不健全也制约了红安绣活的发展。包括：缺乏完善的产权保护机制保障红安绣活的知识产权，缺乏有效的市场监管机制规范红安绣活的市场秩序，缺乏完善的培训和教育机制培养红安绣活的传承人和专业人才。这些机制的缺失使得红安绣活的发展面临着诸多困难和挑战。

3.2 红安绣活的保护与传承思路

3.2.1 静态保护

进一步全面细致开展普查工作，按照"全面普查、广泛采集、确立重点、建档立卡、分类制作、图文并茂"的工作要求和统一格式，对普查结果分别进行归类、整理、建立文字/图片/影音档案、成立数据库，并通过互联网宣传，让更多人了解红安绣活。与高校及研究部门合作，以红安绣活为主，以科研、教学、实践相结合的模式，培养红安绣活的研究人才，为保护与发展提供后劲。鼓励专家学者和民间艺人合作，进一步深入开展研究工作，将红安绣活的理论基础、历史渊源和技艺、人文内涵、美学价值等撰写成文本并出版。

3.2.2 动态保护

在红安地区的中小学校，开展红安绣活相关知识和工艺技术的普及教学[21]，将红安绣活纳入学校美术及手工劳作课之中，让孩子们从小了解红安绣活，从根本上解决红安绣活保护问题。

同时，博物馆也是不可忽略的一部分，传统的博物馆只是对红安绣活进行静态展览，即把红安绣活的实体转移到固定的空间中进行收藏和展览，在相应的位置有相关的文字介绍。但大部分观众容易忽略文字介绍，只关注实物，导致获取的信息不完整。对此，博物馆可以引进新科技，将红安绣活做成3D动画，让艺术品自己介绍自己的历史、文化及相关知识，这种方式比展现抽象的概念更容易让观众接受并加深他们的印象。

3.2.3 传承思路

注重红安绣活的创新设计，建立品牌意识。红安绣活可以不局限于鞋垫上，还可以应用在服装、旅游等产品领域。在服装上，可以根据市场的不同需求，将红安绣活图案的各个元素以提炼、解构、夸张、变形等手段进行重新组合，发掘出红安绣活独特的魅力，创造出具有时尚现代风貌的服装。还可以将红安绣活产业与红安文化旅游产业相结合，设计出可以体现红安绣活文化的旅游纪念品，如靠枕、杯垫、信札等。同时，要树立品牌意识。每个品牌都有自己的品牌故事与内涵，深入挖掘其精神才能实现创新，形式认同。因此，必须重视品牌意识，使红安绣活的文化内涵在品牌中充分体现出来，通过相应的营销传播，提升大众对红安绣活品牌的认知，使其产生强有力的独特的品牌联想，从而使红安绣活的企业特色随之深入人心。

创办红安绣活等民族工艺为主的文化产业的"民族文化发展公司"，更系统地加快红安绣

活的发展。建立以保护和传承红安绣活为目的的市场营销运行机制，同时政府要给予更大力度
的扶助，从技术、资金和业务上提供指导。帮助部分红安绣活的专业户富起来，带动其余部分
共同富裕，进而带动红安绣活产业"活"起来，使红安绣活在全球化背景的今天走得更远。

4 红安绣活创新设计与应用

随着人类文明进程的发展，包括以绣花鞋垫为代表的红安绣活在内的民间布艺，历经变
化，与生活的品质息息相关。随着现代人们生活水平的提高，当代文明对传统文化的冲击影
响加大。由于红安绣花鞋垫主要通过口授相传，加之传统的手工制作流程难以实现批量化生
产，红安绣活正面临失传的危机。传统民间布艺中的红安绣
花鞋垫，图案题材涉及日常家居、动植物、佛教禅宗、楚文
化、文字诗词等[22]，看似种类很多，但在形式制作上比较单
一，通常仅将传统图案加入产品中，未能充分考虑其色彩和
图案与具体产品的协调性与美感。因此，可基于创新设计理
念，从产品种类的多样性出发，设计开发更多的适合于当代
人生活的时尚、流行的多元化创意产品。

图4 手提包图样

4.1 应用于流行时尚

基于创新设计理念设计的多元红安绣花鞋垫元素组合图
样具有可移植性，可以广泛应用于现代时尚产品的设计中，
制作出具有实用价值的创意产品。多元鞋垫元素组合图样可
应用于手提包、挎包、背包、单肩包等上面。图4为多元红安
绣花鞋垫元素组合图样被移植应用于手提帆布包上，形成具
有一定文化底蕴且方便适用的家居文化创意产品。

4.2 家纺产品设计

再设计的红安绣花鞋垫单个或多方连续组合图样，可与
各种家纺类产品相结合，开发出系列家纺类创意产品。这
些再设计的组合图案可用于窗帘、床单、被罩、枕头和沙
发套件等产品，单个组合图案可应用于抱枕、丝巾及桌布
等。图5为运用红安绣花鞋垫单个组合图案再设计的家用抱
枕图样，图6为运用红安绣花鞋垫组合图案再设计的丝巾
图样。

图5 抱枕图样

图6 丝巾图样

4.3 室内装饰设计

　　基于创新设计理念设计的红安绣花鞋垫组合图样，还可应用于室内装饰设计中。再设计的组合图案可以直接移植到装饰用的墙纸、花瓶、屏风和壁画等室内装饰品上。如图7所示，将组合图案进行创新设计并运用到室内花瓶装饰设计中，花瓶呈现出色泽淡雅柔和、典雅大方的效果。

图7 装饰花瓶图样

　　红安绣花鞋垫图案纹样内容丰富，图形寓意载情入理，承载着鄂东地区红安人民的情感与时代变化。通过对红安绣花鞋垫典型图案与花形元素的整理、分析、提取、再设计以及整合与重构，形成的多元组合图案具有较强的可移植性，可广泛应用于日常生活的方方面面，再设计出具有地域特色的多元创意产品。以红安绣花鞋垫图案为例，基于创新设计理念进行鄂东民间布艺多元化创意产品再设计与应用研究，具有重要的现实意义。

5　结语

　　红安绣活这一传统文化是在漫长的历史岁月中孕育而生的，富含了极重要的历史文化内涵与意义。鄂东红安绣活是当地手工艺人尤其是绣女，在其日常的生活与劳作过程中产生的智慧结晶、民族瑰宝，凸显着艺人纯真质朴的自然属性。正因此，红安绣活所反映出的民间艺术特征、体现的当地人民的审美取向，都是值得被精心保护以及弘扬的。以红安绣花鞋垫为代表的红安绣活，传承历史悠久，鞋垫制作精良，构图大方、寓意深刻，手工配色大胆多变，具象抽象特色明显，美观大气且舒适耐用。基于传统产品的创新设计理念，以鄂东红安绣活为例进行多元化创意产品创新设计与应用研究，深入了解鄂东红安绣花鞋垫布艺图案的题材寓意与艺术形式，从中提炼出能够与现代生活产生共鸣的典型图案元素进行整理与再设计；再通过整合与重构，对红安绣活进行创新设计的多元活化与应用。红安绣花鞋垫的布艺元素可以广泛应用于流行时尚、家纺产品、服装服饰、室内装饰等方面。以红安绣活创新设计应用于流行时尚为设计切入点，探讨如何将红安绣活这种富有文化底蕴的传统手工艺更好地与时代相结合，使其与现代生活紧密接轨，更好地传承与创新发展。

参考文献

[1] 叶静. 鄂东民间挑补绣技艺在女装高级成衣中的应用[D]. 武汉：武汉纺织大学，2016.

[2] 黄琳，叶洪光. 红安绣活的文化特征及设计应用[J]. 天津纺织科技，2017（5）：4-5.

[3] 陈元玉. "非遗"视野下民间绣活的多维度探究[J]. 湖北第二师范学院学报，2020，37（6）：52-56.

[4] 周燕，张洁. 非物质文化遗产旅游产品开发策略研究——以红安大布传统纺织技艺为例[J]. 西部旅游，2021（17）：33-35.

[5] 陈瑞莲，叶洪光. 红安绣活非物质文化遗产保护与传承研究[J]. 天津纺织科技，2016（4）：15-16.

[6] 纪阳. 论红安绣活工艺特色及生产性保护途径[D]. 武汉：湖北美术学院，2016.

[7] 陈元玉，邹开军. 乡村振兴背景下"非遗"民间绣活传承和发展研究[J]. 湖北第二师范学院学报，2021，38（10）：13-17.

[8] 曾婉雲，冯泽民，叶洪光. "非遗"视域下荆楚民间绣活研究述评[J]. 大众文艺，2021（20）：62-63.

[9] 周越超. 鄂东红安绣活的创新设计研究[D]. 武汉：湖北工业大学，2021.

[10] 陈瑞莲. 民间绣活在现代女装设计中的应用研究[D]. 武汉：武汉纺织大学，2018.

[11] 马娇. 湖北红安绣活研究[D]. 上海：东华大学，2017.

[12] 丁彬. 鄂东民间布艺研究[D]. 黄石：湖北师范学院，2015.

[13] 陈元玉. 湖北非物质文化遗产"民间绣活"的艺术特征探究[J]. 湖北第二师范学院学报，2013，30（11）：74-76.

[14] 王思琪·新美学教学视野下的红安绣活之工艺特征[J]. 大舞台，2015（10）：235-236.

[15] 吕妍欣. 湖北省红安绣活手工艺特征探究[D]. 武汉：武汉理工大学，2016.

[16] 高慕飞. 山西民间绣花鞋垫的图案造型[J]. 包装世界，2012（4）：88-89.

[17] 李娟. 山西民间绣花鞋垫的美学意蕴[D]. 太原：山西师范大学，2015.

[18] 刘佳其，庄一兵. 谈手工绣花鞋垫的工艺特点与现代转型[J]. 中国民族博览，2019（3）：8-9.

[19] 王育星. 传统绣花鞋垫生命内涵与美学意蕴研究[J]. 中外鞋业，2019（1）：17-19.

[20] 路艳红. 山西民间绣花鞋垫纹饰视觉分析[J]. 艺术科技，2017，30（7）：141，154.

[21] 姚苑君. 红安绣花鞋垫融入小学美术教学的探索与实践[D]. 武汉：湖北大学，2016.

[22] 高洋. 脚底生花，内秀于意——山西民间绣花鞋垫的特征及审美意蕴[J]. 艺术科技，2017，30（3）：166.

阳新布贴中瑞兽纹装饰应用研究

方钰文

（武汉纺织大学艺术与设计学院）

摘要：阳新布贴发端于荆楚地区，发展至今已有200余年历史。据史料记载，湖北省阳新县盛产苎麻，当地妇女会将家中缝补衣物后留下的碎布头通过剪样、拼贴、缝制、刺绣等工艺制成极具楚风韵味的装饰图案缝在生活织物用品上，其中，瑞兽纹是民间符号特色的代表性文化语言。本文聚焦于阳新布贴的瑞兽纹装饰，对瑞兽纹装饰进行提炼与重构，通过具体设计探索阳新布贴文创产品在现代社会中多样化的表达方式，以期为阳新布贴的创造性转化和创新性发展提供路径参考，促进传统文化的传承与发展。

关键词：瑞兽纹；阳新布贴；创新性研究

阳新布贴是湖北省阳新县传统民间工艺美术的代表，历经多年发展，于2008年被列入第二批国家非物质文化遗产代表性项目名录[1]。2016年，《中华人民共和国国民经济和社会发展第十三个五年规划纲要》提出："构建中华传统文化传承体系，实现传统文化创造性转化和创新性发展。""双创"方针是包括非物质文化遗产在内的中华优秀传统文化传承发展、适应时代进步与融入当代各民族社会建设指南的指导性方针。"非遗＋"是非物质文化遗产创造性转化和创新性发展的重要模式，其中"非遗＋产业"鼓励合理利用非物质文化遗产资源进行文艺创作与文创设计，提高文创产品的品质和文化内涵；"非遗＋互联网"利用网络技术，拓展非物质文化遗产传承传播方式，拓宽非物质文化遗产相关产品推广销售渠道。

目前对阳新布贴的研究主要集中于民俗、工艺特色，传承与发展的途径，对于纹样在设计应用方面的研究较少。在"双创"方针的指导下，研究阳新布贴代表性纹样装饰在现代社会语境下的审美价值，保留工艺特色与审美特点，通过解构与重构的方式提炼精髓并应用在新的载体中，能推动阳新布贴这项非遗项目的传承与发展。

1 瑞兽纹在阳新布贴中的应用

瑞兽纹是阳新布贴上常见的一种装饰纹样，描绘的对象以具有祥瑞象征意义的动物为主，寄托了人们的美好愿景。

1.1 瑞兽纹题材

瑞兽是中国古代神话传说中象征着吉祥的神兽，而瑞兽纹是历史中的一种文化现象，是人类想象力与创造力的结晶，是以现实为依据加以想象与创造的艺术形象。其背后象征着人类对动物的图腾崇拜，以及古代劳动人民对平安幸福生活的美好向往。代表性的瑞兽纹有龙、凤、虎等；不同的形象有着不同的寓意。

其一为龙纹样。龙在中华传统文化中有着神圣的象征，代表着权力与尊严，也是带来吉祥与雨水的神兽。在阳新布贴中，龙纹多以蟠龙或盘龙的形象出现，在其基础形象上进行了一定程度的变形与夸张，龙头大，龙身较细小，鳞片刻画分明，双眼睁大，胡须灵动，表现出磅礴的气势。阳新布贴中的龙纹样多装饰于男性服装与宗庙用品上，用以彰显男子的英气或祈求风调雨顺。

其二为凤纹样。凤鸟是楚人心目中的图腾，楚人崇凤，认为其是吉祥之兆。从《山海经》中可以看出，"凤凰"为浓墨重彩描绘的形象，作为祥瑞的象征，见之便是祥瑞之兆，是先民对理想生活的向往以及对精神道德层面的追求和对"祥瑞"的崇拜。阳新布贴中的凤纹样多为孔雀或者凤凰，体态婀娜多姿，多以头戴冠冕、羽毛华丽的形象出现。凤纹样多装饰于女性服饰或婚嫁用品上，象征对美好姻缘的祝福[2][3]。

其三为虎纹样。虎在中华传统文化中代表着力量与勇敢，在民间为有着"镇守与保护"力量的神兽。阳新布贴中的虎纹样多为伏卧或跳跃的姿态，形态生动，突出表现老虎的眼睛、牙齿、花纹、四肢。虎纹样多装饰于童装或门帘上，象征着对孩童茁壮成长的期盼，也有着辟邪之意（图1）。

1.2 瑞兽纹的表现形式

阳新布贴的制作方法可以总结为"绘、剪、粘、缝、补"五大步骤。首先，制作者依据心中所想的图案绘制纸样。其次，将画了纹样的纸张剪开，选择合适颜色的布料进行配色，用具有黏性的糨糊将剪好的布料与预先准备好的内衬袼褙包装黏合。再次，将黏合好的

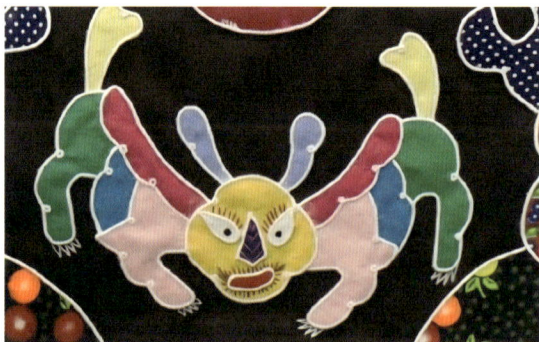

图1 阳新布贴中的虎纹样

布贴按照纸样排列组合定位，然后用白色棉线缝制，用双股粗线勾勒图案。最后，补绣各处纹样细节部分，或添加铃铛、流苏等装饰。完成后的布贴作品具有浮雕感，是一种质朴的民间艺术。

瑞兽纹在阳新布贴中可以通过不同的技艺表现，主要包括剪贴、刺绣以及组合技法。

剪贴是用剪刀将花布剪成瑞兽的形状，再贴在黑色或深蓝色的底布上缝制。阳新布贴的制作材料有贴布、底布和辅助装饰，贴布主要为制作者日常所剩的碎布，底布主要为黑色或深蓝色的棉麻布，辅助装饰材料有铃铛、流苏等。剪贴色彩对比鲜明，瑞兽纹的轮廓也较为简单，线条粗犷，造型夸张，整体形象呈现出一种稚拙的美。

刺绣是用线在底布上绣出细致的图案，具有很强的装饰性。刺绣工艺包括平绣、立体雕饰、镶嵌等，在边饰的处理上有复边、单线密缝、捆扎缝、平针、波浪针等，针法较为多样，有锁绣、盘金绣、十字绣等多种绣法，使得布贴制品更加精美耐看。其中应用较多的是盘绣、垫绣和打籽绣。盘绣衍边是阳新布贴中具有代表性的一种技法，具体是用一股或多股白色棉线盘绕形成衍边的装饰效果，另取一根较细的白线分段缝合固定。盘绣衍边针脚整齐、均匀，除装饰性外还有加固的实用性。瑞兽纹饰中还会用装饰性的棉线强调关节，增加其生动性和体积感。

组合技法是将以上两种方式相结合，以增加作品的层次感，可以发挥各自的长处，使最后的作品细节更加丰富，极具表现力（图2）。

图2 阳新布贴作品

2 瑞兽纹的审美特征

瑞兽纹样是阳新布贴中的一大特色题材。因受古代荆楚地区"巫文化"影响较深，阳新布贴的瑞兽纹样在装饰与造型上不拘泥于对物象的写实。尽管图案造型具有"心象性"，却并非完全的随心所欲或异想天开的夸张。其造型风格源于中国古老的文化与荆楚地区的文化积淀，体现了"心象造物"，通过夸张表现大胆不羁的形象。瑞兽纹样的身体形象各异，但面部始终无正面形象，其双眼、鼻梁、双耳、嘴都是对称式的造型，通过面部表情寓意"辟邪守福"之意。

瑞兽纹样中动物类纹样有龙、凤、狮、虎、兔、蝴蝶等；组合图式包括虎虎生威、双龙戏珠、飞虎扑蝶、金猫捕鼠等。这些题材主要源于民间民俗故事或传统神话故事中的情节。

图案纹饰体现了原始思维的残存造型观念，"万物有灵"，将灵魂寄于动、植物形象之中，从而产生了各种既来自现实又极其怪诞的各种图腾形象。瑞兽纹的寓意为吉祥、祈福，在传统文化中，虎、狮、麒麟、鲤鱼、仙鹤等瑞兽纹样有辟邪祈福之说。在传统布贴作品之中也穿插有组合图式，如搭配仙人骑乘等。

2.1　瑞兽纹造型特点

瑞兽纹整体采用夸张的造型，形象稚拙，显现出较强的亲和力，整体造型为平面型，与现代的扁平化设计相似。其造型特点以夸张变形、简约明快为主。

夸张变形是阳新布贴中瑞兽纹的标志性特征。即不追求形似，而是通过夸张、变形的"心象"造型表现出瑞兽的神韵。如将神兽的眼睛放大，突出其威严的神情；又如将虎爪放大，突出其力量感。此外，瑞兽纹所描绘的内容不受时空限制，即多种瑞兽可以集合于一幅作品中，形成富有想象力和创造力的布贴艺术品。

简约明快是阳新布贴的另一大特点。阳新布贴中的瑞兽纹多采用简化的造型方式，图案整体呈现出鲜明、清晰的视觉效果。如将虎的四肢概括为简单的几何形，对于部分细节用简单的线条表示。

2.2　瑞兽纹色彩特点

瑞兽纹的颜色多采用传统的"五色"，选取墨色为底，将青、赤、黄、玄等常见的色彩进行组合。浓烈的色彩、黑漆点金的风格基调与楚文化风格相同，大量使用撞色的手法，营造出强烈的对比效果。底布为黑色或深蓝色，贴布通常选用饱和度较高的颜色。棉布作为底布，其天然的纤维质感和吸色性能够确保布贴上的颜色鲜艳且持久。缎面布则因其光泽度好，能增强色彩的明度和对比度，使得布贴的色彩更加艳丽夺目。金银丝线在光线的照射下能够闪烁出迷人的光泽，为布贴增添华丽感，同时也使得色彩更加丰富和立体。此外，虽然木条和流苏不是主要材质，但在某些特定的阳新布贴作品中，它们也会被用作装饰或支撑材料，为布贴的色彩和整体效果增添一份独特的韵味。

阳新布贴的色彩不仅仅是为了装饰与美化，同时也寄托着人们对吉祥如意、幸福平安的美好愿景。例如，红色为主色调的布贴常用于婚嫁服饰或者节日装饰，衬托了节日的喜庆、热情与活力；黄色代表了权力、智慧，常用于龙凤图案或官员服饰；绿色代表着生机、和平、希望，常用于背景中的花草图案；白色象征着纯洁、圣洁、清雅，常用于凤凰图案或女子的服饰；黑色代表了沉稳、内敛，常作为底布或边框用色。

2.3　瑞兽纹平面构图的特点

瑞兽纹以自由组合为主，其灵活的构图形式独具特色。图案造型有时会依附于作品整体而进行一定程度的形变，以保证画面纹样装饰的充实感与完整感。画面整体的排列有一定规律，给人以庄重、大方、稳定的感觉。同时，主体元素位于画面正中，其他要素环绕主体周围，在视觉呈现上给人以平衡和谐的感觉；图案之间穿插变化，又使之兼具灵动之感。图案造型以面为主，又通过线条的切割与装饰合理分配元素比例，最后呈现出大方、生动、和谐的作品。

对称平衡是阳新布贴最主要的构图特点[4]，具有稳定和谐的视觉效果。如龙凤呈祥等图案有一条明确的中轴线，以中轴线为基准左右或上下对称安排形象，体现出匀称协调的美感。

在瑞兽纹构图时，还讲求线面结合、虚实相生，从而形成一种丰富的视觉效果。例如，将凤凰的头部用细密的针法绣出，用不同颜色和大小的贴布叠加出凤凰五彩的羽毛，而爪子等细节则通过留白的方式空出，整体层次分明。

3　瑞兽纹创新表现

瑞兽纹的创新表现是指在传统的瑞兽图案的基础上，运用现代的设计原则和方法，对其形象、色彩、符号进行提炼、转化、结合等，使之成为更加符合市场审美的形象。阳新布贴的创造性转化和创新性发展，是有效推广阳新布贴的重要途径，是传承传统文化并赋予其现代生命力的关键所在（图3）。

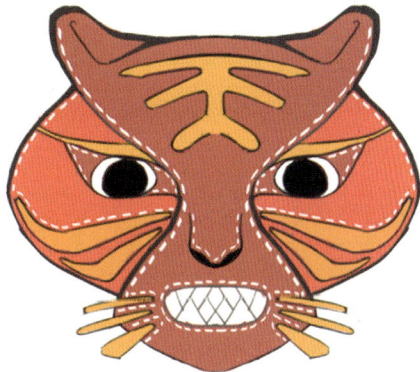

图3　阳新布贴虎纹样创新设计

3.1　纹样造型的创新表现

在设计过程中，保留传统阳新布贴夸张、平面感的造型，重新设计纹样轮廓的同时保留原本的稚拙感。通过对形状的归纳，在传统纹样中加入现代美感，使其更加符合大众审美。

以传统造型为基础，融合现代审美，保留瑞兽纹中的传统特征和文化寓意，运用现代的造型语言和技术手段对瑞兽的形态、结构、细节进行抽象与简化[5]，使之更具时代感，更加个性化，如将虎的身体抽象化为几何形与线条。

3.2　纹样色彩的创新表现

传统阳新布贴的颜色多为饱和色，色彩鲜明，对于阳新布贴本身来说独具魅力、极富特色。但应用到文创产品中，受到产品效果以及主流色彩审美的限制，应考虑到整体的色彩效果，色相、明暗、饱和度的组合应符合色彩构成的规律。为了展现瑞兽纹的独特韵味，在借鉴瑞兽纹传统色彩搭配的基础上，汲取传统瑞兽纹的"五色"精髓，同时结合现代色彩理论，巧妙调整纹样的色彩搭配，使之在表达心境与情感的同时符合现代的审美。

此外，根据设计目的和对象的不同，瑞兽纹的色彩也应做出相应的调整与变化，以更好地融入现代文化氛围，满足消费者的审美需求[6]。例如，将龙与水、天空蓝、云进行搭配，将凤凰与花朵的颜色进行搭配等。此外，采用渐变、对比、明暗、透明等不同的效果，对瑞兽纹的色彩进行层次化、立体化、动态化、空间化的处理。

3.3　文创产品的材质表现

阳新布贴作为一种传统手工艺，通过将贴布剪成一定的形状后在底布上拼、缝、绣等——以缝为主，以绣为辅，达到"平、浮、突、活"的艺术效果[7]，作品精细耐看，具有平面感的同时兼顾浮雕感的艺术特色。在文创产品的设计中，需要保持阳新布贴的传统元素与技法，同时运用现代的设计理念和手段[8]，对材质进行创意性的处理和表现，使之更能体现产品的个性和时尚，并与阳新布贴瑞兽纹的文化内涵相融合。

在此之上，应根据不同产品的需求，考虑到不同材质之间色彩、纹理、质感属性的区别，对材质的选择与搭配进行创新，并利用材质本身的特性或加入其他元素来丰富产品的视觉效果和触觉效果[9][10]。如采用更多的新型现代化材料，将阳新布贴瑞兽纹应用到手机壳、帆布包等日常用品之上；或提炼其形象，作为一种美术装饰风格用在App的界面设计中。

4　结语

阳新布贴的发展之路面临多重桎梏。首先，阳新布贴传统的制作方式为人力缝合刺绣，不仅人力生产效率低，而且品质难以稳定，故迫切需要对生产流程进行革新与优化。其次，阳新布贴的传统应用领域主要局限于儿童玩具、婚嫁用品及生活纺织品，在日新月异的现代社会中显得相对狭窄，制约了产品的市场销量。因此，更加需要拓宽思路，探索其在更多文创产品中应用的可能性。

对于阳新布贴中独具特色的瑞兽纹，其创造性转化和创新性发展至关重要。这不仅是对这一民间艺术的传承与弘扬，更是对其自由、夸张、写意的造型特征以及浓烈鲜明的色彩魅力的展示。将瑞兽纹融入文创产品中，不仅能够提升产品的艺术性与文化性，还能为产品增添独特的附加值，使其在市场中更具竞争力。同时，通过对瑞兽纹的创新，还能促进瑞兽纹与其他文化元素的交融，进一步展现与推广阳新县的地方特色和楚文化的艺术魅力。

作为荆楚文化的瑰宝，阳新布贴的价值挖掘不应局限于工艺品本身，更需要以开放包容的心态，深入挖掘其背后的文化、审美价值，并为其寻找新的载体，让这一传统非遗文化在新的时代背景下焕发新的生机与活力。

参考文献

[1] 尹关山. 湖北最美·阳新布贴[M]. 武汉：湖北美术出版社，2016.

[2] 昌仪琳，叶洪光. 阳新布贴艺术在现代童装设计中的应用探析[J]. 服饰导刊，2021，10（2）：101-104.

[3] 高媛媛. 非遗文创产品创新设计研究——以阳新布贴为例[J]. 纺织报告，2020，39（12）：70-71.

[4] 蔡若兰，钟蔚. 阳新布贴文创设计方案[J]. 服饰导刊，2021，10（5）：141.

[5] 潘文清. 阳新布贴数字文创APP设计实践研究[D]. 武汉：武汉纺织大学，2022.

[6] 曹琼. 阳新布贴在现代女装设计中的应用研究[D]. 武汉：武汉纺织大学，2017.

[7] 熊欣. 湖北阳新布贴材料及艺术语言研究[D]. 武汉：湖北美术学院，2019.

[8] 昌仪琳. 阳新布贴传统纹样在家居亲子装中的设计应用[D]. 武汉：武汉纺织大学，2021.

[9] 丁彬. 鄂东民间布艺研究——红安绣活、黄梅挑花、阳新布贴[D]. 黄石：湖北师范学院，2015.

[10] 刘重嵘. 湘鄂民间布贴中瑞兽纹装饰之地域性比较[J]. 装饰，2017（12）：132-133.

黄梅挑花在现代女装设计中的应用❶

李坤[a]，李强[b]，叶洪光[a]

（a. 武汉纺织大学服装学院；b.《服饰导刊》编辑部）

摘要： 黄梅挑花作为国家级非物质文化遗产具有独特的艺术魅力，但这门技艺却面临着"动态"传承的难题。本文采取田野调查、文献查阅、实物考证、设计实践等研究方法，通过文字描述和图片展示的方式系统地概括黄梅挑花的艺术特色及其与现代女装设计结合的可能性。研究认为，黄梅挑花图案的创新一方面可采用直接应用法在现代女装中进行穿越时空的嫁接设计，另一方面可采用解构重组法使其提取元素在现代女装上焕发出新的生机；图案色彩的创新可采用底布色彩提取设计法和图案色彩提取设计法，完成在现代女装上的创新应用；工艺的应用方法有材质创新法、调整绣线股数法、多种工艺组合法，可实现传统与现代时尚的对接。

关键词： 黄梅挑花；民间工艺；女装设计；创新应用；保护传承

　　黄梅挑花是黄梅地区的一种彩色挑花技艺，是用不同颜色的绣线进行十字挑花或十字绣花的技艺。它源于宋末元初，盛于明清，并在2006年6月入选第一批国家级非物质文化遗产保护名录。黄梅挑花图案重在写意传神，寄予了人民对美好生活的向往。20世纪50—90年代的黄梅挑花被广泛应用于方巾、门帘、床围、袜带子（棉袜子到膝盖）、服装等，其中方巾的数量最多。然而从20世纪90年代至今，黄梅挑花只能勉强维持"静态"保护，在"动态"传承方面面临很大的困难[1][2]，在现代女装设计中更是应用甚少。大多数学者对黄梅挑花也只停留在对其图案特色、色彩特征的研究[3]~[6]，很少有研究者在应用方面进行研究，且黄梅挑花的应用研究限于内衣，过于隐私化，并不利于黄梅挑花工艺的"动态"传承[7]。基于此，笔者对黄梅挑花进行实地调研，选择黄梅挑花中最具代表性的产品——挑花方巾进行分析，结合现有挑花方巾中的图案，对其艺术特征进行归纳，并尝试将黄梅挑花图案题材、

---

❶ 本文刊于《丝绸》2019年第7期。

色彩特征、工艺技法创新性地与现代女装设计结合进行设计研究，旨在"动态"传承黄梅挑花技艺，并为中国传统手工技艺的保护和传承提供新的思路。

1　黄梅挑花图案的应用

1.1　图案的特色

黄梅挑花图案重在写意传神，追求神似而非形似，表达的形象都在似是而非之间。黄梅挑花有近四十个主花图案，还有各式边花、角花、散点花等两百多种边花图案，在布局上多以团花为主，四周穿插点缀边花、填花、角花等，形成完整构图，最后进行锁边。锁边花纹常为瓜子米、犁头尖（小三角形）、茉莉花（长六边形）、狗牙齿（锯齿形）等，构图饱满，均衡统一，而且图案题材丰富，多采用吉利祥瑞的动物、植物、文字和戏曲人物为主要题材，还有文字诗词类，反映的内容涉及百姓的日常生活、吉祥富贵的婚嫁、娱乐、戏曲故事等。

1.2　应用方法

黄梅挑花图案在现代女装设计中的应用要求在审美理念、构图形式等层面有所突破，应该在保留传统的基础上结合现代语汇进行设计创新，其主要的设计应用方法可以归纳总结为直接应用法、解构重组法。

1.2.1　直接应用法

黄梅挑花作为传统手工技艺来源于生活，其图案寄予了人民对美好生活的向往和追求。传统黄梅挑花服装中的图案主要以完整的图案装饰为主，表达固定的形象或意义，故直接应用法在现代女装设计中是最简便的应用方法[8]。

图1为笔者制作的采用直接应用法的设计作品：图1（a）中简洁的女款长外套后背装饰完整的福寿双桃图案，图1（b）中时尚的衬衫连衣裙袖口处装饰完整的凤飞蝴蝶图案，图1（c）中长款衬衫连衣裙袖口处装饰完整的鲤鱼跃龙门图案，图1（d）中长款衬衫前片装饰大片完整的石榴花图案。丰满的构图形式能较好地凸显黄梅挑花传统图案的意味和特色，同时吉祥的图案寓意也颇受现代女性的喜爱。

1.2.2　解构重组法

随着现代服装审美情趣的多元化发展，挑花图案在服装上构图形式的多样性也应予以充分考虑，因此除了上述的直接应用法外，还可以采用解构重组法。即在根据设计需要选定图案素材后，对整体图案进行提炼、解构、重组，让传统图案形成全新的艺术表现形式，在现代女装上焕发出新的时代生机，给人耳目一新的感觉。笔者通过对黄梅挑花图案中具有代表性的四虎翻山、鲤鱼穿莲、福寿双桃、麒麟送子等图案进行应用研究，运用解构重组法和服饰美学原理探索图案与现代女装设计的融合与创新。

(a) 福寿双桃外套　　　(b) 凤飞蝴蝶衬衫连衣裙　　　(c) 鲤鱼跃龙门衬衫　　　(d) 石榴花衬衫

图 1　黄梅挑花图案在现代女装设计中的直接应用（李坤设计制作）

如表 1 所示，款式一以四虎翻山图案为主要设计元素，对传统图案进行解构，提取其中一只老虎和山的形象，不对称地装饰于现代女装的肩部、衣袖上，并搭配简洁的女装外套和纱质半身裙，腰间装饰简单的宽腰带，使服装的整个视觉中心集中在黄梅挑花的图案设计上，突出挑花图案的装饰效果，表现出细腻丰富的层次变化；款式二以鲤鱼穿莲图案为主要设计元素，采用简单大方的上衣廓型搭配黑色半身裙，将传统图案中两个凤凰的形象不对称地装饰于现代女装两边的衣袖和袖口处，给服装带来丰富的视觉体验；款式三以福寿双桃图案为主要设计元素，上衣采用大 V 领的设计突出女性魅力，在领口处装饰精巧雅致的双桃图案，下面搭配及踝的半身裙，并大面积装饰八角莲图案，灵动的图案赋予了服装温婉雅致的艺术风格；款式四以麒麟送子图为设计元素，右侧露肩的设计突出女性肩部优美的线条，整个廓型极具时尚感，提取传统麒麟送子图案中双狮抢宝的形象，不对称地分布在上衣的衣袖、左下摆及右肩延伸到后背的地方，两只狮子隔空相望，图案看似分离但又遥相呼应，将黄梅挑花的特色和韵味用另一种形式表达出来，进一步提升了现代女装的内涵。

表 1　黄梅挑花图案的提取及其在现代女装设计中的创新应用

名称	图案	提取部分	图案创新应用实践（原创设计）
四虎翻山方巾			

续表

名称	图案	提取部分	图案创新应用实践（原创设计）
鲤鱼穿莲方巾			
福寿双桃方巾			
麒麟送子方巾			

2　黄梅挑花图案色彩的应用

2.1　图案色彩特征

黄梅挑花源于民俗文化，配色讲究热闹，构成了黄梅挑花特有的色彩特征——艳而不俗，华而不炫[9]。笔者调研发现，黄梅挑花在色彩属性上有别于其他挑花，典型的挑花作品大都以黑色或藏蓝色作底，绣线的色彩以白色为主，搭配彩色，彩色多选择色相环中的互补色（180°相对应），如红和绿、黄和蓝进行对比，这种对比构成视觉冲击力强；在色彩明度和纯度上以高明度、高纯度为主，表现出艳丽、热闹朴实的特征。

2.2　应用方法

黄梅挑花图案色彩在现代女装设计中的应用应该在秉承传统的基础上勇于创新，其主要的设计应用方法可以归纳总结为底布色彩提取设计法、图案色彩提取设计法。

2.2.1 底布色彩提取设计法

以典型图案为例，研究分析发现黄梅挑花图案的底色大多为黑色或藏青色，图案的主色都是以白色为骨架，以各种不同明度、纯度的红和橙为主色，再点缀些许高明度的明黄、湖蓝、绿色，其独具匠心的色彩搭配具有典型的民俗特色。

图2为笔者制作的应用黄梅挑花底布色彩提取法的设计作品：图2（a）中服装的主色调采用了黄梅挑花图案底色中的黑色，并在前门襟处装饰一排藏青色的扣子；图2（b）中服装大面积的白色搭配小面积的黑色，并在服装上点缀少许藏青色；图2（c）中白色衬衫搭配黑色立领，前门襟处装饰些许藏青色的扣子；图2（d）中黑白拼接式连衣裙结合简单大方的服装造型，充分体现了黄梅挑花图案别具一格的色彩搭配。

（a）花篮衬衫连衣裙　　　（b）对凤衬衫　　　（c）八角莲衬衫　　　（d）八角莲拼接连衣裙

图2　黄梅挑花图案底布色彩在现代女装设计中的应用（李坤设计制作）

2.2.2 图案色彩提取设计法

笔者总结黄梅挑花图案中色彩搭配的特点和用色规律，通过色彩构成原理和方法对其色彩进行提取、延伸和组合，并结合服装的材质、用途和工艺进行创新应用，使其更符合现代服装的审美情趣，并且更好地与现代女装的款式融合在一起。

如表2所示，款式一以四虎翻山图案中的色彩为主要设计元素，提取传统图案中的色彩，选择温暖的橙色作为上衣的主色调，但是传统图案中的橙色过于艳丽，所以通过色彩构成原理和方法降低橙色的明度和纯度，然后搭配同等面积的白色和小面积的黑色，形成对比，使整个造型在具有个性化的同时不缺乏时尚感；款式二以鲤鱼穿莲图案中的色彩为主要设计元素，提取传统图案中的色彩，选择热情洋溢的红色作为上衣的主色调，通过色彩构成原理和方法降低红色的明度和纯度，变换后的红色沉稳时尚，搭配同等面积的黑色，形成色彩上的呼应，整个造型神秘又优雅；款式三以福寿双桃图案中的色彩为主要设计元素，将传统图案中的主色湖蓝作为服装的主色调，搭配少量的黑色，使得整款服装更突出女性美丽优雅的气质；款式四以麒麟送子图中的色彩为主要设计元素，不同程度地提高传统图案中绿色的明度和纯度，形成两种纯度和明度不同的绿色，同等面积使用，形成同类色（色环60°以内）的对比，然后根据设计需要对传统图案中的颜色进行调整，一改传统色彩艳丽的搭配效果，与现代女装的设计相结合，使其在具有现代感的同时又具有浓郁的色彩风格，也为女性的柔美增添了几分韵味。

表2　黄梅挑花图案色彩的提取及其在现代女装设计中的创新应用

名称	图案	色彩提取		图案色彩创新应用实践（笔者原创设计）
		主色	辅色	
四虎翻山				
鲤鱼穿莲				
福寿双桃			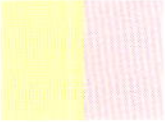	

续表

名称	图案	色彩提取		图案色彩创新应用实践（笔者原创设计）
		主色	辅色	
麒麟送子				

3 黄梅挑花工艺技法的应用

3.1 工艺技法

黄梅挑花的工艺表现形式不同于其他刺绣。刺绣重绣，挑花重挑。挑花艺人用挑花针将彩色棉线在底布经纬纱交织处，挑制成针脚为十字形的各种图案。挑花之手始终在底布上方做挑绣的动作，挑花顺序也十分讲究：先用一根棉线（通常为白色）从图案中心开始挑出图案的大骨架，再用彩色棉线挑出具体图案。其针法以十字针为主，配以直线针、半针、牵针等针法，但无论何种针法，所挑作品正反两面都十分整齐，背面很难找出绣线的接头。

3.2 应用方法

黄梅挑花在现代女装设计中的应用可以根据图案装饰效果不同选择不同的工艺技法，其主要的工艺应用方法可以归纳总结为材质创新法、调整绣线股数法、多种工艺组合法（表3）。

表3 黄梅挑花工艺的提取及其在现代女装设计中的创新应用

工艺图	工艺创新点	应用实践
	绣线材质创新——蚕丝线 底布材质创新——重绉面料	
	调整绣线股数——双股线调制图案	

续表

工艺图	工艺创新点	应用实践
	现代工艺——数码印花方巾	

3.2.1 材质创新法

材质创新包括绣线材质创新和底布材质创新，在保留黄梅挑花神韵的同时形成新的视觉外观。传统的黄梅挑花绣线和底布为挑花艺人自制，多采用全棉织造，材质比较单一。随着现代审美情趣的多元化发展，绣线可尝试用固色强、耐磨性佳的化纤（涤纶）绣线取代传统绣线，以适应不同的设计需求，而光泽度高、材质好的蚕丝线、冰丝线、尼龙立体绣线等也可以成为黄梅挑花新的艺术表征材料；底布可以采用更具有时尚感的面料，如多根经纬线组合、纬线加强捻的厚重真丝绸重绉面料，这种面料虽不同于传统黄梅挑花的底布，但是易于数纱，适合用来调制黄梅挑花。

3.2.2 调整绣线股数法

调整绣线股数，增加图案的立体感。传统黄梅挑花图案多用单股绣线调制，呈现出来的效果相对比较平面，属于二维刺绣，装饰在现代女装中容易被"忽略"，因此在设计时可以适当增加绣线股数，以增强挑花图案在服装上的立体感和存在感。

3.2.3 多种工艺组合法

将现代挑花工艺与传统工艺相结合，以多种工艺组合应用丰富表现形式。根据服装的材质和挑花在服装中装饰效果的不同，适当将多种挑花工艺相结合，通常能突破单一挑花工艺带来的观感[10]，使黄梅挑花图案在现代女装上获得更好的装饰效果。例如，当需要大面积的挑花装饰时，纯手工的挑花工艺对于现代日常服装来说成本过高，也几乎不可能实现，因此可以将挑花工艺与现代工艺相结合来降低成本，如先采用数码印花的方式将大面积的挑花图案印在服装上，再采用挑花技艺对部分关键部位进行调制，达到虚实结合、画龙点睛的效果。这样的表现形式，不仅大幅降低了工艺成本，而且与传统黄梅挑花服装的表现手法相比更具多元性，服装上图案的层次感和肌理变化效果更加丰富，在体现中国传统手工技艺韵味、现代服装时尚趣味的同时，实现了经济效益与社会效益的结合。

4 结语

黄梅挑花作为优秀传统手工技艺和国家级非物质文化遗产，其图案品种繁多、寓意深邃，具有很高的审美价值，是中华传统民间艺术瑰宝之一。因此，黄梅挑花传统手工技艺在现代女装中的传承，不仅可以达到"动态"保护和传承黄梅挑花的目的，还可以丰富服装面料肌理的变化，增加现代女装的文化底蕴，为现代女装的个性化设计提供新的思路，是表达时尚个性与民族情怀的有效途径。设计者在图案题材、色彩特征、工艺技法上采用新的设计理念和新的纺织材料对黄梅挑花进行再创作，使其与现代时尚相契合，真正走入现代人的生活中，成为有生命力的传统染织类非物质文化遗产。

参考文献

[1] 吴咪咪，叶洪光 . 黄梅挑花发展困境及对策研究 [J]. 服饰导刊，2016，5（4）：47-52.

[2] 李斌，李强 . 染织类非物质文化遗产保护方式、机制和模式的研究 [J]. 服饰导刊，2017，6（1）：30-36.

[3] 方园 . 论湖北黄梅挑花艺术 [J]. 中南民族大学学报（人文社会科学版），2010，30（6）：162-165.

[4] 王柯，叶洪光，刘欢 . 黄梅挑花八瓣莲纹解析 [J]. 装饰，2017（12）：126-127.

[5] 赵静 . 黄梅挑花艺术特色解析 [J]. 丝绸，2014，51（1）：70-74.

[6] 李鑫扬，王艳 . 黄梅挑花植物纹图案研究 [J]. 装饰，2016（4）：118-120.

[7] 王心悦 . 黄梅挑花基因符号在现代女性内衣中的设计应用研究 [D]. 武汉：武汉纺织大学，2016.

[8] 严加平，李卉，陈欣 . 扬州写意绣花鸟题材在中式毛呢服装中的应用 [J]. 毛纺科技，2017，45（6）：48-52.

[9] 潘百佳 . 湖北最美黄梅挑花 [M]. 武汉：湖北美术出版社，2016.

[10] 傅丽，叶松 . 传统刺绣在现代丝绸服装中的创新应用 [J]. 丝绸，2009（11）：6-8.

"两创"视角下咸丰、宣恩土家绣花鞋垫的
创新与传承研究

辛宇航

（武汉纺织大学艺术与设计学院）

摘要：本文旨在探讨咸丰、宣恩地区土家绣花鞋垫作为非物质文化遗产的保护、传承与创新发展。通过深入研究土家绣花鞋垫的历史渊源、技艺传承、文化内涵及市场需求，结合新时代文化"两创"理念，揭示了其在现代社会中的独特地位与价值。研究采用文献分析、案例分析和实地调研等方法，深入剖析了土家绣花鞋垫面临的传承挑战，并提出了与国潮品牌合作等创新策略，旨在实现传统文化的现代性转化和创新性发展。研究结果表明，土家绣花鞋垫不仅承载着深厚的民族情感和文化内涵，还具有显著的经济价值和社会影响。通过与国潮品牌合作，土家绣花鞋垫成功融入了现代时尚元素，增强了市场竞争力，并提高了公众对传统文化的认知和兴趣。本文提出的传承机制构建、教育体系融入和市场推广等策略，为土家绣花鞋垫的传承与发展提供了新的视角和路径。

关键词：土家绣花鞋垫；非物质文化遗产；创新性发展；创造性转化

土家绣花鞋垫作为土家族文化的重要组成部分，自古以来便是土家族人民日常生活中不可或缺的物品。它不仅承载着深厚的民族情感和文化内涵，更是土家族人民智慧和勤劳的结晶。在新时代背景下，社会的快速发展和文化交流的不断深入，使土家绣花鞋垫的传承与发展面临着新的机遇与挑战。通过对咸丰、宣恩地区土家绣花鞋垫进行深入研究，结合新时代文化"两创"的理念，探讨其在非物质文化遗产保护与传承中的重要地位，以及在现代社会中的创造性转化和创新性发展。

新时代文化"两创"理念，即实现中华优秀传统文化的创造性转化和创新性发展，是当前我国文化遗产保护的重要指导思想。这一理念强调在保护非物质文化遗产的同时，注重与现代社会融合发展，推动传统文化的创新和转型。高宏存在《新时代文化"两创"的价值重塑与实践路径创新》中探讨了中华优秀传统文化创造性转化和创新性发展的策略，胡迪雅等

在《"两创"视角下非物质文化遗产学校教育的现实困境与优化路径》中探讨了非遗教育在"两创"背景下的挑战与优化路径。土家绣花鞋垫作为土家族文化的重要载体,其传承与创新正是"两创"理念的具体实践。通过深入分析土家绣花鞋垫的历史渊源、技艺传承、文化内涵及市场需求,探索在新时代背景下,如何将其与现代潮流文化有机结合,实现传统文化的现代转化。特别是与国潮品牌(如中国李宁、回力等)的合作,不仅能为土家绣花鞋垫注入新的市场活力,也是传统文化与现代时尚交融的有益尝试。

回顾过往研究,学者们深入探讨了土家绣花鞋垫等民间绣活技艺的非遗地位、传承方式、市场价值、艺术特征及创新性发展,为这些传统技艺的保护与发展提供了丰富的理论和实践支撑。例如,黄柏权在《土家族民间工艺变迁研究》中详细记录了土家绣花鞋垫技艺的发展历程,崔荣荣等在《服饰刺绣与民俗情感语言表达》中则从服饰文化的角度分析了土家绣花鞋垫所承载的民俗情感,而陈元玉在《湖北非物质文化遗产"民间绣活"的艺术特征探究》中则对包括土家绣花鞋垫在内的民间绣活动进行了艺术特征的分析。这些研究为我们提供了丰富的理论支撑和实践参考。

本文的研究目的在于深入挖掘咸丰、宣恩土家绣花鞋垫的文化价值与市场潜力,并探索其与现代国潮文化,尤其是与国潮品牌的融合创新路径。通过调查、文献分析和市场研究等方法,本文期望能为土家族文化的传承与发展提供新的视角,为推动传统文化的现代化转型与创新性发展贡献力量,同时也希望通过实践探索,找到土家绣花鞋垫与现代时尚元素的结合点,为其在新时代背景下焕发新生提供理论支持和实践指导。

1 咸丰、宣恩土家绣花鞋垫的非遗地位与价值

1.1 非遗地位与认定

咸丰、宣恩土家绣花鞋垫作为土家族传统手工艺的重要代表,其历史可追溯至古代皇宫。刺绣技艺原本是由皇宫的公主们在姆婆的教导下修习的,她们学习针线技巧,制作手工刺绣鞋和鞋垫,以及织锦。这种技艺随着时间的推移流传下来,直至土司改土归流后,土司皇族流落民间,使土司皇宫刺绣与民间刺绣得以相互融合。这一融合不仅丰富了刺绣的技法与风格,也形成了现在独具一格的土司皇宫刺绣。咸丰、宣恩土家绣花鞋垫正是这一融合的最好体现,它拥有鲜明的民族特色和独特的艺术价值。近年来,随着非物质文化遗产保护工作的深入推进,咸丰、宣恩土家绣花鞋垫的非遗地位日益凸显。2011年,恩施咸丰、宣恩土家族苗族绣花鞋垫被正式列入湖北省第三批非物质文化遗产名录,这一认定不仅标志着其独特的文化价值和艺术魅力得到了官方的认可与保护,更是对土家族文化传承与发扬的鼓励和支持[1]。

咸丰、宣恩土家绣花鞋垫之所以能够获得非遗地位,得益于其深厚的历史文化底蕴和独

特的艺术表现力。它不仅是土家族人民日常生活中的实用物品，更是土家族文化的重要载体。这些鞋垫由技艺高超的农村妇女手工绣制，每双鞋垫的绣花工艺都凝聚了千针万线的心血，展现了极高的工艺水平和艺术价值[2]。通过绣花鞋垫的图案、色彩和技艺，我们可以窥见土家族人民对生活的热爱和对美的追求，感受他们淳朴、勤劳的民族性格和审美情趣[3]。

在新时代背景下，随着"两创"理念的提出和实践，咸丰、宣恩土家绣花鞋垫的非遗地位更是得到了进一步的强化和提升。通过创造性转化和创新性发展，咸丰宣恩土家绣花鞋垫的技艺得到了有效的传承和保护，同时也在现代社会中焕发出新的生机和活力。这不仅为土家族文化的传承与发展提供了新的思路和方法，也为我国非物质文化遗产的保护与传承工作树立了典范。

1.2　文化与艺术价值的深度剖析

咸丰、宣恩土家绣花鞋垫不仅是一种实用的物品，更是一种承载着丰富文化和艺术价值的民间艺术品。《后汉书》记载，土家先祖"西南蛮夷"不仅"俗喜歌舞"，更展现出他们对美的深厚情感与卓越创造力，他们"织绩木皮，染以草实，好五色衣服"，由此可见，土家人自古以来就热爱美、崇尚美，而且善于创造美。土家鞋垫也是土家族文化中的一个独特现象，反映了土家族人的生活方式、审美观念和精神追求。通过创造性转化和创新性发展，这一传统手工艺品不仅焕发出新的生机，更成为连接传统与现代、文化与市场的桥梁[4]。

这些绣花鞋垫的图案设计独具特色，通常包含了土家族的图腾、神话故事和自然景观等元素，每一个图案都蕴含着深厚的文化象征和历史信息。例如，常见的凤凰、龙等图案，不仅代表着土家族对吉祥和美好的向往，也体现了他们对自然的崇拜和敬畏。这些图案的运用展示了土家族人民对和谐与平衡的追求，以及他们对生命和宇宙秩序的理解。

在艺术价值方面，土家绣花鞋垫以其精美的工艺和独特的美学特征而著称。绣制过程中运用的针法，如平针、回针、锁针等，都要求制作者具备高超的技艺和深厚的艺术感悟力。每一针、每一线都透露出制作者对细节的关注和对美的追求，使每一件作品都独一无二且充满个性和生命力。特别是在与现代国潮品牌融合创新的过程中，土家绣花鞋垫的艺术元素与现代设计理念相结合，创造出了既具有传统文化韵味又充满现代时尚感的全新艺术品。此外，传授土家绣花鞋垫的制作工艺也是一种重要的文化传承方式。在土家族社区中，绣花技艺往往通过母女、师徒之间的传授得以代代相传，这种传承不仅保留了技艺本身，也使相关的文化和历史得以延续。绣花鞋垫的制作成为土家族文化教育和艺术培养的一部分，对于维护和发展土家族的文化遗产具有重要意义。

土家绣花鞋垫的文化与艺术价值在新时代背景下得到了全新的挖掘与提升。通过与现代国潮文化的融合创新，它不仅保留了传统文化的精髓，还融入了现代时尚元素，成为连接传统与现代、东方与西方的文化桥梁。这种创新性发展策略，不仅为土家绣花鞋垫的传承与发展注入了新的动力，也为传统文化的现代化转型提供了有益的借鉴和参考。

1.3 经济价值与社会影响的综合评估

在新时代的文化背景下，土家绣花鞋垫通过创造性转化和创新性发展，不仅焕发出了新的生命力，还在经济和社会层面产生了深远影响。从经济价值角度讲，土家绣花鞋垫已经成为一种具有市场竞争力的文化产品。随着国内外消费者对传统文化和手工艺品的热爱逐渐升温，土家绣花鞋垫凭借其精美的工艺、深厚的文化内涵及独特的艺术风格，赢得了广泛的市场认可。特别是在与中国李宁等国潮品牌合作后，土家绣花鞋垫更是获得了全新的市场定位，不仅拓宽了销售渠道，也大幅提升了产品的附加值，为地方经济带来了可观的收益[5]。

从社会影响角度讲，土家绣花鞋垫的传承与创新，实际上也是对土家族文化的传承与弘扬。它让更多的人开始关注和了解土家族的历史与文化，增强了社会对传统文化的认同感。此外，土家绣花鞋垫的产业化发展也为当地居民提供了大量的就业机会，助力乡村振兴，有效地提高了当地居民的生活水平[6]。更重要的是，土家绣花鞋垫作为一种文化交流媒介，促进了不同地区、不同文化之间的交流与融合，有助于构建一个更加和谐、多元的社会环境[7]。

咸丰、宣恩土家绣花鞋垫在经济和社会层面的价值不容忽视。它们不仅是土家族文化的重要组成部分，也是推动地区经济发展、社会进步的重要力量。通过有效保护、传承与创新，咸丰、宣恩土家绣花鞋垫有望在未来发挥更大作用，实现文化与经济的双赢。

2 咸丰、宣恩土家绣花鞋垫纺织技艺的传承

2.1 技艺传承的历史与现状

咸丰、宣恩土家绣花鞋垫的纺织技艺承载着土家族深厚的文化底蕴与民族记忆，其历史可追溯至数百年前。在那时，土家族人民在日常生活中创造了这种绣花鞋垫，其实用性与艺术性并重，成为社会交流的桥梁。随着现代化步伐的加快，这一传统技艺的传承正面临着前所未有的考验。

土家绣花鞋垫的传承现状颇为复杂。一方面，随着非物质文化遗产保护观念日益深入人心，人们开始更加重视对这一古老技艺的传承。地方政府和文化机构已经采取了多项措施，如设立传承基地、组织技艺培训、开展文化交流活动等，旨在推动其持续发展。另一方面，现代生活的快节奏和年轻一代价值观的转变，使愿意承袭这一技艺的年轻人越发稀少[8]。

土家绣花鞋垫的制作者们也在积极探索与现代审美和实用性相结合的新路径。他们在保留经典绣花图案和工艺的同时，灵活地融入了现代设计理念。土家绣花鞋垫在逐步扩大其应用范围和市场定位。除了作为传统的民间手工艺品，它还进军了时尚和家居装饰领域。通过与国潮品牌联手，土家绣花鞋垫被赋予了更多时尚元素和个性化设计[9]。再加上现代化的营

销手段和电子商务平台，其市场影响力将日益扩大，吸引更多年轻消费者的目光。

　　"两创"为咸丰、宣恩土家绣花鞋垫纺织技艺的传承与发展注入了新的活力。经过创造性转化和创新性发展，这项古老技艺在现代社会重新焕发生机，不仅得以延续，还在不断拓展其应用领域和市场空间。

2.2　传承方式与案例分析

　　咸丰、宣恩土家绣花鞋垫的传承方式多样，体现了土家族文化的深厚底蕴和适应时代发展的灵活性。传统上，技艺传承主要依靠家族内部的代际传递和社区内的师徒制。在土家族聚居的地区，绣花鞋垫的制作技艺常常是母女之间、婆媳之间手把手教授的，这种传承方式不仅确保了技艺的延续，也加强了社区内的文化凝聚力[10]。

　　通过以下案例分析，可以看到一些典型的传承模式。传承人陈永丰，1953年生于咸丰县高乐山镇，是土家族传统刺绣技艺的代表性传承人。自幼跟随外婆学习刺绣的她，从未放弃对刺绣的热爱与追求。她深入村庄，搜集并学习传统图样，将大自然的万物灵性通过飞针走线表现得淋漓尽致。1986年面对下颌骨切除手术的重大打击，陈永丰以刺绣为精神支柱，坚持创作。2005年，她与妹妹共同创办恩施州土司皇宫刺绣有限公司，将传统刺绣与现代商业模式相结合，推动土家绣花鞋垫的产业化发展。陈永丰采用"公司＋基地＋农户"的生产经营模式，亲自培训工人，提高当地妇女的刺绣技能，为她们提供就业机会。在她的带领下，公司成功开发出多款鞋类、装饰画、民族服饰等产品，远销国内外，赢得了广泛赞誉。2008年陈永丰制作的《狗儿帽》荣获第二届湖北省工艺美术作品优秀创作奖。陈永丰不仅继承了家族技艺，更将其发扬光大，为土家族文化的传承与保护做出了杰出贡献。

　　传承人周银菊，是一位生于酉水河畔农民家庭的女性。在母亲的影响下，她学会了绣花技艺，并将其发展成为一项产业。尽管遭遇下岗困境，但周银菊并未放弃，而是借助绣花鞋垫这一传统手工艺品，创立了"酉情"品牌，并逐步扩大经营规模，成立了宣恩县彭家寨民族工艺品有限公司。周银菊不仅实现了自己的梦想，更为下岗女工及农村妇女提供了就业机会，带领她们共同致富。她的事迹充分展现了传承人的力量，不仅将土家绣花鞋垫这一传统文化推向市场，更在保护和传承民族文化方面做出了积极贡献。周银菊计划进一步扩大经营，并希望得到政府支持，将土家绣花鞋垫申报为非物质文化遗产项目，进一步推动传统文化的传承与发展。

　　陈永丰和周银菊的案例展示了土家绣花鞋垫纺织技艺的两种不同传承方式及其在现代社会中的发展路径。无论是家族传承还是师徒传承，都需要传承人对技艺的热爱与坚守。同时，将传统技艺与现代商业模式相结合，推动产业化发展，也是保护和传承传统文化的重要途径。通过这些努力，我们可以让更多人了解和欣赏到土家绣花鞋垫这一独特的传统文化艺术。

3 咸丰、宣恩土家鞋垫传承与突破策略

3.1 传承面临的挑战

土家绣花鞋垫作为一种承载着丰富民族文化与历史的手工艺品，如今却面临着前所未有的挑战。随着现代社会的快速发展，人们的生活节奏日益加快，许多年轻人对传统工艺品的兴趣逐渐减弱。在他们看来，这些传统工艺品可能显得陈旧，与现代时尚潮流格格不入。随着老一辈匠人的逐渐老去或退休，土家绣花鞋垫的技艺传承出现了明显的断层。新一代年轻人往往缺乏对这一技艺的深入了解和兴趣，导致传承工作变得异常困难。技艺的流失不仅意味着一种文化的消失，更是对民族历史的遗忘[11]。

土家绣花鞋垫还面临着与现代审美脱节的挑战。尽管其工艺精湛、图案美丽，但传统样式和设计在某种程度上已无法满足当代年轻人的审美需求。在时尚潮流不断变化的今天，如何让土家绣花鞋垫焕发新的生机与活力，成为亟待解决的问题。在这一背景下，"两创"为我们指明了方向。我们不仅要保护和传承土家绣花鞋垫的传统技艺，更要对其进行创造性转化，使其与现代生活相结合，焕发新的生命力。与国潮品牌深度联名合作，正是实现"两创"的有效途径。

国潮品牌以其对中国传统文化的重新解读和现代时尚的融合，深受年轻人喜爱。与其合作，可以将土家绣花鞋垫的传统元素与现代设计理念相结合，创造出既保留传统文化底蕴又符合现代审美的新产品。这种创造性转化不仅能够吸引更多年轻人关注，还能为土家绣花鞋垫打开新的市场空间。注重创新性发展，与国潮品牌合作，共同研发新的工艺、材料和设计，推动土家绣花鞋垫的技术革新和产品升级，将有助于提升产品的附加值和市场竞争力，为土家绣花鞋垫的传承与发展注入新的活力。面对传承的挑战，积极践行"两创"理念，通过与国潮品牌合作，实现土家绣花鞋垫的创造性转化和创新性发展，让这一传统工艺品在新的时代背景下焕发新的光彩。

3.2 传承机制的构建与未来发展策略

咸丰、宣恩土家绣花鞋垫所遭遇的技艺传承与市场挑战，需要积极探索有效的传承策略和发展新路径，这不仅关乎传统手工艺的保护，更牵涉土家族文化的持续繁荣与创新推进。为了确保这一非物质文化遗产得以延续，一个全面且系统的传承机制亟待构建[12]。

教育被视为文化传承的基石，因此，教育部门正积极地将土家绣花鞋垫技艺纳入教育体系之中。已与多所学校建立了紧密的合作关系，将这一传统工艺编入艺术或手工艺课程，使学生们自幼便能接触并学习到这一独特技艺，从而培养对传统文化的浓厚兴趣与尊重。此举不仅有助于土家绣花鞋垫技艺的广泛传播，更为其长远传承提供了坚实的基础。

在市场发展层面，与国潮品牌的合作被看作推动土家绣花鞋垫走向市场的关键策略；与

多家国潮品牌展开深度合作，通过定期推出联名系列产品，将传统工艺与现代时尚元素融合，赋予土家绣花鞋垫新的市场吸引力；参加国内外知名潮流展览，以展示合作成果，进一步扩大土家绣花鞋垫的影响力，提升其品牌形象。

通过这些举措，土家绣花鞋垫不仅能在国内市场占据一席之地，更能在国际舞台上展现其独特魅力，成为代表中国传统文化的重要符号。最终目标是通过持续创新与精准的市场定位，将土家绣花鞋垫打造成一个具有高端品质与文化内涵的品牌，使这一传统手工艺在新的时代背景下焕发出更加璀璨的光芒[13]。

4 "两创"理念下的土家绣花鞋垫传承与创新探索

4.1 土家绣花鞋垫的发展路径

"两创"理念，即创造性转化和创新性发展，在非遗的保护与传承中发挥着至关重要的作用。咸丰宣恩土家绣花鞋垫作为一项珍贵的非遗技艺，其在"两创"理念指导下的实践，不仅关乎技艺的保存，更关乎文化的生命力和时代适应性。通过与国潮品牌紧密合作，成功为这一传统手工艺品注入了新的生命力，使其在现代社会中焕发出新的光彩[14]。

具体实践中采取多种措施来推动土家绣花鞋垫的"两创"发展。举办以土家绣花鞋垫为主题的创意设计大赛是一项重要举措[15]。这项大赛不仅吸引了众多设计师和艺术家的参与，还激发了他们对传统文化的热爱和创新灵感。在比赛中，选手们将传统与现代元素融合，创造出了许多独具匠心的设计作品，为土家绣花鞋垫的创新发展提供了源源不断的动力。还组织了一系列与传统工艺相关的文化交流活动。活动包括手工制作体验，旨在增进公众对传统工艺的了解和兴趣。在活动中，邀请专业的工艺师现场指导，教授参与者如何选材、设计图案、绣制等。通过亲手制作，参与者们不仅深入了解了土家绣花鞋垫的制作技艺，还感受到了传统文化的独特魅力。活动让更多的人亲身感受到了土家绣花鞋垫的独特魅力和制作技艺，进一步推动了其传承与发展。

"两创"理念下的非遗实践为我们探索出了一条有效的传承与发展路径。通过与国潮品牌的合作、举办创意设计大赛和文化交流活动等方式，让土家绣花鞋垫这一传统手工艺品在现代社会中焕发出新的生机与活力，成为连接过去与未来的文化桥梁[16]。

4.2 传统与现代融合的创新模式

在"两创"理念的指导下，积极探索传统与现代融合的创新模式，致力于将土家绣花鞋垫这一非遗项目的传统工艺与现代时尚元素有机结合。这种模式不仅要保持传统文化的核心价值和审美特色，同时还需融入现代设计理念、技术手段和市场需求，实现文化的可持续发展。

与国潮品牌展开深度合作能推动土家绣花鞋垫的创新发展。在市场推广上，通过开设现如今流行的快闪店、参加潮流展览等方式，让消费者能够直观感受到土家绣花鞋垫的传统魅力与现代时尚的交融。快闪店以其独特的临时性和新鲜感，吸引了大量年轻消费者的关注。而在潮流展览上与众多知名品牌和设计师同台竞技，能展现出土家绣花鞋垫的独特魅力和创新成果。这些活动不仅提升了产品的市场曝光度，也能增强消费者对传统文化的认知和兴趣。在数字化技术推广方面，充分利用了增强现实（AR）、虚拟现实（VR）等前沿技术，为消费者打造了一种全新的、沉浸式的购物体验。通过这些技术手段，消费者可以在虚拟环境中亲身体验土家绣花鞋垫的制作过程，感受其精湛的工艺和深厚的文化内涵。这种互动式的购物方式能增强消费者的购买欲望，还能使他们更加深入地了解了土家绣花鞋垫的独特价值和意义。数字化技术的运用也极大地提升了产品的文化价值和市场吸引力。通过制作精美的产品展示视频和互动教程，让消费者在享受购物乐趣的同时，也能感受到传统文化的魅力。这种寓教于乐的方式有助于传统文化的传承与发展[17]。

在"两创"理念的指导下，通过上述创新模式将土家绣花鞋垫的传统工艺与现代时尚元素相融合，实现传统文化的创造性转化和创新性发展。

5 结语

本文深入探讨了咸丰、宣恩土家绣花鞋垫作为非物质文化遗产的保护、传承与创新发展。通过结合新时代文化"两创"理念，揭示了其在现代社会中的独特地位与价值，并提出了一系列切实可行的传承与发展策略。

土家绣花鞋垫作为土家族文化的重要组成部分，承载着丰富的民族情感和文化内涵。面向现代化进程中的挑战，通过与国潮品牌合作，成功实现了传统与现代的融合，为这一传统手工艺品注入了新的生命力[18]。这种合作模式不仅提升了土家绣花鞋垫的市场竞争力，也增强了公众对传统文化的认知和兴趣[19]。在传承机制构建方面，强调教育体系的重要性，通过与学校合作，将土家绣花鞋垫技艺纳入教育体系，从小培养学生的兴趣和其对传统文化的尊重。同时，我们注重市场推广，利用快闪店、潮流展览等创新形式，提高产品的市场曝光度，吸引更多消费者关注[20]。

展望未来，咸丰、宣恩土家绣花鞋垫将秉承"两创"理念，持续推进技术创新、设计创新和市场创新，致力于打造一个融合高端品质和文化内涵的品牌[21]。这需要政府支持、传承人坚守、设计师创新、企业参与和消费者认同，共同努力推动土家绣花鞋垫的传承与发展，使其在新时代绽放更加绚丽的光彩[22]。

参考文献

[1] 戚序，白姝."垫在脚下的历史"——民间绣花鞋垫纹饰衍变解析[J]. 南京艺术学院学报（美术与设计版），2014（2）：118-121.

[2] 孙国华."满妹鞋垫"富了千名"绣花女"[N]. 中国知识产权报，2006-04-21.

[3] 徐伟. 传承与守望——非物质文化遗产背景下的关中绣花鞋垫艺术研究[J]. 苏州工艺美术职业技术学院学报，2011（1）：61-64.

[4] 黄闽. 鄂西土家族小说中的物质文化书写[D]. 重庆：西南大学，2021.

[5] 袁媛. 恩施民族民间工艺品产业化问题研究——以咸丰绣花鞋为例[J]. 大众文艺，2013（4）：45-46.

[6] 阚青凤. 恩施土家绣花鞋垫的包装设计与运用研究[D]. 武汉：湖北工业大学，2020.

[7] 高宏存. 新时代文化"两创"的价值重塑与实践路径创新[J]. 行政管理改革，2024（2）：4-15.

[8] 胡迪雅，李雪婷，仲丹丹."两创"视角下非物质文化遗产学校教育的现实困境与优化路径[J]. 民族教育研究，2023，34（2）：136-142.

[9] 顾艳. 恩施咸丰绣花鞋的民间色彩学研究[J]. 大众文艺，2016（23）：25.

[10] 崔荣荣，梁惠娥. 服饰刺绣与民俗情感语言表达[J]. 纺织学报，2008，29（12）：78-82.

[11] 陈新祥. 革命老区里演绎着的"龙凤呈祥"[J]. 民族论坛，2009（8）：14-16.

[12] 陈元玉. 湖北非物质文化遗产"民间绣活"的生产性保护策略[J]. 湖北第二师范学院学报，2014，31（9）：57-62.

[13] 陈元玉. 湖北非物质文化遗产"民间绣活"的艺术特征探究[J]. 湖北第二师范学院学报，2013，30（11）：74-76.

[14] 吴玉红. 探析湖南土家族民间刺绣图案文化意蕴[J]. 装饰，2012（3）：118-119.

[15] 毛春义，吴茜. 透过"西兰卡普"解读巴人服饰文化[J]. 美术大观，2009（11）：220-221.

[16] 孙文振. 土家绣花鞋垫：足下之路有多宽？[N]. 中国民族报，2007-06-01.

[17] 覃遵奎，唐其柏. 土家绣花鞋垫走俏20余省[N]. 团结报，2006-04-15.

[18] 汤梅. 土家绣鞋、鞋垫的制作工艺流程与变迁[J]. 中国民族博览，2016（6）：41-42，205.

[19] 黄柏权. 土家族民间工艺变迁研究[J]. 中南民族大学学报（人文社会科学版），2007，27（1）：26-31.

[20] 刘勇雄. 土家族手工绣鞋、鞋垫的制作工艺流程与变迁[J]. 纺织报告，2019（9）：49-50.

[21] 田霖. 湘西土家族装饰纹样艺术研究[D]. 哈尔滨：东北林业大学，2018.

[22] 郑瑾，朱翔. 绣花鞋垫中的中国传统文化研究[J]. 民族艺术，2008（2）：123-125，108.

数字营销背景下大冶刺绣品牌化发展研究

乔娟

（武汉纺织大学艺术与设计学院）

摘要： 在非物质文化遗产保护意识逐渐增强的背景下，传统手工艺的品牌化路径成为传承与弘扬民族文化的关键举措。本文聚焦于数字营销背景下大冶刺绣的品牌化发展，旨在揭示其在现代社会中的品牌化机遇与挑战，并提出切实可行的发展策略。研究发现，大冶刺绣品牌在传承与发展中面临诸多挑战，包括文化认同危机、推广模式矛盾、文化形象塑造障碍及品牌深度构建挑战等问题。针对上述问题，本文有针对性地规划了一系列策略：故事化营销深化文化认同、互动式体验跨越推广矛盾、多维度传播丰富品牌内涵，以及持续推进品牌教育与市场同步创新。

关键词： 大冶刺绣；数字营销；品牌发展；产品创新

大冶刺绣是一项承载着深厚历史底蕴与丰富文化内涵的非物质文化遗产，于2013年被正式纳入湖北省第四批非物质文化遗产名录，不仅在地方乃至国家文化遗产中占据了不可替代的地位，而且为品牌化发展奠定了坚实的官方基础。其源远流长的历史可追溯至战国时期，数千年的传承与创新赋予了大冶刺绣精湛的工艺和独特的艺术风格，成为荆楚文化中不可或缺的标志性符号。针对非物质文化遗产在现代社会的品牌发展这一多维度课题，包括文化传承[1][2]、市场定位[3]、视觉形象设计[4]，以及媒介传播[5]等多个层面，众多研究为大冶刺绣等项目提供了坚实的理论支撑与实践导向。金志超[6]（2019）通过研究纪录片《大冶刺绣》，揭示了大冶刺绣的生存现状和挑战，为非物质文化遗产的传承与保护提供了宝贵的实践案例和经验。吴珊珊[7]（2019）则从大冶刺绣传承人的角度出发，以刘小红的刺绣品牌为研究对象，探讨了非物质文化遗产的视觉识别系统设计，曹晓敏[8]（2021）将研究焦点放在了大冶刺绣在现代女装设计中的应用上，探讨了如何将这一具有鄂东南地域特色的民间美术工艺与现代女装设计相结合，徐卓颖[9]（2022）在硕士学位论文中，探讨了"互联网＋"背景下鄂东南装饰纹样的再设计，曾婉雲[10]（2022）在研究中深入分析了荆楚民间绣活在当代社会的价值和意义。这些研究成果为我们进一步了解大冶刺绣提供了宝贵的资料。然而，尽管大冶刺绣在技艺传承和文化价值方面得到了广泛认可，其在品牌建设和市场推广方面仍面临诸多挑战。特别是在数字营销背景下，如何有效挖掘大冶刺绣的文化内涵、提升品牌价值、加强品牌宣传和推广，成为当前亟待解决的问题。本文旨在深入探讨数字营销背景下大冶刺绣品牌化的发展路径，为其品牌建设和市场推广提供理论支持和实践指导[11]。

1 大冶刺绣概况

大冶刺绣源自湖北大冶，融合传统技艺与地域特色，独具匠心。其技艺涵盖平绣等，以细腻图案和多彩色泽见长，彰显艺术之美，成为地方文化之瑰宝。从设计选材到刺绣成作，每个环节都考验着匠人的技艺与文化理解，展现了大冶刺绣深厚的文化底蕴。其发展历程既是大冶社会经济文化的动态体现，也是中华传统文化在传承与创新中生生不息的生动写照。

1.1 大冶刺绣的历史渊源

大冶位于湖北省的腹地，四季分明，光照充足，雨量充沛，自古便是蚕桑业的重要基地[12]。这里得天独厚的自然条件为植桑养蚕提供了优越的环境，也为刺绣艺术的发展提供了丰富的原材料。优质的蚕丝不仅确保了刺绣作品在材质上的独特性，更为刺绣技艺的精进提供了物质基础[13]。大冶刺绣作为鄂东南地区，特别是大冶和阳新等地的传统民间刺绣工艺，具有深厚的历史文化底蕴。在这片肥沃的土地上，养蚕和丝织技艺代代相传，妇女们逐渐将这些技艺应用于刺绣，使大冶刺绣艺术得以在当地社会中生根发芽、茁壮成长。

大冶刺绣的历史背景深远，起源可追溯至古代，通过诸如姜氏太婆（1818年生于清嘉庆年间）、石氏太婆（1851年生于清咸丰年间），以及冯莲氏（1884年生于清光绪年间）等历代传承，至今已至第六代，形成了一脉相承的独特艺术风貌。据清康熙年间《大冶县志》记载，早在17世纪，大冶地区便有绣娘以"女红度日"，穿针引线，织画绣样，千丝万缕，栩栩如生。这些作品不仅展现了绣娘们的精湛技艺，更体现了大冶地区深厚的文化底蕴和独特的审美观念。清同治年间，《大冶县志》中多次出现"针黹晨夕"的记载：针黹，针线活也；晨夕，旦与暮也。生动地描绘了当时妇女们从早到晚辛勤刺绣的情景。这不仅反映了刺绣在大冶地区社会生活中的普及程度，更凸显了其在社会文化中的重要地位。随着时间推移，大冶刺绣的社会功能也在逐渐转变，从封建社会衡量女性德行的标准转变为现代社会个人兴趣与文化表达的媒介。20世纪80年代初，社会的快速进步和人们审美观念的革新为大冶刺绣带来了新的发展机遇。在这个背景下，年轻一代的绣娘们肩负起继承与创新的重任。当时年仅12岁的刘小红在家庭和社会氛围的熏陶下，对刺绣这一古老而精湛的艺术产生了浓厚的兴趣[14]，这也预示着年轻一代对传统文化的接续与创新。2013年，大冶刺绣正式列入湖北省第四批非物质文化遗产名录[15]，这不仅是对其文化价值的肯定，更是对其技艺传承与创新的促进。作为代表性传承人，刘小红的引领让更多年轻人投身这一传统艺术中，为大冶刺绣注入了新的生机与活力。大冶刺绣的技艺精湛、题材广泛，其作品涵盖了戏剧服饰、家居用品、外贸出口等多个领域。无论是精细的戏剧服饰还是日常生活中常见的枕套、台布、屏风、壁挂乃至生活服装，大冶刺绣都以其精美的图案、丰富的针法（共9大类43种）和独特的艺术风格赢得了广大消费者的喜爱。同时，大冶刺绣还以其深厚的文化底蕴和独特的艺术魅力，成为对外交流的重要文化商品，进一步提升了其在全国乃至全球文化中的地位。

1.2　大冶刺绣的制作工艺

大冶刺绣作为鄂东南地区一项历史悠久的传统民间工艺，是中国非物质文化遗产中一颗闪耀的明珠，不仅承载着深厚的文化底蕴，还在国际上享有崇高的声誉。这项工艺通过长期的匠心传承与智慧积累，形成了一套独特且复杂的制作体系，这一过程融合了精选材料、精湛针法与贴绣技艺的创新，以及对色彩与构图的精湛把控。选材方面，大冶刺绣兼顾传统与现代，底布选用从古朴的麻葛土布到华美的绸缎，丰富了作品的质感与风格多样性。绣线则依据设计需求，精心选取棉、麻、毛、丝、金银乃至化纤等多种材质，确保图案表现的最优化。剪纸绣样不仅是图案设计的模板，更是对传统文化与审美趣味的直接承袭。

大冶刺绣在技艺层面集南北之精髓，展现出针法的繁复与多样性。其技艺特点包括平针绣的细腻均匀，掺针的色彩渐变展现层次与空间感，滚针与盘金绣赋予作品自然形态与装饰艺术的融合，尤其是盘金绣在婚礼服饰上的应用，不仅增添了喜庆氛围，更象征着尊贵与华丽。打籽绣则通过密集的绣点布局，创造出独特的立体视觉效果，为作品增添了细腻质感和动态变化。此外，贴绣技艺是将布贴与刺绣结合，其既体现了节俭的传统美德，又极大地丰富了作品的视觉表现力，实现了实用与美观的和谐统一。大冶刺绣的针法体系极为丰富，包括齐针的平直均匀、抢针的立体层次，以及套针、施针、乱针等多种技巧。这些针法均由匠人精心掌握，共同编织出细腻且层次丰富的艺术纹理。在创作过程中，设计师首先依据绣品的预期用途和风格，设计包含自然界元素、文字、抽象图案等。随后，这些设计图案通过转印技术固定于面料上，并利用绣花绷确保刺绣过程中的稳定性和精确性。在配色方面，遵循传统的"三色系"或"五色系"原则，精心挑选绣线，以实现色彩的和谐与对比，增强视觉冲击力。刺绣的过程则是将设计图案转化为实体艺术的关键步骤，要求匠人精通多种针法，确保线条流畅、图案精确。最终经过精心的后期处理，如线头修剪和形态整理，使绣品达到完美的呈现效果。在色彩与构图上，大冶刺绣深受楚汉文化影响，形成了鲜明的个性。深色底布与多彩绣线形成的强烈对比，不仅强化了视觉效果，也映射出深厚的文化根基。构图注重对称与均衡，既展示出秩序美，又不乏灵动变化，彰显了匠人们在工艺操作中既严谨又富有创意的精神。

2 数字化赋能对大冶刺绣品牌化的影响

在数字化浪潮中，大冶刺绣迎来了重要的转型期，这一变革不仅优化了工艺的创作和展示，也重新定义了品牌与市场之间的互动。通过采用创新的市场策略和提供定制的个性化服务，大冶刺绣不仅在市场上提升了品牌知名度和竞争力，还利用互动性强的数字化平台，为传统文化的传承和创新注入了新的活力。

数字化设计工具的应用让刺绣图案的创作变得更加高效，而在线展示平台则为这些传统工艺提供了一个生动的展示窗口，成功吸引了全球消费者的目光。通过电子商务平台，大冶刺绣以较低的成本拓展了市场边界，实现了产品的全球化流通，显著提升了品牌的市场竞争力。数字营销策略的巧妙运用，为大冶刺绣的品牌化开辟了新的路径。搜索引擎优化、社交媒体营销和内容营销等手段，有效传播了大冶刺绣的品牌故事和文化价值。这些策略不仅提高了品牌的认知度，还通过精准营销直接触及目标消费者。社交媒体上的互动营销活动，例如，在线刺绣教学和用户参与设计，不仅提高了消费者的参与度，也加深了他们对大冶刺绣品牌的情感认同。数字化赋能还体现在根据消费者需求提供个性化定制服务上。在线平台收集的消费者偏好数据使大冶刺绣能够提供定制化的产品和服务，满足市场对个性化和差异化的需求。这种服务模式不仅优化了消费者体验，也强化了品牌的个性化特征，从而提升了品牌价值。数据分析的应用，让品牌能够紧跟市场趋势，指导产品创新和设计，维持品牌的活力和竞争力。数字化平台的建设为大冶刺绣的文化传承与创新提供了新的机遇。在线展览和虚拟体验馆让消费者跨越时空限制，深入体验和学习大冶刺绣的文化和技艺。数字化平台也为刺绣艺术家和工匠提供了展示和交流的空间，促进了技艺的传承与发展。结合现代设计理念，大冶刺绣通过数字化手段推出创新产品，使传统文化在现代社会中焕发出新的生命力，展现出永久魅力和时代风采。因此，数字化不仅为大冶刺绣带来了品牌重塑和市场扩展的新机遇，也为其文化价值的传播和工艺的创新发展开辟了广阔的空间。

3 大冶刺绣品牌化的现状分析

3.1 大冶刺绣市场认知

大冶刺绣在国内外市场显示出其独特的魅力。国内市场上，大冶刺绣依托于深厚的地方文化底蕴，特别是在湖北省及其周边区域，已拥有一定的知名度和消费基础。它的手工制品在高端礼品与艺术品市场占有一席之地，然而，与苏绣、湘绣等更广为人知的刺绣品种相比，大冶刺绣在全国乃至全球的认知度仍有待提升。这主要是由于其生产规模受限于手工制作的特性，难以大规模商业化，进而影响了市场份额的扩展。在国际舞台上，大冶刺绣作为中国传统文化的代表，虽然在海外华人社群及国际文化交流活动中逐渐积累了一定的认可度，但整体上仍属于小众市场。国际消费者对大冶刺绣的认知大多局限于对中国文化感兴趣的少数群体。此外，高昂的手工成本和较大的文化差异成为进入更广泛国际市场的障碍，使其在与全球各地特色手工艺品的竞争中面临较大压力。因此，大冶刺绣在提升自身品牌影响力、拓宽市场渠道以及增强国际竞争力方面尚有较大的发展空间。

3.2 大冶刺绣品牌建设存在的问题

3.2.1 文化认同危机

在大冶刺绣品牌化道路上，文化认同的危机正逐渐浮现，成为其发展的一大障碍。商业化的加速推进使这一传统工艺面临着前所未有的挑战。为了追求更广泛的市场接受度，部分传统刺绣技艺开始向简化或现代化的设计倾斜，这种调整虽旨在拓宽受众基础，却可能在不经意间削弱了其原有的文化纯粹性和深厚底蕴。商业驱动的变革在带来创新的同时也存在着牺牲传统文化深层次价值的风险。当传统手工艺被迫适应快速变化的市场需求时，它们的独特性和复杂性可能会被边缘化，甚至在某些情况下被曲解。这种转变不仅损害了大冶刺绣作为非物质文化遗产的内在价值，也影响了消费者对其文化意义的理解和认同。消费者对大冶刺绣的文化认同是品牌成功的关键。如果传统文化的精髓在商业化过程中被淡化，那么消费者可能难以看到其背后的历史和艺术价值，从而减弱了他们与品牌之间的情感联系。因此，如何在保持商业竞争力的同时，维护和弘扬大冶刺绣的文化精髓，成为品牌化过程中需要仔细权衡的问题。为了解决这一困境，大冶刺绣需要采取策略，以确保其在品牌化的过程中能够有效地传达文化故事和价值。

3.2.2 推广模式矛盾

数字营销的快节奏推广模式与大冶刺绣所承载的深厚文化传承之间的确存在显著的矛盾。在数字化推广中，常见的做法是通过吸引眼球的视觉元素和即时的信息传递来抓住消费者的注意力，这种方式在短期内可能有效，但对于大冶刺绣这样工艺复杂、内涵丰富的非物质文化遗产来说，却显得力不从心。大冶刺绣的每针每线都蕴含着历史故事和工匠精神，这些深层次的文化价值和艺术美感需要时间和深入的交流才能被充分理解和欣赏。然而，在追求快速传播和即时反馈的数字营销环境中，消费者往往只能接触到品牌的表面，缺乏机会去探索和体验大冶刺绣背后的文化和精湛工艺。这种浅尝辄止的推广方式不仅限制了消费者对大冶刺绣文化价值的全面认识，也可能影响到品牌忠诚度的建立。消费者可能因缺乏深刻的文化体验而难以与品牌建立起情感上的联系，这对品牌的长期发展和文化传承构成了挑战。

3.2.3　文化形象塑造障碍

数字媒体环境下，信息传播的速度和广度虽然为品牌快速建立知名度提供了可能，但同时也带来了内容深度和文化表达上的局限。大冶刺绣作为一种深植于中国传统文化底蕴中的手工艺，其所蕴含的丰富历史、精湛技艺和独特审美，需要更深层次的理解和感受。社交媒体和网络平台倾向于快速、简洁的传播方式，这可能导致大冶刺绣在传递其深厚的文化内涵时遭遇障碍。品牌故事、工艺流程、艺术价值，以及与当地文化和历史的联系，这些都是需要细致阐述和耐心解读的元素。然而，在追求快速消费和即时反馈的网络文化中，这些深度内容往往难以得到充分展示，从而影响消费者对品牌深度和独特性的认知。

3.2.4　品牌深度构建挑战

确立一个内涵丰富的品牌形象是一个长期而复杂的过程，它要求品牌在维护传统文化精髓的同时，不断与消费者建立深厚的情感联系。然而，数字媒体环境中普遍存在的即时效果追求和快速反馈文化往往与这种长期建设的理念相悖。数字时代的信息过载现象使品牌的深度价值传递变得更加困难。消费者的注意力被层出不穷的新鲜事物所吸引，这导致大冶刺绣在保持其文化价值传递的过程中，需要更加努力地突出自己独特的品牌声音。此外，市场需求和消费者偏好的快速变化也要求大冶刺绣在坚守传统的同时，展现出足够的灵活性和创新能力。

4　数字营销策略与大冶刺绣品牌塑造

4.1　故事化营销深化文化认同

数字营销的实施成为强化品牌影响力的核心环节[16][17]。大冶刺绣品牌化策略的首要步骤是采用故事化营销，以此深化消费者对品牌文化认同的深度。这种策略涉及将大冶刺绣丰富的历史和文化价值转化为一系列引人入胜的故事，这些故事通过精心制作的系列短片、互动博客文章和社交媒体帖子呈现。这些内容不仅追溯了大冶刺绣的起源和它在不同历史时期的演变，还展示了它在现代社会中的创新性发展。故事化营销的核心在于创造情感共鸣，通过讲述刺绣艺术家的个人奋斗历程、对工艺的深情厚爱，以及他们将传统技艺与现代设计理念相结合的创新实践，激发消费者内心深处的情感反应。这种情感连接不仅加深了消费者对大冶刺绣品牌的认知，更促进了他们对品牌所承载的文化价值的深刻理解。此外，故事化营销还鼓励通过社交媒体平台分享用户生成的内容，如消费者与大冶刺绣之间的独特互动故事和深刻体验。这种参与式的叙事方式进一步巩固了消费者的品牌忠诚度，并激发了新顾客对品牌故事的关注和传播。

故事化营销策略的实施成功地将大冶刺绣的文化认同转化为具有显著价值的品牌资产，使品牌在竞争激烈的市场中脱颖而出。这一策略不仅保护了大冶刺绣作为非物质文化遗产的独特地位，更在数字时代为其注入了新的活力，吸引了全球消费者的目光和赞誉。

4.2 互动式体验跨越推广矛盾

为了解决数字营销中快节奏与深度体验之间的矛盾，大冶刺绣品牌可以积极开发互动式体验平台，以创新的方式让消费者更加深入地了解和体验其独特的刺绣工艺。具体而言，大冶刺绣可以打造在线虚拟展览，通过先进的虚拟现实技术，将精美的刺绣作品以立体、生动的形式呈现在消费者眼前。这种沉浸式的展览方式能够让消费者仿佛置身于真实的展览场馆，近距离欣赏刺绣工艺的每一个细节，感受其独特的美学魅力。此外，大冶刺绣还可以利用增强现实（AR）技术，为消费者提供更为丰富的互动式体验。通过AR体验，消费者可以在手机上或特定的AR眼镜中看到刺绣作品的三维效果，甚至可以与作品进行互动，如触摸、旋转等，从而更加深入地了解刺绣工艺的制作过程和技艺特点。为了进一步增强品牌与消费者之间的互动和情感联系，大冶刺绣还可以开设在线工作坊和直播教学。通过在线平台，邀请专业的刺绣艺术家进行直播教学，教授消费者刺绣的基本技巧和创作方法。消费者可以在家中跟随艺术家的指导进行刺绣制作，这种亲身参与的方式不仅能够让消费者更加深入地了解刺绣工艺，还能够增强他们对品牌的认同感和归属感。

4.3 多维度传播丰富品牌内涵

在品牌建设的过程中，大冶刺绣需要采取多维度的传播策略，以充分展现其深厚的文化内涵和艺术价值。借助数字媒体这一强大的工具，大冶刺绣可以发布一系列深度文章，通过文字的力量，深入剖析刺绣艺术的独特魅力和其背后的文化故事。同时视频访谈也是一种有效的传播方式，通过面对面的交流，让消费者更加直观地了解刺绣艺术家的创作过程、技艺传承，以及对艺术的独到见解。此外，用户评价和案例研究同样重要。大冶刺绣可以积极收集消费者的真实反馈和成功案例，通过这些第一手资料，展示刺绣作品在实际应用中的效果和消费者的满意度。这不仅能够增强消费者对品牌的信任感，还能够为潜在的消费者提供有利的购买参考。为了进一步提升品牌的认知度和影响力，大冶刺绣还需要与时尚博主、设计师和文化学者等各界人士建立合作关系。这些合作伙伴可以从不同角度解读和传播大冶刺绣的品牌理念，吸引更多不同群体的消费者关注品牌。通过与这些具有影响力的人士合作，大冶刺绣可以拓展传播渠道，提升品牌的知名度和美誉度。

大冶刺绣需要充分利用数字媒体的多样性，在多个维度进行品牌传播，以丰富其内涵。通过深度文章、视频访谈、用户评价和案例研究等多种方式，全面展示大冶刺绣的艺术价值和社会意义。同时，与时尚博主、设计师和文化学者等各界人士的合作，也将为品牌的传播注入新的活力，提升品牌的认知度和影响力。

4.4　持续推进品牌教育与市场同步创新

在品牌建设与市场拓展的征途中，大冶刺绣不仅要致力于传统艺术的传承，更应持续进行品牌教育，以加深消费者对刺绣艺术深厚底蕴的理解与欣赏。通过开设在线课程，消费者可以随时随地学习刺绣的技艺和历史，感受这一古老艺术形式所蕴含的魅力。此外，定期举办文化讲座，邀请专家学者进行深入解读，也是提高品牌文化内涵、扩大影响力的重要手段。与此同时，品牌的发展离不开与市场的同步创新。大冶刺绣应紧跟消费者需求和市场趋势，不断探索和尝试新的设计理念和制作技术，以推出符合现代审美的新产品。这包括在刺绣图案、色彩搭配、材料选择等方面的创新，以及将传统刺绣与现代时尚元素相结合的尝试。通过定期市场调研和消费者反馈，大冶刺绣可以及时了解市场动态和消费者需求，从而不断优化产品和服务，确保品牌始终走在市场前沿。

在品牌教育与市场创新的双重驱动下，大冶刺绣将能够在传统与现代之间找到平衡，实现可持续发展。这不仅是对传统艺术的尊重与传承，更是对现代市场的敏锐洞察与精准把握。通过持续不断地努力和创新，大冶刺绣必将在激烈的市场竞争中脱颖而出，成为具有独特魅力和影响力的品牌。

5　结语

大冶刺绣的品牌化路径不仅是对古老技艺的现代化探索，更是对文化自信和地方特色的彰显。本文系统地探讨了大冶刺绣在数字营销背景下的品牌化发展路径，揭示了其在现代社会中传承与创新的多维度挑战和机遇。这些策略的实施不仅能够加强大冶刺绣的品牌识别度和市场竞争力，更能够促进其在数字时代的可持续发展。通过故事化营销，大冶刺绣能够与消费者建立情感上的联系，提升品牌价值和影响力。互动式体验的引入让消费者有机会深入了解和体验刺绣工艺，增强品牌的吸引力和参与度。多维度传播的策略，全面展现了大冶刺绣的文化内涵和艺术价值，提升了人们对品牌的认知度和品牌的美誉度。而持续的品牌教育和市场创新，则确保了大冶刺绣能够紧跟市场趋势，不断推出符合现代审美的新产品。通过数字化转型、市场细分、人才培育和品牌保护等多维策略，大冶刺绣有望在国际舞台上展现独特的艺术魅力和文化价值，成为连接传统与现代的桥梁，促进中华优秀传统文化的传承与弘扬。

参考文献

[1] 何佳，朱文青．南京民间手工艺的品牌创新战略研究——以"金陵神剪张"为例[J]．南京艺术学院学报（美术与设计），2017（1）：154-157．

[2] 刘佳骏，唐昌乔，翟楠楠，等．乡村振兴视域下桃源木雕品牌化推广策略研究[J/OL]．包装工程，2024，45（12）：273-287[2024-06-25]．http：//kns．cnki．net/kcms/detail/50．1094．TB．20240112．1432．002．html．

[3] 陆蒋苏，姚康康，刘方．紫砂绞泥的活态传承及品牌创新设计策略[J]．包装工程，2023，44（4）：240-247，254．

[4] 吴倩．数字时代背景下酉州苗绣品牌视觉形象设计研究[D]．重庆：重庆大学，2022．

[5] 林加．传播与传承：非物质文化遗产短视频的创新发展路径[J]．中国编辑，2023，（5）：98-103．

[6] 金志超．纪录片《大冶刺绣》[D]．昆明：云南大学，2019．

[7] 吴珊珊．非物质文化遗产视觉识别系统设计[D]．黄石：湖北师范大学，2019．

[8] 曹晓敏．大冶刺绣在现代女装设计中的应用研究[D]．武汉：武汉纺织大学，2021．

[9] 徐卓颖．"互联网+"背景下鄂东南装饰纹样的探析与再设计[D]．黄石：湖北师范大学，2022．

[10] 曾婉雲．传统工艺视域下荆楚民间绣活的当代价值研究[D]．武汉：武汉纺织大学，2022．

[11] 林继富，王祺．非物质文化遗产保护领域的"两创"实践研究[J]．中国非物质文化遗产，2023（2）：14-30．

[12] 郭晓心，罗文辉．大冶市农民田间学校建设现状与发展对策[J]．湖北植保，2023（3）：7-10，19．

[13] 刘玉堂．荆楚刺绣的传承创新[J]．档案记忆，2024（7）：19-22．

[14] 朱林飞，柯小杰．一个痴迷刺绣的绣花女——刘小红的刺绣人生[J]．文化月刊，2014（36）：42-47．

[15] 陈成．大冶刺绣融入幼儿园美术教育活动的行动研究[D]．黄石：湖北师范大学，2024．

[16] 李萍，彭鸿俊，吴祐昕．情感体验视角下的"Z世代"国货品牌设计研究[J/OL]．包装工程，2024，45（16）：220-227，254[2024-06-25]．http：//kns．cnki．net/kcms/detail/50．1094．TB．20240520．2137．016．html．

[17] 杨存栋．数字化营销对居民旅游消费意愿的影响——基于网络口碑和感知价值的链式中介作用[J]．商业经济研究，2024（7）：67-70．

地缘文化学视角下楚绣地域身份建构与
现代转译研究

袁宇

（武汉纺织大学艺术与设计学院）

摘要：楚绣作为荆州地区重要的非物质文化遗产，不仅是楚文化的艺术瑰宝，更是传承和展示楚人历史记忆与文化身份的重要载体。地缘文化学作为一门探讨地理环境与文化现象相互作用的跨学科，近年来在民俗学、艺术学等人文社科领域取得众多创新成果。在地缘文化学视角下，探索荆州地区民间非遗项目"楚绣"的深层符号意义和视觉表达，实现其地域身份建构具有重要意义。本文采用文献综述、田野调查等研究方法，进一步探讨楚绣在现代设计领域的应用，分析如何通过数据标准体系建立、跨界合作等策略实现传统与现代的有机融合，旨在为楚绣创新发展提供新的视角与方法论，进而为地域文化的传承注入新的活力。

关键词：地缘文化学；楚绣；身份建构；现代转译

楚绣作为湖北省非物质文化遗产之一，在中华文明悠久的历史长河中，以其独特的艺术魅力和深厚的文化底蕴，成为荆州地区乃至整个楚文化中不可或缺的一部分。楚绣又称荆州民间刺绣，其历史悠久，文化底蕴深厚，可以追溯到两千多年前的先秦时期。《礼记·内则》记载："女子不为酒浆，不以丝绣。"[1]这一记载表明，早在古代楚地，刺绣技艺开始萌芽并逐渐发展。而至春秋楚庄王时，楚绣的使用已非常广泛，通过《史记》中记载"楚庄王之时，有所爱马，衣以文绣，置之华屋之下……"即可窥见楚绣技艺在当时的繁荣[2]。

在历史的发展过程中，楚绣虽历经沉浮，但其技艺和风格在民间仍得以传承和发展。近年来，学术界对楚绣的研究逐渐增多，涵盖了其历史渊源、技艺特征、文化内涵等多个方面。刘咏清等人[3]对楚绣针法及纹样题材进行了较为详细地分析；卢正洁[4]、付吟轩[5]等人通过实地调研，深入探讨了楚绣的针法和图案特征，揭示了楚绣的工艺水平和艺术风格；李素媛[6]探究了楚绣在现代社会中的应用，分析其在服饰、家居和文创产品中的创新与融合。然而，现有研究多聚焦于楚绣的艺术特性和技艺层面，对于楚绣在地域身份建构和文化认同方面的深层作用，尤其是从地缘文化学视角的系统性研究尚显不足。基于此，本文旨在从地缘文化学的视角，探索楚绣在荆州地区的深层符号意义和视觉表达，剖析其在地域身份建构中的作用与现代转译路径。

1　荆州地方文化与楚绣

楚绣的产生与发展离不开民间艺人对生活的观察与艺术表达，因此楚绣深深根植于荆州的地域文化之中。楚绣的起源可追溯至春秋战国时期，荆州作为楚国都城，其丰富的历史文化底蕴深刻塑造了荆州人民的信仰观念，同时也成就了承载着楚国的历史记忆与文化精髓的民间刺绣。楚绣中常见的凤凰、龙等图案，不仅是装饰元素，更是楚国王室和贵族崇拜的象征，而民间艺匠以其精湛的技艺，将这些图案转化为刺绣艺术，创作出如"龙凤呈祥""麒麟送子"等富含祈福与辟邪功能的纹样[7]，不仅具有高度的审美价值，也蕴含深厚的文化意义。此外，荆州在春秋战国时期是政治、经济、文化的枢纽，吸引了众多工匠、艺术家和学者[8]。这些人才的汇聚促进了文化的交流与融合，推动了楚绣在技艺和艺术风格上的不断创新与发展。楚国对艺术和文化的推崇，对刺绣技艺的重视与支持，使楚绣在这一时期达到了艺术的高峰。

楚绣的图案与工艺，不仅承载着楚国的历史记忆与文化精髓，更在其精细的针法与斑斓的色彩中，映射出楚人对自然的尊崇，以及对宇宙秩序的深邃洞察[9]。荆州地处长江中游要冲，河流交错、水系密布，自然景观秀丽，为楚文化的成长孕育了丰饶的土壤。在荆州地区采集和农耕文明下，民间手工艺人将生活中的动植物纹样进行提取，加之将艺术创造运用到楚绣图案纹样中。这些植物纹样的设计，不仅展现了荆州地区植物资源的丰饶与独特，更体现了楚人对自然界的细致观察和深刻理解，是对楚文化中"和谐""平衡""生命力"的重视。莲花的纯洁与高雅，茱萸的坚韧与药用价值，均在楚绣中得到了艺术化的表现，成为楚文化精神的载体。通过楚绣中自然纹样的提取，我们得以窥见荆州民间艺人对生命、自然和宇宙的深刻感悟，以及他们对荆州地域文化中的美好生活的追求与向往，以及对未来繁荣与兴旺的祈愿。

荆州人民在长期的生活实践中形成了丰富多彩的民俗传统，楚绣作为日常生活的重要部分，深刻反映了地域民俗习惯。无论是婚俗中的凤冠霞帔，还是节庆中的绣花鞋和绣花枕头，楚绣都在荆州人民的生活中扮演着重要角色。这些绣品不仅装点了人们的生活，更传递了深厚的文化底蕴，体现了荆州人民对传统文化的坚守和对生活中吉祥、幸福的美好期许。在楚绣的传承与发展过程中，这些民俗传统和生活实践不断丰富着其内涵，使楚绣在时代变迁中依然保持着旺盛的生命力。

在全球化背景下，传统非遗面临着同质化、市场化冲击以及现代生活方式侵蚀等多重挑战与机遇并存的局面。楚绣作为荆州文化的标志性象征，如何实现其地域身份的建构与现代转译变得尤为关键。因此，必须采取切实有效的措施，保护和传承楚绣的传统技艺，确保其在现代社会中继续发挥独特作用。本文旨在荆州地域文化下，通过科技赋能、文化创意驱动、数字影像等举措，对楚绣地域身份建构与现代转译进行深入探讨，加强民众文化认同感，促进地域文化的传承与发展，为地域性非遗创新发展提供新的视角与方法论。

2　楚绣的地域身份建构

楚绣不仅是一种物质文化的表现，更是荆州地区文化身份和认同感的重要标志。地域文化学强调地理环境与文化实践的密切联系，楚绣正是在荆州这片肥沃的文化土壤中孕育而生的，成为该地区独有的文化象征[10]。楚绣的图案、色彩和工艺，无不体现了荆州地区丰富的自然资源和深厚的文化底蕴。楚绣中的凤凰、龙、花卉等图案，不仅是对荆州地理环境的再现，更是对楚文化精神的传承，这些图案在楚绣中的运用，不仅展现了荆州人民对美好生活的向往，也反映了他们对地域文化的认同和自豪。楚绣作为一种文化符号，不仅在荆州地区内部增强了文化认同，也在更广泛的文化交流中传播了荆州的文化形象，促进了地域文化的传承和发展。

楚绣作为荆州文化的象征，不仅承载着荆州地区的历史与美学，更在地域身份的构建中扮演着至关重要的角色。它通过独特的文化符号和传统工艺，展现了荆州地区深厚的文化层次和地域特色，从而在文化多样性中彰显了荆州的文化自信和地域精神。楚绣的地域身份象征体现在其对荆州地区文化特色的传达和强调。楚绣的每一幅作品都是对荆州文化特色的一次深度展现。楚绣中的图案、色彩和针法，不仅反映了荆州的自然景观和历史故事，更传递了荆州人民的情感和价值观。

2.1　楚绣的文化符号解码

楚绣的传承不仅仅体现在技艺的流传，更体现在文化符号的传递和解读。楚绣作为一种文化载体，其图案中的每一个符号都承载着楚地的历史记忆和文化精神。通过对楚绣图案的解码，我们可以更深入地理解楚文化的价值观念和审美情趣，进而认识到楚绣在地域文化传承中的重要作用。

在楚国文化中，莲花不仅是一种自然景观，更是文化和宗教的重要象征。楚人对莲花的崇拜深植于他们的精神世界，莲花象征着纯洁、高尚和神圣。《楚辞》中"采薜荔兮水中，搴芙蓉兮木末"便体现了莲花在楚地生活中的重要地位[11]。莲花纹样在楚绣中得到了广泛的运用，其形象多样，既有写实的细腻描绘（图1），也有抽象的艺术变形（图2），不仅作为装饰元素，更是文化象征的重要载体，莲花与凤凰图案交织在一起，象征着纯洁和生活的美满。

图1　楚绣凤凰莲花纹1（局部）

图2　楚绣凤凰莲花纹2（局部）

　　龙和凤纹样作为我国重要的纹样，寓意着高贵和祥瑞，自古以来就被人们视作精神图腾，《淮南子·原道训》中"九嶷之南，陆事寡而水事众，于是民人被发文身，以象鳞虫。"[12]即对这一现象进行了描述。楚国的龙纹样与我们常见的龙纹有显著区别，不仅展示了龙的神秘和威严，还融入了楚地的文化元素，使其更加生动具象。同样，凤凰的形态多变，动态十足，通常通过流动的线条和鲜明的色彩展现其生动的姿态。楚绣中的龙凤形态常常一起出现，楚绣《龙凤虎纹绣》中（图3），龙与凤交相辉映，体现了对美好生活的期许和对天地和谐的向往。

图3　湖北江陵马山砖厂1号出土的战国（楚国）墓《龙凤虎纹绣》

　　几何纹样在楚绣中同样占有重要地位，这些纹样不仅作为装饰元素增添了刺绣作品的美感，还蕴含着楚人对自然现象的深刻观察和理解。水波纹在楚绣中常用于表现水的流动性和适应性，象征着生命的源泉和无穷的变化。楚绣通过细腻的针法和层次分明的色彩，将水波的曲线和纹理表现得惟妙惟肖，展现了水的柔美和灵动。云雷纹以其流畅的线条和充满节奏感的构图，象征着天地之间的能量流动和生命力的激发，将自然界的壮丽景象融入刺绣作品中，在楚绣作品中，水波纹、云雷纹常与鱼、莲花等元素相结合，寓意吉祥如意和生命繁荣。

2.2　楚绣与民俗生活的交织

楚绣作为荆州地区非物质文化遗产的重要组成部分，不仅是一种艺术形式的展现，更是荆州人民生活方式的深刻体现。楚绣与民俗生活的紧密结合在婚礼习俗中表现得尤为显著，其精美的刺绣装饰不仅装点着婚礼，更承载着深厚的文化意义和美好祝愿[13]。在传统中式婚礼的庄重仪式中，楚绣的应用达到了其艺术表现的高峰。新娘的嫁衣作为婚礼中的瞩目之作，绣制以凤凰、牡丹等富含吉祥寓意的图案，这些图案不仅象征着对婚姻美满与幸福的祈愿，也映射了楚文化对和谐与繁荣的崇尚。凤凰作为楚绣中的核心象征，以其祥和与尊贵的内涵，借助细腻的线条和鲜明的色彩，展现出楚人对美的独特探求和对幸福生活的渴望。在楚绣艺术中，凤凰常与莲花、牡丹等元素相融合，这不仅丰富了嫁衣的视觉效果，更通过视觉的强烈表现力，传递了深邃的文化内涵。

楚绣在婚礼中的文化表达不仅限于嫁衣，其艺术形式亦广泛见于婚礼的礼品与装饰之中（图4）。绣花鞋作为新娘婚礼当天的重要配饰，其鞋面常绣有喜鹊登梅、福禄寿喜等吉祥图案，这些图案不仅具有审美价值，更蕴含了长辈对新人的深情祝福和殷切期望。通过这些刺绣图案，楚绣不仅是一件装饰艺术品，更成为传递文化价值和家族期望的媒介。

楚绣还广泛用于婚礼的其他用品上。新婚之夜的新床上铺设的被褥、枕套上，也常绣有象征吉祥的图案，如莲花、鸳鸯、蝶恋花等，寓意新婚夫妻和睦、生活美满[14]。这些图案的选取和设计，反映了荆州人民对自然和谐与家庭幸福的追求，同时也体现了楚绣在民俗生活中的独特作用和深刻影响。楚绣的图案设计，不仅具有装饰性，更是对新人婚后生活的美好祝愿，体现了楚绣在民俗生活中的重要地位。荆州人民将自己的情感和信仰寄托于刺绣作品中，形成了独具特色的楚绣文化。这种文化不仅在荆州地区内部增强了文化认同，也在更广泛的文化交流中传播了荆州的文化形象，促进了地域文化的传承和发展。楚绣在婚礼习俗中的广泛应用，不仅展示了荆州人民的艺术才华和审美情趣，还反映了他们对美好生活的追求和对传统文化的深刻认同。楚绣作为一种文化符号，通过精美的刺绣作品，将传统文化与现代生活紧密结合，不仅满足了人们对美好生活的追求，也成为荆州文化传播和发展的重要载体。

楚绣在婚礼中，不仅装饰了婚礼场面，也增强了婚礼的仪式感和神圣性。通过这些绣品，荆州人民将自己的情感和信仰寄托于刺绣作品中，形成了独具特色的楚绣文化。这种文化不仅在荆州地区内部增强了文化认同，也在更广泛的文化交流中传播了荆州的文化形象，

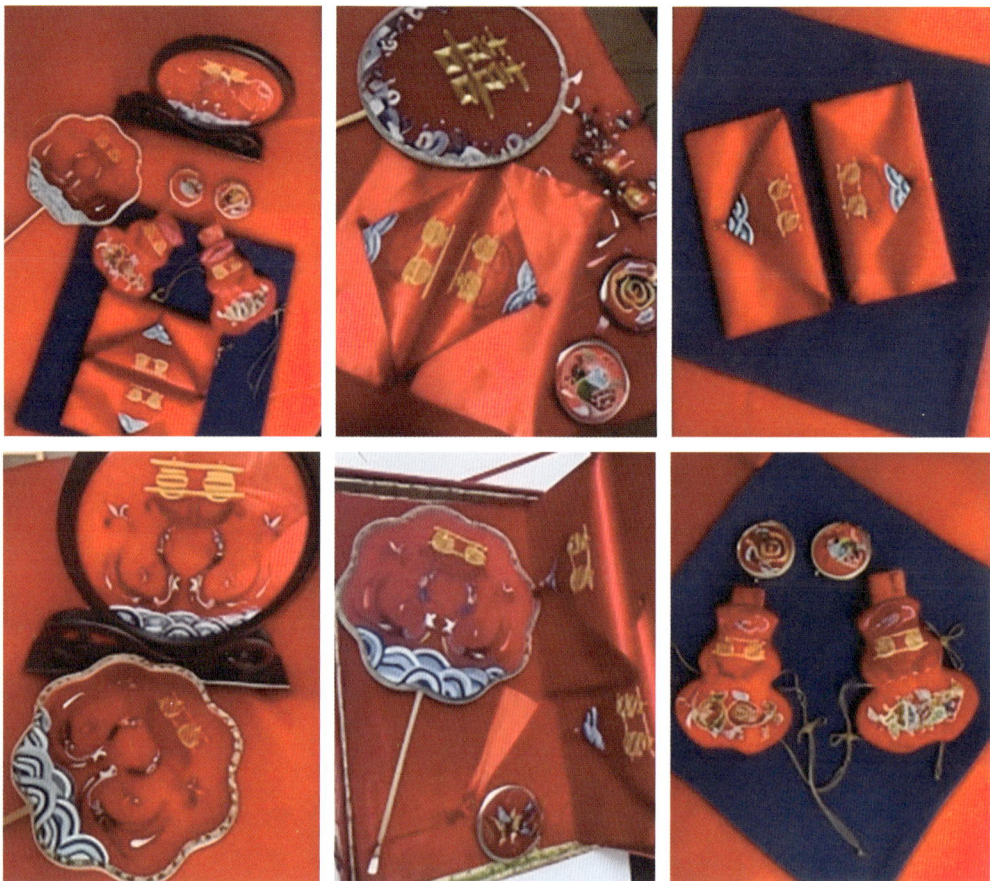

图 4　荆州婚俗中的楚绣纹样

促进了地域文化的传承和发展。楚绣在民间婚礼习俗中的广泛应用，不仅展示了荆州人民的
艺术才华和审美情趣，还反映了他们对美好生活的追求和对传统文化的深刻认同。通过对楚
绣在婚礼习俗中的详细探讨，我们可以更好地理解楚绣在荆州文化中的重要地位，以及它在
现代社会中继续发挥的重要作用。

3　楚绣的现代转译与创新实践

　　楚绣作为一种文化象征，也在现代社会中持续发展和演变。随着文化交流的加深，楚绣
的传统工艺与现代社会融合，为其注入了新的生命力。楚绣的创新不仅体现在对传统图案的
现代诠释，也表现在对传统工艺的现代应用。这种创新不仅有助于楚绣工艺的传承，也促进
了荆州文化的现代转译。楚绣的地域身份象征是荆州文化身份的一种体现，它通过楚绣传统
与现代的对话，展现了荆州文化的连续性和多样性。楚绣作为一种文化符号，不仅连接了荆

州的过去与未来，也成了荆州文化在全球化背景下的一种独特表达。通过楚绣，荆州的文化身份得以在更广泛的文化交流中被认识和理解，从而加强了荆州文化的全球影响力。

3.1 文化创意驱动楚绣向现代化转型

在现代化的进程中，文化创意产品与非物质文化遗产的结合已成为一种有效的传承与发展策略。楚绣作为荆州地区独特的文化象征，在当下社会发展中可以通过文化创意的驱动实现其传统技艺的现代化转型。楚绣的传统工艺流程蕴含深厚的艺术性和文化内涵，面对如何将这些文化元素整合入现代设计并实现标准化生产的问题，建立楚绣文创产品的标准化生产体系显得尤为关键。建立楚绣文创产品的标准化生产体系，通过系统化的图案设计、颜色搭配和工艺流程，确保产品的统一性和高质量。借鉴故宫文创的成功案例，开发具有互动体验的"楚绣盲盒"，让消费者在探索和体验的过程中，感受楚绣的独特魅力。体验型设计不仅能够提升消费者的参与感，还能加深他们对楚绣文化的认知和喜爱，设计师可以将楚绣技艺与现代生活用品相结合，如装饰品、服装、家居用品等，通过这些日常物品的文化赋能，让楚绣融入现代生活。

在楚绣文创产品的设计中，需要平衡传统工艺的原初性与现代设计的创新性，确保两者和谐共生。文创产品不仅要体现楚绣的文化价值，还要符合现代人的审美需求和消费习惯。设计师在进行创作时，应深入了解楚绣的历史背景和文化内涵，避免一味地商业化和同质化，保持楚绣的独特性和艺术性。文化创意产品的设计应以尊重和传承非物质文化遗产为前提，通过创新设计实现其现代化应用。例如，可以在楚绣图案的基础上，融入现代元素和时尚理念，设计出具有时代感的产品，如时尚配饰、智能手机壳等。同时，设计师可以与楚绣传承人合作，确保每一件文创产品都能准确传达楚绣的文化内涵和艺术价值。这种合作不仅能保证产品的文化准确性，还能为传承人提供新的创作平台和收入来源。此外，文创驱动楚绣现代化转型还应考虑其市场潜力和可持续性。通过合理的市场分析和用户调研，确定目标消费群体和产品定位，进而开发出具有竞争力的楚绣文创产品。针对年轻消费者，可以设计一些时尚潮流的服饰、时尚配饰等，或是通过举办展览、发布会等，增加楚绣产品的曝光度和影响力，提升其市场知名度和品牌价值，为楚绣的传承和发展注入新的活力。

文化创意在楚绣现代化转型中扮演着至关重要的角色。通过标准化生产、体验型设计、传统与现代的和谐共生，以及市场化运作，楚绣不仅能够保持其文化的独特性和艺术性，还能在现代社会中焕发新的生命力。

3.2 人工智能技术推动楚绣视觉叙事

在当今科技迅速发展的时代，人工智能技术为传统文化的数字化保护与展示提供了新的可能。结构化工件检索与组织（Structured Artifacts Retrieval and Organization，SARO）是用于从非结构化数据中提取和组织信息的技术。这种技术通常应用于数据挖掘、信息检索和知识管理等领域，通过对文本、图像等数据进行结构化处理，提取出有价值的信息，并将其组织成有用的形式[15]。数字影像技术作为现代信息技术的分支，已全面渗透至文化传承与保护的诸多层面[16]。楚绣在现代化转译途中，可以与SARO技术融合，优化其传统工艺的现代传递路径，更可以赋予这门古老艺术新的活力与表现维度。SARO的创新应用可以跨越时空界限，更好地实现楚绣的视觉叙事，增强其在现代社会中的传播效果，将楚绣以更加生动、多元的形态呈现于世人面前，从而在全球化的文化语境中展现出其独特的艺术魅力和文化价值。

在楚绣的传承与创新实践中，SARO技术的应用为视觉叙事提供了一种新颖的数字化途径。利用SARO技术，楚绣的历史脉络、精湛技艺和深厚的文化背景得以数字化呈现，从而在展览中为观众提供了一种沉浸式的互动体验。在楚绣的数字展览中，互动屏幕的设置允许观众通过触摸操作，探索楚绣图案的深层含义、工艺流程及文化价值。这种互动性不仅增强了展览的教育功能，也提升了观众的参与度和学习兴趣。同时，结合虚拟现实（VR）和增强现实（AR）技术，观众得以在三维虚拟环境中近距离观察楚绣的精细工艺，体验其制作过程的每一个细节。通过模拟真实的刺绣制作场景，观众甚至能够通过虚拟工作坊亲自动手，体验从设计图案到刺绣成品的完整过程。这种沉浸式体验不仅丰富了观众的感官体验，也加深了他们对楚绣技艺复杂性的认识和对楚绣文化精神的理解。

SARO技术在楚绣领域中的应用，为动态内容的生成与传播提供了先进的技术支持。在楚绣的研究与展示过程中，经常需要对大量的图文资料进行整合与展示。通过人工智能技术，可以自动提取并整合相关图文资料，生成动态展示内容。SARO技术的应用，使生成动态的历史年表成为可能，从而直观地展示楚绣在不同历史时期的发展历程与演变。此外，SARO技术还可以与人工智能生成技术相结合，将传统楚绣图案与现代设计元素融合，创作出具有创新性的楚绣作品。这种动态内容的生成与传播不仅丰富了楚绣的展示形式，还为其在现代设计领域的应用提供了更广阔的空间。

在楚绣的现代化转译过程中，人工智能技术的应用还体现在数字化修复与重建方面。许多珍贵的楚绣作品因年代久远而遭受不同程度的损坏。利用SARO技术，可以对这些受损作品进行数字化修复和重建。通过图像处理技术和智能算法，可以恢复作品的原始风貌。智能修复技术的应用，不仅能够填补破损的楚绣图案，恢复其原有的艺术效果，还能够延长作品的寿命，为研究和展示提供更为完整的资料。

4 结语

楚绣作为荆州地区重要的非物质文化遗产，其地域身份的建构与现代转译在地缘文化学视角下具有深远意义。本文通过探索楚绣的深层符号意义和视觉表达，揭示了其在地域文化传承中的重要作用。楚绣不仅展示了荆州人民的艺术才华和审美情趣，还通过与现代科技和文化创意的结合，焕发出新的生命力。

在当今全球化和数字化的背景下，楚绣面临着新的机遇与挑战。科技的进步为楚绣的保护与传播提供了强有力的支持，特别是通过人工智能和数字影像技术，使楚绣能够以更加生动、多元的形态呈现于世人面前。SARO技术的应用，不仅优化了楚绣的传承路径，还赋予了其新的表现维度，使其在现代社会中继续发挥独特的艺术魅力和文化价值。此外，文化创意的驱动在楚绣的现代化转型中扮演着关键角色。通过标准化生产、体验型设计和市场化运作，楚绣不仅能够保持其文化的独特性和艺术性，还能在现代社会焕发新的生命力。设计师和文化创意工作者通过将传统楚绣元素融入现代设计，创造出符合当代审美和市场需求的文创产品，进一步促进了楚绣的传播与发展。

在文化遗产的保护与传承中平衡创新与传统、保护与发展是一个复杂而重要的课题。通过科技与文化创意的结合，楚绣不仅实现了其地域身份的建构，也在全球化的文化语境中展现出独特的艺术魅力和文化价值。未来，随着技术的不断进步和文化交流的深入，楚绣将继续在传承与创新中找到新的发展路径，成为中华文化宝库中的璀璨明珠。

参考文献

[1] 郑玄注，孔颖达疏. 礼记正义·内则[M]. 载于《十三经注疏》. 北京：中华书局，1980：1468.

[2] 朴宰雨.《史记》《汉书》比较研究[M]. 北京：人民文学出版社，1994：62.

[3] 刘咏清，谢琪. 论楚绣几何纹所含天地之数[J]. 丝绸，2018，55（11）：89-94.

[4] 卢正洁. 楚绣纹样符号在文化创意设计中的探究与运用[D]. 荆州：长江大学，2022.

[5] 付吟轩，毋必越. 楚绣纹样的构图及形式分析[J]. 收藏与投资，2024，15（4）：188-190.

[6] 李素媛. 荆州民间刺绣在中式婚礼服中的应用研究[D]. 武汉：武汉纺织大学，2023.

[7] 陈姣. 荆楚文化元素融入文创产品设计的路径[J]. 文化产业，2024（14）：127-129.

[8] 陈鲲. 楚国与早期东西方文明交流——以蜻蜓眼玻璃珠为例[J]. 江汉论坛，2024（5）：113-120.

[9] 胡婷. 楚文化视觉艺术形态对区域性服饰设计的启发[D]. 武汉：武汉纺织大学，2013.

[10] 彭鹏. 地域文化学视野下的湖北武术发展探讨[J]. 成都体育学院学报，2009，35（10）：32-35.

[11] 洪兴祖. 楚辞补注·九歌·湘君[M]. 北京：中华书局，1983.

[12] 高一品，丁四新. 帛书《道原》《淮南子·原道》《文子·道原》的道论思想新探——以

"无"和"一"两个概念为中心[J]. 求是学刊, 2023, 50（2）: 39-47.

[13] 宗雯. 符号学视角下汉绣吉祥图案解析[J]. 西部皮革, 2024, 46（7）: 31-33.

[14] 曾婉雲. 传统工艺视域下荆楚民间绣活的当代价值研究[D]. 武汉: 武汉纺织大学, 2022.

[15] Mingquan Zhou, Guohua Geng, Zhongke Wu. Digital Preservation Technology for Cultural Heritage[M]. Berlin, Springer, 2012.

[16] 林晓杰, 程思远. 基于数字影像技术的非遗数据库建设探索[J]. 丝网印刷, 2024（2）: 87-89.

全媒体时代阳新布贴的传播路径与
价值转化策略研究

李欣平

（武汉纺织大学艺术与设计学院）

摘要： 在数字化浪潮席卷全球的时代背景下，全媒体时代的到来对非遗的传播方式产生了革命性的影响。随着信息技术的成熟与发展，传统的传播媒介如报纸、电视、广播的影响力逐渐减弱，而新媒体平台以其强大的互动性和即时性，成为非遗文化传播的新阵地。湖北阳新布贴，作为国家级非物质文化遗产，虽有其独特的艺术形式和深厚的文化底蕴，但如今同样面临着如何在全媒体环境下实现有效传播和传承的挑战。本文主要通过整合媒体技术的多种优势，深挖人、事、物在媒体传播中的潜力，探讨全媒体时代下阳新布贴非遗文化传播的新路径，分析其在现代化传播过程中面临的困境，为阳新布贴乃至其他非遗文化的全媒体传播提供新的思路和方法，提升非遗文化的创新性、艺术性和文化传承价值。

关键词： 全媒体时代；数字化技术；活化；传播效果；非遗

习近平总书记曾强调，要让更多文物和文化遗产活起来，营造传承中华文明的浓厚社会氛围，要积极推进文物保护利用和文化遗产保护传承，挖掘文物和文化遗产的多重价值，传播更多承载中华文化、中国精神的价值符号和文化产品。数字技术已成为新一轮科技革命的主导技术，并赋予生产力新的内涵，新质生产力这一概念就反映了新一轮技术创新引领经济社会变革与发展的趋势。数字化是激活焕活文化遗产的重要路径，能为文化遗产活化创新提供新动能。随着信息技术的高速发展，信息的传播方式和交换模式发生了巨大变化，传统的报纸、电视、广播等媒介影响力不断减弱，新媒体在信息传播上承载着越来越大的分量。全媒体是在"互联网＋"的基础上，将传统媒体和新媒体相结合，涵盖所有媒体形式和传播方式的一种媒体形态。本文旨在探讨在全媒体传播视域下，提出阳新布贴传播的结构、方法与路径的新思路，促进阳新布贴文化的全方位、多领域和高效能传播。

1 全媒体时代非遗传播的机遇

1.1 非遗传播方式的探索

全媒体最初是作为数字媒介技术平台融合的产物而出现的概念，全媒体传播领域首先涉及的就是媒介融合。这种传播学范畴之下的融合是对媒体形态、媒介生产和传播的整合性应用[1]，旨在构建一个创新的媒介生产和传播技术平台，并由此引发了对媒介内容生产、传播、消费等传统形式的深刻颠覆和再造。随着数智时代的到来和数字技术的持续发展，非物质文化遗产（以下简称"非遗"）的传播方式、传播方向、传播手段变得日益多样化，创新传播方式已成为非遗保护和传承工作不可或缺的一部分。

文化数字化是建设文化强国的重要抓手，是文化产业转型升级的内在要求。早在20世纪中后期，国内外专家学者就开始尝试非遗传承与数字化的结合。1992年，联合国教科文组织发起了"世界记忆"项目，通过建立数字档案、举办在线展览、发布数字出版物等方式，开启了非遗的数字化建设工程，促进了非遗在全球范围内的创造性转化与创新性发展；互联网企业也开始同博物馆、图书馆积极开展合作，促进非遗领域的经济发展，加快文化遗产的数字化进程；欧盟倡议建立的欧洲数字图书馆，集合了来自各个国家图书馆、博物馆和档案馆的资料，其中包括大量的非遗资源；我国文化遗产的数字化保护传承经历了"信息化—在线化—智能化"的发展历程，实现了从"入库"到"上线"，进而到"在场"的跃升，构建了持续进化的数字化保护传承实践场域。

1.2 全媒体环境下非遗传播的特征与优势

随着全媒体时代的到来，在整合传统媒体资源的基础上，融合文化与科技，大力发展非遗的数字化传承与保护工作，以拓展信息接收渠道，创新受众体验传统文化的方式和空间，实现信息的全方位覆盖，加深人们对非遗内容的理解，促进非遗文化的传承和延续，实现信息共享，建设优秀的非遗传播体系。

非遗的传播必须适应媒介化社会的实际语境，与全媒体时代的信息传播趋势和当代文化的视觉效果相协调，采用更加多元化和更具整合性的传播策略，增强大众的参与度，提高文化遗产的传播效果。在传播渠道方面，全媒体时代打破了传统单一的传播方式，使非遗通过各种新兴媒体渠道得到更广泛的展示和传播。传统媒体与新媒体的融合，如电视、广播等传统媒体与互联网、社交媒体、短视频平台的结合，使非遗能够通过视频、音频、直播等形式更生动地呈现给公众。在传播方式方面，融媒体技术应用下的非遗传播内容不再局限于文本或静态图片，而是呈现出多元化和动态化的特点。视频平台、直播应用和互动性较强的社交媒体，为非遗内容的展示提供了多样化的表达形式，使传统的技艺、表演和文化习俗能够通过高清影像、实时互动、三维展示等多种方式生动地呈现出来。在传播的无界性和共享性方面，新媒体环境下非遗传播形成了新的传播形态，传播主体不断扩大到民众个人，覆盖面也越发广泛，不断拓宽人们获取非遗信息的渠道。

全媒体概念强调为了满足不同受众的个性化需求，必须综合利用各种媒介形态，通过多样化的传播方式，实现融合型多层次、全方位的信息生产、传播和消费。这种模式打破了时间和空间的限制，实现了信息的即时传播，以现代媒体传播技术对非遗进行全面的全媒体传播。随着传播的智能化和系统化，以及媒体融合趋势的加强，传统非遗面临着信息传播的全媒体转型和当代文化视觉的转变，阳新布贴应适应全媒体时代的变革，在传播渠道、传播方式、传播的无界性和共享性等方面提高传播效果。

2　阳新布贴的传播现状分析

2.1　阳新布贴技艺概述

随着国家对非遗的关注及保护，越来越多的学者将研究方向转入了对传统民间艺术的研究、保护及开发。阳新布贴是湖北省阳新县特色工艺美术的文化载体，是国家级非物质文化遗产，也称作"粘花"和"补花"，它是农村姑娘用制作嫁衣剪裁下来的边角布料，经过剪样、拼贴、缝制、刺绣等工艺，制作成民间实用工艺美术品，广泛应用于多种场景。其艺术性体现在将实用性与文化相融合的过程：图案典雅古朴，题材丰富多样，多采用象征、谐音、寓意等手法；色彩以丰富鲜艳的黑漆点金为主色调，既浓郁又鲜明。阳新布贴集中体现了当地人民的生产生活、情感寄托以及美好愿望，传递出当地人民对自然的崇拜和对自身原始生命力的敬仰。

阳新布贴的图案和题材多以带有吉祥寓意的形象为主，在我国大多数民间美术的创作中，吉祥图案应用广泛，这不仅成为民间美术的共性，也反映出人们对美好生活的祈盼。作为一种独特的刺绣技艺，其特色在于利用制衣过程中的边角料，在黑色或深蓝色的布料底布上精心拼贴出丰富多彩的图案。这一过程不仅体现了对材料的循环利用，以及质朴节俭的理念，也展现了极高的艺术创造力和手工艺技巧。阳新布贴的制作过程包括使用糨糊固定图案，并以针线沿边缘进行锁绣，共遵循八个步骤：剪裁底布、剪花样纸、剪粘色布、组合定位、绕边缝饰、辅助刺绣、附里包边、整体完成，这些步骤共同构成了技艺传承的核心。

在2008年，阳新布贴正式列入国家级非物质文化遗产代表性项目名录，并被纳入国家传统工艺振兴目录，彰显了其在中华传统文化中的重要地位。2019年，阳新县被认定为"中国民间文化艺术之乡"，进一步体现出阳新布贴独具魅力的文化价值。

2.2 阳新布贴现代化传播的困境

2.2.1 传播主体：传承人与高素质人才存在断层，传播合力不足

阳新布贴不仅是一种手工技艺，而且饱含着荆楚文化的地域特征，并承载着当地风土人情和生活习俗，具有重要的精神价值[1]。在近代机器技术大规模推广之前，阳新布贴技艺的传承几乎都是以家族传承和师徒传承为主。随着工业化的发展和社会需求的转变，传统工艺受到巨大冲击，阳新布贴的传承和发展面临前所未有的困境，甚至濒临失传。家族传承是指在有直系血缘关系的人群中间进行传统手工技艺的传授和学习，它是传统自给自足小农经济社会模式的产物，也是民间手工艺最原始、最典型的传承方式。手艺人在幼时便随着家族里的女性长辈开始学习绣活，因此传承关系有家族间母女相传、婆媳相传或是姑嫂相传等。时至今日，鄂东南民间绣活的家族传承依然是一种重要的传承方式。阳新布贴的国家级非遗代表性传承人蔡月娥便是在外婆、母亲的传授下，又将技艺传授给了她的儿媳妇和女儿。鄂东南民间绣活的家族传承历史渊源深厚，这种自古以来就存在的传统传承模式虽然有着先天的优势，但随着时代的发展，家族传承的局限性越发明显，单线传承不利于守正创新的发展和广泛的外延传播。老一辈传承人相继离世，年轻一代又不愿意薪尽火传，学习非遗技艺，传承人以及非遗文化传承濒危[2]。

布贴主要传承方式多为乡村女性手艺者代代相传，认知度与使用范围及传统文化再生远不及四大名绣。在阳新文化馆中，每日馆内学习制作布贴的人数较少，且以中老年为主。专业技术人才也极为匮乏，文化馆内阳新布贴历史文化方面的专业研究人员仅有尹关山老师一人。早在2018年曾对阳新布贴代表性传承人进行统计，各级传承人共145人，其中国家级代表性传承人1人，省级代表性传承人5人，市级代表性传承人19人，县级代表性传承人120人。但截至2024年，国家级代表性传承人1人，省级代表性传承人1人，市级代表性传承人4人，县级代表性传承人29人，传承人数量相比以往大幅减少，且唯一的国家级代表性传承人蔡月娥女士也已有88岁高龄。

传统的手口相传、人际传播等传播模式影响范围较小，无法有效利用新的传播技术，从而也很难保证传播效果，已无法适应快速发展的现代社会。非遗工作者应顺应时代发展潮流，因地制宜地制定恰当的传播策略以加大非遗传播力度，扩大非遗传播范围。全媒体时代的到来，也为非遗传播提供了新的途径与方式。

2.2.2 传播效果：产品宣传与推广不足，产品市场较差

阳新文化馆俨然是一座巨大的IP宝库，其手握着无数优秀布贴手工艺作品及其文化故事，但是目前阳新文化馆尚未对阳新布贴文化IP进行塑造与开发，其衍生文创产品的设计创新极为缺乏，未创造出适应现代化发展需要的产品，虽不断被推向市场，但鲜被新一代消费者了解。在当地政府与高校的联合推动下，传承与保护才有所成效，但适应市场化趋势的产

品仍旧相对匮乏。

目前，阳新布贴的线上渠道仅有抖音和淘宝两个平台，且每个平台仅有一家店铺在销售相关产品（图1）。同时，店铺视频内容制作简单，缺乏专业的运营技巧，消费者关注度较低，部分商品还存在定价不合理的现象。线上店铺未得到足够的重视与利用，未能较好地实现文化内容的传播发展及文化效益向经济效益的转化。

图1　官方抖音、淘宝店铺销售情况

阳新布贴的老一辈传承人缺乏学习信息网络和多媒体数字化技术的意识，限制了文化遗产数字化传承的广度和深度。可见阳新布贴还未形成系统且完善的网络营销体系，宣传和销售渠道都相对狭窄，不利于市场化的发展。

2.2.3　传播对象：受众定位模糊，市场化转型困难

早在2011年6月，阳新布贴就开始迈入市场化进程，注册了"阳新布贴"这一商标，并将其定位为工艺美术鉴赏品，生产壁挂装饰画等布贴产品。2011年9月，阳新布贴的第一家专卖店在武汉开业，但因社会关注度不足和经营管理方式较为单一，仅半年就闭店歇业。2011年，在第七届中国（深圳）国际文化产业博览交易会上，阳新布贴也无一订单。阳新布贴出现"口惠而实不至"的现象，究其根源在于对其发展策略的认识存在偏差，没有从系统的角度审视阳新布贴存在的文化内涵和精神价值，而是过分强调、拔高和宣传其所谓的美学和文化价值。阳新布贴的产品分类较为笼统，无法根据特定年龄、性别、职业等不同群体产生针对性产品，消费者无法将产品与使用场景和日常需求联系起来，无法从产品中得到满足感和获得感。自2011年至今，阳新布贴再无单独售卖的门店，消费者只能通过线上途径购买，线下体验店的缺失也更为降低了消费者的购买欲望。

阳新文化馆原馆长李祥斌曾表示："一件纯手工制作的布贴产品要卖千元以上才有赚头，但这个价格很多人都接受不了，我们现在是贴钱在传承这项民间技艺。"不少消费者认为艺术礼品市场的形式相对单一，大多缺乏实用价值，文化性及艺术性不强且没有特色。企业负责人洪汉锐也表示，对于公司今后的发展，他准备对阳新布贴进行创新，将其与生活实用品结合，如服饰、家居产品等，让阳新布贴更好地融入市场。国家传统工艺振兴目录已颁布，曾被数人寄予了厚望，但事实并非如此。阳新布贴的市场化发展仍举步维艰，在传承与创新开发上还未找到合理的途径。非遗可持续传承，要求其必须走进生活，非遗文创产品是基于

非遗衍生的文化创意产品，承载了非遗的文化基因，非遗文创产品是非遗在生活中活起来的有效途径之一[3]。因此在具体传承与发展中，应从实用主义和消费者日常生活角度出发，创造出人们喜闻乐见的文创产品。

2.2.4　传播渠道：传播手段单一，方式方法落后，运营连续性不足

2024年11月，笔者对阳新布贴线上渠道进行了解调查，发现由阳新文化馆主办的公众号"国家级非遗阳新布贴"已成为"僵尸号"，处于无人管理的状态，公众号内提供的跳转链接均已失效，功能已经搁置，未有效利用，并且无任何相关推文内容。作为国家级非物质文化遗产，本身并未对文化传播和产品推广做出任何积极措施，只是通过阳新县的公众号进行简单的报道，且阳新县的公众号对于阳新布贴活动通常只报道活动举办结果，未涉及活动过程和文化内涵等信息，导致观众无法从中接收到的有效信息，未能真正发挥自媒体对阳新布贴的推动作用和对大众的引导作用（图2）。

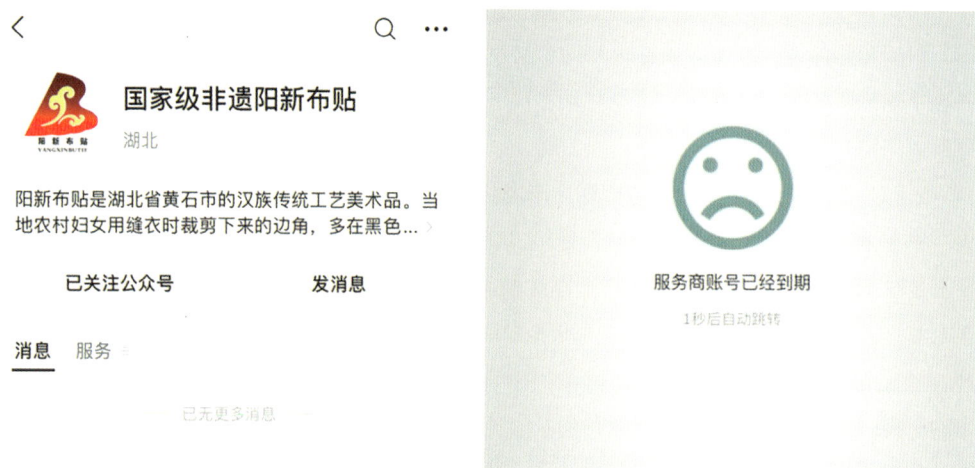

图2　公众号——国家级非遗阳新布贴

阳新布贴自受政府保护以来，相关书籍仅有三本，分别是《阳新布贴服饰数字化图谱》《湖北最美阳新布贴》、尹关山著的《阳新布贴》。但由于出册数量少，购买途径单一，线上资料库的缺乏等，许多研究学者仍只能通过实地调查来研究阳新布贴，以获得较为全面准确的第一手资料。

3　多技术支持、多模态呈现的非遗内容传播路径

维姆·范·赞滕（Wim van Zanten，2004）提出在社会进程中，保护文化多样性应考虑到创造、再创造和传播有形文化遗产的动力。在全媒体时代，媒体融合和媒介形式的多元化对非物质文化遗产的传播提出了新的要求。当下，我们所需要的是挖掘阳新布贴技艺背后

的民族文化价值，寻找有效的全媒体传播路径，以多元化角度带动地方特色创新发展[4]。同时，赋予阳新布贴技艺更多的现代时尚元素，使其在传播过程中成为一种潮流，在社会上形成学习、使用、保护阳新布贴的强烈意愿和风气，从而全面展示其非遗价值。然而，非遗传播面临着特殊要求和显著挑战，既要确保其在大众中的可访问性，又要维护其来源真实性，还必须保持其发展的可持续性。

3.1 创新传播内容：资源与平台双扶持优化内容供给

在媒介话语重构的传播秩序下，网民不仅是信息的接受者更是数字时代文化生活的创造者和传播者。2023年8月，抖音电商推出的"焕新非遗"产业带扶持项目计划在一年内覆盖超过30个非物质文化遗产产业带，扶持超过300位非物质文化遗产传承人和工艺美术大师，引入超过8000个相关商家，预计带动销售量超过3000万件。抖音《2024非遗数据报告》显示，过去一年，国家级非物质文化遗产相关视频的分享量同比增长了36%，同时已有1428名非物质文化遗产传承人入驻平台。

与传统图文和长视频相比，融合媒体更强调内容的轻量级和消费的便捷性。对于阳新布贴而言，拥有一个抖音账号是远远不够的，需要在抖音、快手等短视频平台和B站等聚合型视频平台发起阳新布贴话题挑战活动，通过拍摄快闪活动、好物接力非遗互动等视频内容，实现裂变式传播深耕精品内容创新，平衡艺术价值和社会价值。使非物质文化遗产的老技艺迎来年轻新匠人的传承，也以更轻量级、更接地气、更网络化的传播方式介绍非物质文化遗产文化。培养高素质的阳新布贴文化传播队伍，策划、制作高质量的传统文化内容，融合多种非遗文化功能，形成更加注重知识传播的文化品牌。传播内容是传播主体在传播过程中传递给受众的核心信息，鼓励、培育和引导网络主播、视频博主等投身非物质文化遗产的保护和传承，激发更多创作者投身于非遗文化事业。如成都非遗推广大使李子柒，京剧名家王珮瑜，非遗技艺传承人彭传明、山白、彭南科等，都在以各自专长的方式在互联网平台上提供优质内容，提升非物质文化遗产在大众，尤其是青少年群体中的关注度，进而提高文化传播效率和效果。

3.2 拓宽储存渠道：交互打造专属文化储存影像

文化遗产数字化传承的核心在于以数字技术为基础，将物理层面的文化遗产转化为虚拟层面的文化遗产数据。数字化、体系化整理非物质文化遗产相关文物与技艺信息，逐步建立和完善阳新布贴数据库，记录、组织和管理相关数据，是奠定阳新布贴全媒体传播体系传承的基础，促进非物质文化遗产信息保存持久化。既保存了文化遗产的信息，又实现了阳新布贴的永久性保存和活态化传承。浙江大学彭冬梅主持的《以剪纸为中心的非物质文化遗产数字保护技术研究》也提到，从众多剪纸作品中提炼出最基本的元素符号，并以此为核心，构建起基础元素库、符号库、图型库，为阳新布贴的数字传承提供了借鉴。民间布贴工艺在中国民众生活中已绵延数千年，其"以贴为主、以绣为辅"的工艺装饰具有区别于其他同类工艺的独特之处。正是这一工艺特点决定了布贴工艺尤其注重纹样造型集体性特征的表达[5]。

作为人的延伸，当下的媒介平台拥有全方位扩展人类感官的"触角"，可以让网络视听者摆脱时空的限制，极为便利地了解阳新布贴的相关文化。在制作非物质文化遗产影像并进行传播时，深入挖掘传承人的故事内核，通过完整的影像叙事线，增强情感张力。阳新布贴资料转换具有图片清晰、便携、易存储等特点，利用数字化技术建立阳新布贴的数字档案库，包括经典典籍、研究著作、地方文献等，实现数字化存储和网上查阅，使布贴文化走向"全民普及"。

3.3　搭建传播平台：构建互动体验与沉浸式数字平台

在非物质文化遗产的传播实践中，数字孪生技术的应用能够生动地还原与非遗相关的文物和技艺，同时采集并持续更新这些文物和技艺的原始信息，以建立精确的语义化场景模型。通过这种方式，我们可以演绎非物质文化遗产技艺的传承故事，使观众能够在具体场景中体验模拟的、逼真的传统工艺制作流程和实物。

利用科技信息技术打造数字平台，探索并应用虚拟现实（VR）、增强现实（AR）等先进技术，增强阳新布贴的互动体验与沉浸感，构建一个高度互动性和沉浸感的线上展示环境，从而提升文化体验与传播效果。平台设计需包含丰富的互动环节与场景，如虚拟试穿、模拟制作等，使观众在享受视觉盛宴的同时，能够深刻体会阳新布贴的文化内涵和艺术价值。完善有关阳新布贴的数字网站、数字博物馆等线上展馆建设，通过设置虚拟实物展示、视频播放、非遗课堂、在线互动等版块，为大众提供查询、了解非遗的交互式线上交流学习平台。同时还可以构建纺织类非遗文化共同体，加强各主体在纺织类非遗传承中的联动，以文旅融合为指导，开发纺织类非遗旅游纪念品[6]。

3.4　丰富传播载体：加快文化创意产品品牌培育

传统手工业加快品牌培育，顺应市场化发展趋势，打造具有影响力的民间绣活地域品牌、专业品牌、特色品牌。打造核心"IP"，塑造非遗文化的"新面孔"。故宫文创设计为国内外其他非遗及文化IP打造提供了优秀的启示和引导，以此指导新品牌进行系列产品开发，从日常用品到个性化产品，让其更加贴近、融入人民生活。

阳新布贴要想加快可持续发展，就要求其必须走进生活。非遗文创产品是基于非遗衍生的文化创意产品，承载了非遗的文化是保守的、持重的基因，但基于非遗的文创产品可以是开放的、活跃的，是与生活紧密联系的，因此开发具有阳新布贴鲜明特征的文创产品促进文化传播是十分有必要的。阳新布贴的图案一般以汉民族的吉祥图像为主，自由而又洒脱的组合的形式，大多体现了吉利、喜庆、平安的寓意。而这些含有吉祥寓意的元素的阳新布贴上承载着工艺者对生活的热爱、对幸福的祈求及亲友间的祝福，在设计文创产品时，可以将这些美好的寓意融入产品之中，放置在特定的民俗场景下，赋予文创产品故事内核。对阳新布贴中的图纹、图形、色彩、声音、文字等视听载体进行直接或间接的提取转化，将阳新布贴所蕴含的物质文化层、行为文化层、精神文化层内容转化为具体可感的文创形象。如阳新布贴的图案带有鲜明的稚拙感，其独特的图像视觉感、色彩、构图都适合于开发儿童布艺玩具[7][8]。

与阳新文化馆联合开展策划活动，馆内增设非遗商品展卖区、非遗DIY体验区、文创产品购买区等[9][10]，将老字号"文化游"延伸为一站式采购体验，推动布贴品牌体系建设，有助于民间绣活走出民间，合理地走向市场[11][12]。在文创产品的开发设计中，注意在文化资源、元素转化、市场调研、人才培养等方面的重视，更好地利用艺术形象讲好非遗故事，扩大优质内容供给。

4 结语

本文通过对全媒体时代下非物质文化遗产传播的新路径进行了深入探讨，以湖北阳新布贴为研究对象，分析了全媒体对非遗传播方式的影响，并强调了数字化技术在非遗保护和传承中的关键作用。揭示了阳新布贴在现代化传播中所遭遇的传承人断层、产品化成果转化低和传播手段单一等问题，并提出了多技术支持、多模态呈现的非遗内容传播路径[13]。这些路径包括利用短视频平台深耕内容、从美学视角记录非遗影像，以及构建互动体验与沉浸式数字平台等[14]，旨在提升非遗的传播效率和效果，实现文化的全民普及和活态化传承[15]。本文的研究得出结论，全媒体时代的非遗传播需要创新思维与技术手段的结合，以适应数字化时代的新要求，为非遗文化的传承与发展开辟新天地。

<h2 style="text-align:center">参考文献</h2>

[1] 甘元，谢春. 全媒体时代非物质文化遗产的传播及其学理思考[J]. 中国文艺评论，2021（5）：89-94.

[2] 冯泽民，叶洪光，郑高杰. 荆楚民间挑补绣艺术探究[J]. 丝绸，2011，48（10）：51-54.

[3] 谢春. 非遗传承人的传播实践与文化空间再造——以绵竹年画为例[J]. 现代传播（中国传媒大学学报），2021，43（9）：98-103.

[4] 朱庆祥，刘晓彬. 基于文化生态的非遗文创产品设计研究[J]. 包装工程，2022，43（20）：373-382.

[5] 崔岩. 调研分析：西兰卡普的非遗价值[J]. 丝绸，2024，61（9）：136-140.

[6] 刘重嵘. 湘鄂民间布贴中瑞兽纹装饰之地域性比较[J]. 装饰，2017（12）：132-133.

[7] 李敏，陈文凤，李兰，等. 可拓语义和FKANO下阳新布贴现代家具设计[J]. 林业工程学报，2024，9（4）：176-184.

[8] 龚怡慧. 基于非遗文化阳新布贴的儿童布艺玩具开发设计[J]. 包装工程，2020，41（24）：209-213.

[9] 喻荣，何礼华. 尹关山工作室阳新布贴元素在品牌形象设计中的应用研究[J]. 网印工业，2024（2）：51-53.

[10] 张欣然，孙心乙. "有喜"阳新布贴文创设计产品[J]. 毛纺科技，2023，51（11）：138.

[11] 李敏，武思宇，魏晓君. 纺织类非遗的传承及其旅游纪念品开发的思考[J]. 棉纺织技术，2022，50（6）：86.

[12] 郭子龙，宋逸香. 非遗视角下传统服饰文化的数字化传播研究[J]. 棉纺织技术，2023，51（12）：108.

[13] 王家福，张思佳，黄炜. 沉浸式裸眼3D数字文博系统的设计与实现[J]. 广播与电视技术，2023，50（6）：10-13.

[14] 于凤静，王文权. 场景重构：5G非遗传播要素的嬗变与影响[J]. 当代传播，2020（2）：107-109.

[15] 潘文清. 阳新布贴数字文创APP设计实践研究[D]. 武汉：武汉纺织大学，2022.

第五篇·服饰篇

PEST理论视域下枝江布鞋创新转换研究

陈益涵

（武汉纺织大学艺术与设计学院）

摘要： 枝江布鞋作为中国传统文化的瑰宝，具有深厚的历史底蕴和独特的地域特色。其历史悠久，技艺精湛，文化价值丰富。然而，在全球化和现代社会快速发展的背景下，枝江布鞋面临着传统与现代融合的挑战。本文旨在探讨枝江布鞋在现代社会中的创新转换策略，以实现其可持续发展，并在继承和发扬传统文化的同时，适应时代发展的需求。文章运用PEST理论对枝江布鞋的政治、经济、社会和技术四个维度进行了深入分析。通过考察政府政策、市场需求、社会文化、技术发展等因素，审视了枝江布鞋发展中的机会与挑战，并提出了相应的创新策略。枝江布鞋的创造性转化需要政府政策的灵活支持、技术创新的引入、市场需求的精准定位以及社会文化价值的深入挖掘。通过运用这些策略，枝江布鞋可在汲取传统精髓的同时，适应现代市场，实现可持续发展。

关键词： PEST理论；枝江布鞋；创新发展

枝江布鞋，作为中国传统文化的瑰宝，承载着深厚的历史底蕴和独特的地域特色。其历史悠久，可追溯至明清时期，不仅在技艺上展现了精湛的手工艺术，更在文化上体现了中华民族的智慧与审美。枝江布鞋以其精湛的手工技艺、独特的民族风格和深厚的文化内涵，成为研究中国传统文化与手工艺发展的重要窗口。枝江布鞋是民间艺术与非物质文化遗产的重要组成部分。然而，随着全球化的不断深入和现代社会的快速发展，传统文化面临着前所未有的挑战。枝江布鞋作为传统手工艺品的代表，也不例外。如何在继承和发扬传统文化的同时，实现其与现代社会的融合，成为亟待解决的问题。创新转换，作为一种适应时代发展的策略，对于枝江布鞋的可持续发展具有重要意义。本文旨在探讨枝江布鞋在现代社会中的创新转换策略，运用PEST理论对政治、经济、社会和技术四个维度进行深入分析，以期为枝江布鞋的创新发展提供理论支持和实践指导。

1 PEST视角：枝江布鞋的当代发展态势

1.1 PEST理论概述

PEST分析法是一种用于战略宏观环境分析的方法，用来分析行业和企业的各种宏观影响因素。其中，P是政治（politics），E是经济（economy），S是社会（society），T是技术（technology）[1]，能够帮助企业识别潜在的机会和威胁，从而制定有效的战略。稳定的政治环境是一切经济、文化发展的重点，唯有政治环境稳定，整个社会才能和谐发展[2]。政治因素包括政府政策、法律法规、税收制度和政治稳定性等，这些因素直接影响企业的经营环境和市场行为。分析这些因素可以了解政府在非物质文化遗产保护、产业扶持等方面的政策对枝江布鞋产业的支持和约束，从而推动传统手工艺品的发展，并为其创新转换提供法律保障和政策支持。经济环境分析是对枝江手工布鞋发展中相关经济因素的综合评估和预测[3]，涵盖宏观经济环境、市场需求、收入水平、通货膨胀率等，决定了企业的市场机会和财务表现。通过分析经济因素，可以评估当前经济环境对枝江布鞋销售和生产的影响，包括消费者购买力和市场需求的变化，从而制订合理的价格和市场策略，确保枝江布鞋在竞争激烈的市场中保持优势。社会因素涉及人口结构、文化习俗、社会价值观、生活方式和消费者行为等，这些因素影响消费者的需求和偏好。分析社会因素可以更好地理解消费者对传统布鞋的态度和偏好，以及社会文化对枝江布鞋创新的推动作用。技术因素包括技术创新、研发能力、生产工艺和信息技术等，这些因素决定了企业的技术水平和创新能力。通过分析技术因素，可以了解现代生产技术和数字营销手段提升枝江布鞋生产效率和市场覆盖面的方法。引入先进的技术和工艺，不仅能提高枝江布鞋的质量和性能，还能增强其市场竞争力和创新能力。

应用PEST理论分析枝江布鞋的创新转换过程，可以系统地评估外部环境中各类因素对产业的影响。综合政治、经济、社会和技术四个维度的分析，可以为枝江布鞋的创新转换制定全面而有效的战略，确保其在现代市场中获得持续发展和竞争优势。

1.2 枝江布鞋的发展态势

1.2.1 政治因素

枝江市人民政府对民族民间文化的保护与传承展现出高度重视，特别聚焦于枝江布鞋这一传统手工艺品的创新转换。"枝宣发〔2005〕17号"文件中，政府明确了"保护为主、抢救第一"的指导方针，为枝江布鞋的创新提供了坚实的政策支撑。专项资金的设立不仅保障了传统技艺的留存，更推动了其创新发展。政府通过普查、整理及数字化制作，为枝江布鞋的创新转换提供了丰富的文化资源和数据基础。

在文化传承与创新方面，政府遵循"合理利用、继承发展"的原则，鼓励枝江布鞋在保持传统文化核心价值的同时，进行创造性转化。现代技术手段的引入促进了传统工艺与现代设计的融合，而知识产权保护制度的建立则为枝江布鞋的创新设计和传统工艺提供了法律保障，进一步激发了设计师和工艺师的创新热情。

为确保政策的有效执行，政府成立了领导小组和工作专班，负责枝江布鞋文化保护工程的组织领导和实施。同时，政府积极倡导社会参与和普及教育，提高了公众对枝江布鞋文化价值的认识，为文化的传承与创新营造了良好的社会环境。此外，政府还注重产业化发展，将枝江布鞋等传统手工艺转化为具有市场竞争力的产品，实现了文化层面和经济层面的可持续发展。

1.2.2 经济因素

枝江布鞋采用的"元宝席子"草和土棉布等原材料均源自当地，这一特性不仅降低了材料采购的运输成本，还使得生产过程更具环保和可持续性。这种地域性的资源优势为枝江布鞋在成本控制和环境保护方面提供了显著优势，是其市场竞争力的有力保障。

尽管面临着工业化进程加快带来的原材料成本上升压力，但枝江布鞋的传统制作工艺和地域性资源优势仍为其经济转型提供了有利条件。政府对民族民间文化保护的重视，以及为此提供的资金支持和政策引导，为枝江布鞋的创新转换和可持续发展提供了坚实基础。政府的积极干预和支持有助于缓解企业在转型过程中面临的资金压力，推动枝江布鞋产业在保持传统工艺价值的同时，向更加环保、高效和时尚的方向发展。这些有利因素为枝江布鞋在现代市场中的竞争提供了有力支撑，也为其未来的可持续发展奠定了坚实基础。

1.2.3 社会因素

随着健康可持续生活方式的普及，消费者对环保和天然制品的需求持续增长，为集传统手工艺和自然材料于一体的枝江布鞋提供了显著的市场机遇。这种市场趋势凸显了枝江布鞋的环保特性和文化价值，吸引了追求个性化的消费群体。此外，枝江布鞋作为非物质文化遗产的一部分，受到了政府和社会的高度关注，通过文化活动的推广，其知名度和文化价值得到了显著提升。在分析中，我们侧重于探讨有利的社会因素。枝江布鞋的环保属性和深厚的文化内涵，在日益增长的绿色消费和传统文化回归的趋势下，为其赢得了广阔的市场空间。同时，政府和社会的重视与支持，提升了枝江布鞋的知名度和文化价值，为其发展提供有力保障。这些因素共同构成了枝江布鞋发展有利的社会环境，为其未来可持续发展奠定了坚实基础。

1.2.4 技术因素

枝江布鞋的制作技术作为其文化传承的核心，展现了深厚的工艺技术与对传统的尊重。在制作过程中，对原材料的严格把控和特殊处理是确保布鞋质量与特性的基础。棉花作为重要原料，经过精心挑选和手工纺制，保留了其天然质感与韧性，为布鞋的耐用性提供了坚实保障。同时，"元宝席子"草作为鞋底材料，经过晾干、压实等处理，既体现了对自然资源的合理利用，又赋予了布鞋独特的地域特色。在制作过程中坚持传统手工编织技艺，不仅确保了鞋底和鞋面的质量与舒适度，更使每双鞋都蕴含着手工艺人的情感与匠心。此外，从样包的缝制到鞋帮的缝合，整个制作流程均采用手工缝制，不仅展示了精细工艺的美学价值，保持了布鞋的传统风格，还实现了制作工艺流程的规范化。整个制作过程包含18道精细工序，每道工序都有明确的操作标准，确保了产品质量的一致性和稳定性。这种规范化不仅有利于传统工艺的传承，也为枝江布鞋在现代社会中的发展提供了坚实基础。

2　转型之路：枝江布鞋面临的发展困境

2.1　政治困境

政府的政策在支持枝江布鞋的保护与创新过程中，往往具有一定的普遍性和固定性，这在一定程度上限制了政策的适应性和灵活性。由于市场需求和技术进步的不断变化，固定的政策框架可能难以迅速应对新的市场环境和技术需求。例如，在外形塑造上存在审美性欠佳等问题，包括包装粗糙，外观设计不够精细，宣传载体的美感不够等，枝江布鞋的外形与人们对美的追求存在一定差距，未能很好地刺激人们的审美感官，无法满足人们的审美需求，市场上对产品时尚性、功能性以及环保性的需求不断提高，而传统政策可能并未考虑到这些快速变化的消费趋势，从而限制了枝江布鞋的创新空间。政策的普遍性也意味着对个性化需求的忽视。枝江布鞋作为一种独特的传统手工艺品，其创新转换过程需要高度的灵活性和定制化的支持。然而，现行政策往往无法为企业和工匠提供针对性的帮助，导致其在实际操作中难以获得有效的政策支持。这种政策与市场需求脱节的现象，显著限制了企业的创新能力和发展潜力。

枝江布鞋的保护和创新在很大程度上依赖于政府的专项资金和政策扶持。然而，这些扶持往往具有一定的时效性和额度限制。专项资金和政策扶持的期限通常较短，且资金分配额度有限，这使得枝江布鞋产业在扶持期过后，面临资金短缺和政策支持不足的风险。资金来源实力、规模生产技术设施等较为薄弱，导致项目进展相对缓慢，前期成效尚不明显，项目运作压力偏大[4]。例如，政府的资助项目通常是短期的，无法长期持续地提供资金支持，导致企业在项目结束后难以维持创新活动的连续性和稳定性。一旦政府扶持减少或取消，枝江布鞋的企业和工匠将面临严峻的经济压力，影响其持续创新性发展的能力。缺乏长期稳定的资金支持，企业可能无法进行必要的研发投入，工匠也难以专注于技艺的传承和创新。此外，政策扶持的额度限制也使得部分企业和工匠无法获得足够的资源进行大规模创新，从而限制了整体产业的发展潜力。

2.2　经济困境

枝江布鞋的制作工艺复杂，需要经过选材、剪裁、缝制、刺绣等多道工序，每一步都需要经验丰富的工匠手工完成。这种传统工艺在体现枝江布鞋高工艺价值和独特文化内涵的同时，但也带来了高昂的人工成本。由于制作过程主要依赖手工操作，生产效率较低，难以实现大规模生产。每双布鞋的制作都需要投入大量的人力和时间，导致单位产品的人工成本较高。在现代市场环境中，高人工成本限制了枝江布鞋的市场竞争力，使其在价格上难以与工业化生产的鞋类产品竞争。此外，工匠资源的有限性也加剧了人工成本的上升。枝江布鞋制作工艺需要长期的技能积累和耐心，但是许多从业者往往无法从中获得可观的收益来保障基本生活需求。随着时间的推移，愿意并且有能力从事这一传统手工艺的年轻人越来越少，导致熟练工匠资源匮乏。工匠的培训周期长、成本高，进一步增加了生产成本。这一状况不仅限制了枝江布鞋的生产规模和扩展能力，还对其创新转换构成了经济上的制约。

枝江布鞋主要采用当地的天然材料，如"元宝席子"草和土棉布，这些材料的本地化供应曾经帮助控制了生产成本。然而，随着工业化和城市化进程的推进，这些天然材料的采集和加工成本逐渐上升。土地资源的开发和环境变化导致天然原材料的减少，进一步提高了生产成本。工业化进程导致农村土地逐渐被开发利用，自然资源的减少直接影响了"元宝席子"草和土棉布的供应量，增加了这些材料的稀缺性和获取难度。这种材料成本的上升对枝江布鞋产业的经济可行性构成了重大挑战。原材料价格的上涨不仅提高了生产成本，还直接影响了布鞋的最终市场价格。随着材料成本的提高，枝江布鞋的售价也必然随之上升，这可能导致市场需求的减少，特别是在价格敏感的消费群体中。此外，材料成本的上升还可能迫使生产者寻找替代材料，然而，替代材料的使用可能会影响枝江布鞋的传统工艺特性和文化价值，进而影响其市场认同度和品牌形象。

2.3 社会困境

现代生活节奏的加快和工业化生产方式的普及对枝江布鞋的传承构成了显著挑战。枝江布鞋的制作过程繁复，需要经过选材、剪裁、缝制、刺绣等多个环节，每一道工序都需要经验丰富的工匠手工完成。这种复杂的工艺流程尽管体现了枝江布鞋的高工艺价值和独特文化内涵，但其制作过程需要经过长期学习与训练，随着老一辈手艺人的隐退，传承出现了断层，传承人才青黄不接[5]。对现代年轻人来说，这样的工艺既费时又费力，与他们追求效率和便捷的生活方式格格不入。随着社会逐渐适应高效率和即时满足的消费模式，传统工艺的传承面临断层的风险，这对枝江布鞋的持续发展构成了重大威胁。社会价值观的变化进一步加剧了这一现象。现代社会对高收入和高科技行业的推崇，使得传统手工艺的吸引力大大降低。尽管政府和社会增加了对非物质文化遗产的宣传和保护力度，但这些努力仍不足以改变年轻一代的职业选择倾向。高收入、高地位的职业路径吸引了更多年轻人，使得传统手工艺领域的参与者越来越少。这种职业选择的变化不仅影响了技艺的传承，也限制了枝江布鞋在现代市场中的创新和发展潜力。

当前的教育体系和社会宣传对于传统文化的重视程度也显得不足。虽然非物质文化遗产的申报和保护活动有所增加，但在学校教育和社会普及中，传统手工艺的知识和技能并未被系统地传授和推广。枝江布鞋在当下部分学生的知识结构框架中存在欠缺，长此以往，不仅不利于学生文化修养的提高，而且不利于学生对地方传统文化认同感的培养。[6]同时，缺乏深入和持续的教育和宣传，导致年轻人对枝江布鞋的文化内涵和工艺价值认识不足，从而影响其传承意愿。现代教育体系往往更注重科技和商业技能的培养，传统文化和手工艺的教育内容相对较少，导致年轻一代对这些技艺的了解和兴趣不足。这种现象不仅制约了技艺的传承，也阻碍了文化的创新性发展。此外，社会对于成功的定义往往与高收入、高地位的职业挂钩，而传统手工艺工作则被视为收入低、劳动强度大的职业。尽管传统手工艺品如枝江布鞋蕴含着深厚的文化价值和独特的艺术魅力，但这些无形价值在现代社会中往往难以转化为实实在在的经济回报。年轻人更倾向于选择那些能够快速实现经济独立和社会地位提升的职业，从而忽视了传统手工艺的传承。

2.4　技术困境

枝江布鞋的制作工艺主要依赖手工技艺，技术创新相对缓慢。这种传统工艺虽然具有独特的文化价值，但在提高生产效率和产品质量方面存在局限。缺乏现代化的生产工具和技术手段，使得枝江布鞋难以实现大规模生产，导致产品在市场上的供应能力受限，从而削弱了其市场竞争力。手工制作的局限性不仅体现在生产速度上，还体现在产品的一致性和品质控制上。技术创新的缓慢也阻碍了产品的设计和功能的创新。现代消费者对产品的需求日益多样化，不仅注重产品的美观和文化内涵，还对舒适度、耐用性和环保性提出了更高要求。传统工艺难以快速响应这些需求的变化，限制了枝江布鞋在产品开发和市场适应性方面的潜力。在这些领域缺乏技术积累和创新投入，使得枝江布鞋在与其他鞋类产品的竞争中处于劣势。

随着数字技术的创新发展，大数据、人工智能、物联网等与实体经济深度融合，产业数字化占比逐年提升成为数字经济发展的必然趋势[7]。在信息化和数字化时代，枝江布鞋在数字营销和电商平台上的投入和应用不足，未能充分利用互联网和社交媒体等现代工具进行市场拓展和品牌建设。缺乏有效的线上营销策略和平台推广，使得枝江布鞋难以扩大市场覆盖面，吸引更多年轻消费者和国际市场的关注。数字化营销不仅仅是建立电商平台和开设网店，还涉及精准营销、数据分析、用户互动等多方面的综合应用。缺乏系统的数字营销策略，使得枝江布鞋难以有效地与目标消费者进行沟通和互动，影响了销售和品牌推广的效果。数字图像处理、三维扫描、虚拟现实、大数据等持续演进的先进技术，为枝江手工布鞋的多元信息记录开启了全方位、多感官的保护传承途径[8]。现代营销强调通过大数据分析了解消费者需求和市场趋势，从而制订精准的营销策略。枝江布鞋在这方面的投入和能力不足，导致无法及时捕捉市场动态和消费者偏好，难以灵活调整产品和营销策略以适应市场变化。同时，缺乏有效的线上平台推广，也使得枝江布鞋的品牌影响力和市场知名度受限，无法充分展示其文化价值和产品优势。

3　创新之路：枝江布鞋转型策略

3.1　政治方面

政府应构建能够灵活应对市场变化和技术发展的政策体系。这一体系需要具备前瞻性和灵活性，以便及时调整政策以适应枝江布鞋产业的发展需求。为了确保政策实施的有效性，应借鉴成功经验，建立以政府为主导、专家学者深度参与的团队[9]，定期召开研讨会和调研活动，深入了解市场趋势和消费者需求，为政策制定提供科学依据。同时，引入政策试点和反馈机制，通过在特定地区或企业实施试验政策，收集数据并根据实际效果进行调整，确保政策的灵活性和针对性。

非遗的调查挖掘、保护传播、传承人培训、传承阵地建设和文创产品开发等都需要经费支持，而高成本和低收益使得单个文化组织或个人无法独立承担非遗保护工作，尤其是一些在短时间内无法转化为经济收益的非遗项目，更需要政府的大力支持[10]。资金是产业发展的关键支撑，尤其对于传统手工艺产业如枝江布鞋而言更为重要。政府可以设立专项发展基金，明确资金来源、使用范围和管理机制，保障资金的透明度和有效利用。资金来源可以通过财政预算、社会资本引入和税收优惠等多元化方式筹集，同时可以鼓励金融机构增加对枝江布鞋产业的信贷支持，降低企业融资成本和门槛。

在资金使用上，政府应优先支持技术创新、品牌建设和市场拓展等关键领域。可以设立研发补贴、品牌建设奖励和市场拓展基金等具体项目，激励企业增加创新投入，提升产品的市场竞争力。同时，建立科学的资金分配和绩效评估体系，定期对企业的资金使用情况进行审计和评估，对表现优秀的企业给予更多支持，对资金使用不当的企业进行整改或取消支持资格，以确保资金的有效利用和产业的可持续发展。

3.2　经济方面

政府应扮演关键角色，通过实施一系列经济政策来直接支持枝江布鞋产业。国家与当地政府应发放补助资金，为枝江布鞋的传承与保护工作提供经济支撑[11]。政府可以设立专项补贴计划，针对使用传统手工技艺和天然材料的企业给予财政补贴，以缓解高昂的人工成本和材料成本压力。同时，税收优惠政策也是不可或缺的，比如对符合一定条件的企业实施减税或免税政策，鼓励其持续投入和发展。此外，政府还应设立专项发展基金，用于支持产业的技术创新、工匠培训、市场拓展等方面，确保资金的长期稳定供应。

为了提升生产效率并降低人工成本，枝江布鞋产业需要积极引入现代生产技术。这并不意味着完全摒弃传统工艺，而是在保留其精髓的基础上，通过自动化、智能化等现代化手段来提升生产流程的效率和精准度。例如，可以采用自动化剪裁设备来替代手工剪裁，减少人工操作的时间和误差；利用智能化缝制技术来提高缝制速度和质量，确保每双布鞋都能达到高标准。这样的技术创新不仅能够提高生产效率，还能在一定程度上保留传统工艺的独特魅力。

在市场拓展方面，枝江布鞋产业需要采取多元化的市场定位策略。应针对不同消费群体的需求和偏好，推出不同档次和风格的布鞋产品。通过市场细分，可以更好地满足消费者的个性化需求，提高市场占有率和品牌知名度。同时，加强品牌宣传与推广也是至关重要的。可以鼓励消费者通过线上平台进行跨地域和跨时区的交流和互动，这样不仅可以加深枝江布鞋文化与大众之间的沟通和交流，也可以促进枝江布鞋文化与现代其他文化的交流和碰撞，从而推动枝江布鞋的创新发展[12]。

为了保障原材料的供应并降低成本，枝江布鞋产业需要与农户建立稳定的合作关系。通过与农户签订长期合作协议，建立原材料供应基地，可以确保原材料的稳定供应和质量的可靠性。同时，政府也可以引导和支持农户进行规模化种植和养殖，提高原材料的产量和品质。此外，面对天然材料资源日益稀缺的现状，枝江布鞋产业还需要积极探索替代材料。通过科学研究和试验，找到既符合环保要求又能保持产品品质的替代材料，是降低生产成本的有效途径。当然，在探索替代材料的过程中，必须确保不损害产品的传统工艺特性和文化价值。

3.3 社会因素

在探讨枝江布鞋这一传统工艺的传承与发展策略时，政府与教育部门的紧密协作显得尤为关键，它们共同为传统文化的活化与传承奠定了坚实基础。通过将枝江布鞋及其深厚文化底蕴纳入教育体系，可以为年轻一代构建探索本土文化、培养文化自信的平台，使传统文化不再是遥远的历史记忆，而是成为生活中可触可感的一部分。城市化进程导致本土年轻群体大量流失，枝江手工布鞋技艺传承者呈现老龄化趋势。因此，利用数字化手段对枝江手工布鞋进行创新传承显得尤为重要[13]。现代媒体与网络平台的迅猛发展，为枝江布鞋的传播与推广提供了全新的机遇。这些平台通过多样化的表现形式，如纪录片、短视频、网络直播等，生动展现了枝江布鞋的独特魅力与制作工艺，极大地拓宽了文化传播的边界，激发了公众对传统文化的兴趣与热情，促进了更多人主动参与到传承与保护的行动中。

面对社会环境的快速变化，传承方式需与时俱进，进行创新以适应现代社会的需求。在保持枝江布鞋核心技艺的基础上，融入现代设计理念与科技手段成为重要方向。这不仅使产品更加符合现代审美与生活方式，也通过提升生产效率与产品质量，满足了大规模生产的需求。同时，利用电商平台等新兴商业模式拓展销售渠道，打破了地域限制，实现了全球范围内的销售与推广，进一步推动了枝江布鞋的市场普及。

产业的商业价值体现着人才的价值，人才培育既要有发展性，又要符合本地市场需求[13]。院校可增设与枝江布鞋制作相关的专业课程，邀请资深工匠担任教师，通过理论与实践相结合的方式传授技艺。此外，建立师徒制传承体系，让年轻人在资深工匠的指导下逐步掌握技艺精髓，确保技艺的代际传承。政府与社会各界也应加大对传承人的支持力度，提供资金、政策等方面的帮助，为他们的学习、创作与生活创造有利条件。

3.4 技术因素

在枝江布鞋的传承与发展路径探索中，技术革新与数字化营销策略的实施显得尤为重要。面对传统手工技艺在提高生产效率和产品质量上的内在局限，现代化生产技术与设备的引入成为关键举措。自动化与半自动化设备的运用，不仅保留了手工技艺的独特韵味，还显著提升了生产效率和产品的一致性，实现了传统与现代的有机融合。同时，智能化管理系统的构建，使得生产流程更加透明化、高效化，为企业的可持续发展奠定了坚实基础。

营销推广需要以不同受众的文化需求为基点，创新枝江布鞋的展示平台和模式，建立多区域、多层次的传播矩阵，拓展枝江布鞋的传播渠道和方式[14]。在数字化时代背景下，枝江布鞋积极拥抱数字化营销，加强电商平台建设，以拓宽市场覆盖范围和提升品牌影响力。通过建立全面的线上销售网络，包括主流电商平台的旗舰店、官方网站以及社交媒体的多渠道推广，枝江布鞋成功打破了地域限制，将产品推向更广泛的消费群体。此外，基于大数据分析的精准营销策略，如定向广告投放和个性化推荐，有效提升了产品的市场响应率和转化率，增强了市场竞争力。

在营销策略的创新上，枝江布鞋注重与消费者的互动和连接，通过社交媒体平台开展丰富多彩的线上活动，平台可以通过自身的宣传，给予宣传媒体流量扶持[15]。如举办设计大赛、进行直播带货等，不仅增强了用户的参与感、提升了品牌忠诚度，还进一步传播了品牌文化和产品价值[16]。同时，为了提升用户体验，电商平台应不断优化功能与服务，提供高清的产品展示、详细的商品信息、便捷的购物流程以及完善的售后服务，为消费者营造一个愉悦、放心的购物环境[17][18]。虚拟现实（VR）和增强现实（AR）等先进技术在枝江布鞋营销中的应用，更是为消费者带来了前所未有的沉浸式购物体验。这些技术的应用，不仅提升了产品的吸引力和市场竞争力，还进一步推动了传统工艺与现代科技的深度融合。

4 结语

通过对枝江布鞋的创新转换策略进行系统分析，本文强调了传统工艺与现代社会融合的必要性与紧迫性。面对全球化的挑战与机遇，枝江布鞋的持续发展需依托政策的灵活适应、技术创新的融入、市场定位的精准把握，以及社会文化价值的深入挖掘。未来，枝江布鞋应继续作为文化自信的象征，不断探索与时代同步的发展路径，实现传统与现代的和谐共生，让这份非物质文化遗产在新的时代背景下绽放新的光彩。

参考文献

[1] 余贝宁，玄家琦．基于PEST理论的博物馆文创产品设计研究——以故宫博物院为例[J]．大众文艺，2020（7）：137-138．

[2] 王赵梦．"一带一路"背景下新疆企业战略发展的PEST分析[J]．山东纺织经济，2017（7）：14-17．

[3] 徐世俊．文旅融合背景下广西红色旅游高质量发展路径研究[J]．商展经济，2024（10）：48-51．

[4] 王晓荣，贺志超，李佳佳．文旅融合视域下山西非遗传承与发展的路径研究[J]．文化产业，2024（8）：156-159．

[5] 谢冰清，李来斌，颜灿威，等．生产性保护模式下非遗传承与活化路径探析——以福建省非遗生产性保护传承重点单位为例[J]．福建工程学院学报，2022，20（5）：481-485．

[6] 王佳钰，苏明明，窦浩涵．文化生态学视域下手工艺类非物质文化遗产的困境识别与传承发展——基于从业者视角[J/OL]．旅游科学，1-12[2024-07-02]．https：//doi．org/10．16323/j．cnki．lykx．20240613．001．

[7] 夏梦琪，高小金，史册，等．非遗文化东北皮影戏数字化线上文创系列产品的开发研究[J]．玩具世界，2023（3）：87-89．

[8] 阎志文，王亚楠．融合地方非遗文化的少儿课外美术教育探索与实践——以湖南湘潭地区为例[J]．美术教育研究，2023（20）：53-55．

[9] 龙小雪，韩宝银，覃叶叶，等．乡村振兴背景下打造"活态非遗文化"的策略研究——以思南花烛为例[J]．智慧农业导刊，2024，4（13）：58-61．

[10] 谭志云，李惠芬．数字技术赋能非遗保护传承的逻辑机理与创新路径[J]．南京社会科学，2024（1）：142-150．

[11] 陈硕，孙亚云．非物质文化遗产的译介模式与国际传播研究——基于徐州市"非遗"国际传播案例[J]．传媒，2024（10）：56-58．

[12] 张健翎．黔东南州非物质文化遗产保护与传承的现状及对策研究[J]．理论与当代，2024（1）：60-64．

[13] 王婧瑶．国家级非物质文化遗产"五常十八般武艺"与文创产业融合发展的思考[J]．当代体育科技，2023，13（14）：110-113．

[14] 郭子龙，宋逸香. 非遗视角下传统服饰文化的数字化传播研究[J]. 棉纺织技术，2023，
    51（12）：108.

[15] 宗诚，邱欣妍，白新蕾. 非遗视角下苗族蜡染技艺的数字化传承[J]. 印染，2024，50
    （5）：102-105.

[16] 刘会军. 基于PEST理论的潮汕动漫产业创意发展蠡测[J]. 美术教育研究，2014（23）：
    131-133.

[17] 高若桐，黄志坚. 基于SIPS模型的景德镇手工制瓷非遗技艺营销传播策略研究[J]. 景德
    镇学院学报，2024，39（2）：7-13.

[18] 刘广超. 探析现代技术发展下非遗文化的继承与传播[J]. 文化学刊，2023（1）：65-68.

英山缠花的文化传承与创新转化研究

王友琴

（武汉纺织大学艺术与设计学院）

摘要：英山缠花作为一种传统手工艺，通过精细的布片编织与线艺技法，展现了独特的工艺形态与艺术特色，多彩材料与丰富表现形式体现了对传统文化的继承与现代审美的追求。为适应时代发展，英山缠花采取了创造性转化策略，一是通过将传统技艺与现代设计理念结合，开发文创产品；二是实施跨界融合，与现代科技、时尚、旅游等领域合作，使得这一民间艺术更加贴近现代生活，焕发新生；三是重视传承人培养与政策支持，确保技艺活态传承，同时利用"互联网＋非遗"拓宽宣传与教育路径，增强非物质文化遗产的社会影响力。

关键词：英山缠花；创新转化；当代价值

1 英山缠花的工艺形态

英山缠花，这一源自中国湖北省英山县的传统手工艺，以其独特的艺术魅力和精湛的制作技艺，在民间艺术领域中独树一帜。它不仅承载着丰富的历史文化内涵，还展现了劳动人民的智慧与创造力[1]。英山缠花主要以"布"为创作载体，通过巧妙的构思与精细的手工，将一块块色彩斑斓、形状各异的布片，按照特定的规律与比例巧妙连接，编织出一幅幅既独立又相互关联、或繁复或简约的图案，进而根据不同主题创作出各具特色的"花衣"。这些作品不仅色彩斑斓、形态各异，而且寓意深远，深受人们的喜爱。

在英山缠花的制作中，"布"的选择至关重要，它直接关系作品的最终效果。布料的选择主要分为两大类：一是细腻柔软的布料，这类布料色彩丰富、图案多样，能够满足不同主题和风格的需求；二是质朴坚韧的麻布，它以其独特的质感和色彩，为作品增添了几分古朴与自然之美。麻布又被细分为白色麻与黑色麻，两者在缠花制作中扮演着不同的角色。白色麻因其纯净无瑕的色泽，常被用于装饰图案，增添作品的清新雅致之感；而黑色麻则以其沉稳内敛的特性，成为主体图案的首选，赋予作品以稳重与力量。在特定的创作需求下，白色麻与黑色麻还会通过加色处理，适应不同的装饰需求。例如，白色麻经过加色，可用于装饰主体图案，使其更加鲜明突出；而黑色麻加色后，则多用于装饰背景图案，营造出深邃而神秘的氛围。

制作英山缠花的过程，既是对技艺的考验，也是对美学的追求[2]。首先，匠人们会将选定布料的正反面仔细缝合，确保每一块布料都能形成一个完整且平整的表面。这一步骤看似简单，实则考验着匠人的耐心与细心，因为任何微小的瑕疵都可能影响作品的最终视觉效果。接下来，根据设计好的图案和比例，匠人们会将整块布料进行精细分割，每一块布都需严格按照预设的尺寸和形状进行裁剪，以确保图案被精准还原。在这一阶段，匠人不仅要具备高超的裁剪技巧，还需对图案的整体布局有深刻理解，以确保分割后的布片能够被完美拼接，形成和谐统一的整体效果。

排列组合是英山缠花制作中的关键环节。匠人们会根据主题和形式的要求，将分割好的布片进行巧妙的排列与组合，创造出丰富多变的视觉效果。为了达到更佳的立体感和层次感，匠人们通常会采用多层叠加的方式，将不同颜色、形状和材质的布片层层叠加，形成错落有致、层次分明的图案。这种叠加不仅增强了作品的视觉冲击力，还赋予了作品更加丰富的质感与深度。

在粘贴布片时，匠人们会根据布料的特性采用不同的方法。白色麻因其质地柔软、易于折叠，通常会被折叠后使用缝纫机进行粘贴，确保其边缘平整、牢固；而黑色麻则因其质地较硬、不易变形，匠人们更倾向于直接将其折叠后粘贴，保持其原有的质感与形态。对于彩色麻布，由于其色彩鲜艳、图案丰富，匠人们则会以直接粘贴的方式，充分展现其色彩与图案的魅力。

色彩搭配是英山缠花制作中不可忽视的一环。对于色彩较为丰富的图案，匠人们不仅要考虑色彩之间的和谐搭配，还需考虑色彩与图案之间的呼应关系。以"五爪金龙"这一主题为例，为了突出龙的威严与神秘，匠人们会在"龙爪"处精心贴上金色小片，以象征龙的尊贵与力量；而在"五爪金龙"的底部，则会巧妙地贴上黑色小片作为点缀，既增强了图案的层次感，又寓意着龙的深邃不可测。在色彩的运用上，匠人们总是力求做到既符合主题要求，又能激发观者的情感共鸣[3]。

在构图布局上，英山缠花同样讲究对称与均衡。匠人们会根据图案的特点和主题要求，精心安排每一块布片的位置与大小，确保整个作品在视觉上达到平衡与和谐。这种对称与均衡的构图布局，不仅使作品看起来更加美观大方，还赋予了作品以稳定庄重之感。此外，在制作英山缠花的过程中，匠人们还非常注重实用性与观赏性的结合，在追求作品艺术美感的同时，也会充分考虑其在实际应用中的便捷性和耐用性。因此，在制作过程中，匠人们会采用各种技术手段，如加固缝合、防水处理等，以确保作品既美观又实用。

综上所述，英山缠花作为一种独特的民间手工艺，其制作过程不仅体现了匠人们精湛的技艺和深厚的文化底蕴，更展现了他们对美的追求和对生活的热爱。每一件英山缠花作品都是匠人们心血与智慧的结晶，它们不仅承载着丰富的历史文化内涵，还以其独特的艺术魅力，成了连接过去与未来的桥梁，让更多的人能够感受中国传统文化的魅力与韵味。

2　英山缠花的艺术特色

英山缠花，这一源自中国湖北省英山县的传统手工艺，以其独特的艺术魅力、精湛的制作技艺以及深厚的文化底蕴，在中国民间工艺美术领域中独树一帜。其艺术特色不仅体现在工艺形态、材料选择、表现形式上，更在于对日常生活审美情趣的独到追求与深刻体现，成为连接传统与现代、艺术与生活的桥梁。

2.1　工艺形态：线的艺术，编织的智慧

英山缠花的工艺形态是其艺术魅力的重要组成部分。作为一种以线为主的手工艺，英山缠花的造型主要通过线的编织来体现。在编织过程中，匠人们运用编、挑、搓、绕等多种编织方式，巧妙地将一根根细线交织成一幅幅生动的图案。这些编织方式不仅考验匠人的技艺，更体现了他们对美的追求和对自然的感悟。编织过程中，匠人们还会运用针法进行穿插和衔接，使得图案更加紧密、立体。这种精细的编织方式，不仅让英山缠花具有极强的观赏性，更赋予了它独特的质感与生命力。每一根线条的交织，都在诉说着匠人的故事与情感，让观者在欣赏作品的同时，也能感受那份源于匠心的温暖与力量。

2.2　材料选择：自然的馈赠，匠心的挑选

在材料选择上，英山缠花同样展现出了其独特的艺术魅力。麻线、棉线、丝线、金银线等多种材料，为英山缠花提供了广阔的创作空间。其中，麻线和棉线是最常用的两种材料。

麻线以麻纤维为主，具有非常强的柔韧性和透气性，不容易发生霉变，是制作英山缠花的理想材料。棉线则以其质地柔软、吸水性好的特点，成了另一种常见的选择。这些自然材料不仅赋予了英山缠花质朴、自然的美感，更让作品在时间的流逝中，能够保持其原有的色泽与质感。此外，金银线的运用，则为英山缠花增添了几分奢华与高贵。这些带有金属光泽的线条，在光的照射下熠熠生辉，为作品增添了一抹亮丽的色彩。匠人们巧妙地运用这些材料，将自然与人工、朴素与奢华完美地融合在一起，创造出了既具传统韵味又不失现代感的艺术作品[4]。

2.3 表现形式：不拘一格，创新无限

英山缠花在表现形式上的创新，是其能够在众多民间手工艺中脱颖而出的关键。它不仅能巧妙融合二维平面与三维立体的构图，创造出既具观赏性，又具空间感的艺术效果；也能在写实与夸张之间自由切换，既有对自然物象的精细捕捉，也不乏对传统意象的大胆夸张与艺术加工。

在二维平面与三维立体的融合上，英山缠花通过巧妙编织与拼接，将平面的图案转化为立体的艺术品。这种转化不仅增强了作品的视觉冲击力，更让观者感受作品的空间感与层次感。在写实与夸张之间，英山缠花则展现出了其独特的艺术风格。匠人们既能够细腻地捕捉自然物象的形态与特征，又能够大胆地对其进行夸张与艺术加工，使作品富有张力与动感。同时，手工制作的温度与现代机械效率的结合，也是英山缠花在表现形式上的又一大创新。匠人们保留了手工艺品的独一无二性，通过手工编织与制作，让每一件作品都充满了匠人的情感与温度。而现代机械的运用，则提高了生产效率，使得这项传统技艺在当代社会得以高效传承与创新发展。

2.4 生活审美情趣：细腻情感，民俗文化的传承

英山缠花的艺术魅力，还体现在其对日常生活审美情趣的独到追求与深刻体现上。从生活美学角度来看，英山缠花不仅是对手工艺技术的展示，更是借由细腻的生活场景刻画，传递制作者丰富细腻的情感世界。

匠人们通过英山缠花，将生活中的点滴美好凝聚于作品之中。无论是对花鸟鱼虫的生动描绘，还是对人物场景的细腻刻画，都充满了对生活的热爱与向往。这些作品不仅让观者感受到那份源于生活的温馨与情怀，更让人们在忙碌的生活中，找到一份宁静与慰藉[5]。同时，在民间信仰的层面上，英山缠花也通过生动再现诸如"天祖爷""福主爷"等深受崇敬的神祇形象，保留了民俗文化的精髓。这些作品不仅赋予了传统信仰新的艺术生命，更让人们在欣赏作品的同时，感受到那份源于传统文化的力量与智慧。这种将民间信仰元素与生活美学理念相融合的艺术实践，不仅开创了一种新颖的艺术表达视角与审美体验途径，更极大地丰富了我国民间美术的内涵与表现力。它让人们在欣赏作品的同时，深刻感受到传统文化的魅力与生命力，为传统文化的现代表达与创新传承提供宝贵的参考与启示。

3 推动英山缠花资源转化为文创产品

在文化创意产业蓬勃发展的时代背景下，非物质文化遗产资源如同璀璨的明珠，亟待被重新发掘与赋予新的生命。英山缠花，这一源自湖北省英山县的传统手工艺，以其独特的艺

术魅力和深厚的文化底蕴，成了连接过去与未来、传统与现代的桥梁。将英山缠花这一非物质文化遗产资源巧妙融入现代文创产品的设计与生产中，不仅是对其保护与传承的一次创新尝试，更是推动文化产业高质量发展的崭新路径。

文创产品，作为文化创意产业的重要组成部分，囊括了服饰、生活装饰、工艺品等多个门类，正以其独特的创意和丰富的文化内涵，见证着非遗资源与市场活力的紧密对接[6]。近年来，诸如故宫博物院推出的"朕知道了"系列胶带、故宫日历等文创产品，不仅在国内市场获得了广泛好评，更在国际上展现了中国传统文化的魅力与活力。这些成功案例不仅揭示了非遗与文创相结合的巨大潜力，更为英山缠花的文创转化提供了宝贵的经验与启示。英山缠花作为中国传统手工艺的代表之一，其精湛的工艺形态、丰富的材料选择以及多元的表现形式，都为其文创产品的开发提供了丰富的素材与灵感。通过巧妙地将英山缠花的元素融入现代文创产品的设计中，不仅可以赋予这些产品独特的文化内涵和艺术价值，还能让更多人了解和欣赏这一传统手工艺的魅力。例如，可以将英山缠花的图案与服饰设计相结合，打造出既具有传统韵味又不失现代感的服装系列；或者将英山缠花的编织技艺与家居装饰相结合，创造出既美观又实用的生活用品；还可以将英山缠花的艺术特色与工艺品制作相结合，打造出具有收藏价值的艺术品。

在文创产品的市场化运作中，采用"互联网＋非遗"模式及利用电商平台，是英山缠花实现跨越地域限制、触达更广泛消费群体的重要途径。通过互联网平台，英山缠花的文创产品可以突破地域限制，让更多人能够了解和购买这些产品。同时，电商平台也为英山缠花的销售提供了更加便捷和高效的渠道。在"非遗＋电商"的框架下，英山缠花不仅能够实现传统技艺向经济效益的转化，还能通过市场的反馈和需求，不断优化和创新产品的设计与生产。

文化创意产业，作为融合文化、创意与现代科技的新兴产业，正逐步成为国家经济新增长极与民众文化生活的重要组成部分[7]。在这一趋势下，英山缠花资源的文创转化不仅是对其内在价值的深度挖掘与拓展，更是促进地方经济发展和产业结构优化的关键举措。文创产品的市场化运作，既能为英山缠花带来直接的经济回馈，又能激发当地产业创新转型的动力。通过文创产业的发展，英山县可以逐步构建起以文化创意为核心竞争力的产业体系，推动传统产业的转型升级和新兴产业的快速发展。鉴于此，"十三五"规划以来，全国各地纷纷将文创产业视为驱动经济增长方式转变和产业升级的战略支点。湖北省英山县也积极响应国家号召，将英山缠花的文创转化作为推动地方经济发展的重要抓手。通过政策扶持、资金支持、人才培养等措施，英山县为英山缠花的文创产品开发提供了良好的环境和条件。同时，英山县还积极与国内外知名文创企业、设计师合作，共同探索英山缠花的文创产品化道路。

在探索英山缠花的文创产品化道路中，注重创新与传统相结合是关键。一方面，要深入挖掘英山缠花的文化内涵和艺术特色，保持其传统韵味和独特魅力；另一方面，要注重将现代审美和市场需求相结合，不断创新产品的设计和生产。例如，可以借鉴现代设计理念和技术手段，对英山缠花的图案和编织技艺进行创新和改良；也可以结合现代消费者的需求和偏好，开发出更加符合市场需求的文创产品。此外，加强品牌建设和市场推广也是英山缠花文创产品化不可或缺的一环。通过打造具有知名度和影响力的品牌，可以提升英山缠花文创产品的市场竞争力和附加值；而通过有效地市场推广和营销，可以让更多的人了解和认可英山缠花的文创产品，从而推动其市场的拓展和销售额的增长。

综上所述，探索英山缠花的文创产品化道路不仅是顺应时代要求的文化创新实践，更是激活非遗生命力、促进区域经济高质量发展的有效策略。通过深入挖掘英山缠花的文化内涵和艺术特色、注重将创新与传统相结合、加强品牌建设和市场推广等措施，英山县可以逐步构建起以英山缠花为核心竞争力的文创产业体系，推动地方经济的持续发展和产业结构的不断优化升级。同时，这也将为英山缠花的保护与传承注入新的活力和动力，让这一传统手工艺在新的时代背景下焕发出更加璀璨的光芒。

4　推动英山缠花通过跨界融合融入现代生活

鉴于社会进步与文化需求的不断演进，英山缠花这一传统技艺的传承与保护工作，亟须从内容创新、形式革新、渠道拓展及手段升级等多维度上进行积极调整与优化。我们旨在推进英山缠花的跨界整合，实现传统文化与现代科技的结合、传统艺术与现代时尚的交融以及传统工艺与现代设计理念的碰撞，促使传统手工艺无缝融入现代生活中。此种跨界融合策略，已成为新时代非物质文化遗产保护与传承的关键路径[7]。英山缠花作为历史沉淀下来的优秀传统文化，蕴含着中华民族独特的精神标识，是中华优秀传统文化的重要组成部分，其艺术特点体现在虚实相融、材料多样与表现手法丰富，是一座待发掘的文化宝库。

在对英山缠花实施保护的过程中，必须坚持人民至上的原则，充分利用各类资源，依托现代科技的力量，创新保护措施与手段，持续增强非物质文化遗产——英山缠花保护工作的吸引力与社会影响力。通过嫁接英山缠花资源与现代科技应用、现代生活方式，旨在更高效地传承与保护这一宝贵遗产，使之更易为大众所接纳与欣赏。非物质文化遗产也是活态的历史，英山缠花的创造性转化与创新性发展应立足于传统技艺，使之融入现代生活，适应新的社会需求，焕发出新的生命力。

传统工艺是非物质文化遗产传承发展的重要载体。传承人是传统工艺技术、技艺、经验等非物质文化遗产的活态体现者。要做好非物质文化遗产的保护工作，首先，必须重视人才培养，从政策上给予支持，建立健全相应的人才培养机制，让有意愿、有能力、有天赋的年轻人加入非物质文化遗产保护工作中。对于英山缠花传承人的培养与支持十分重要。其次，要通过英山缠花的传承和创新发展，带动当地群众脱贫致富。英山缠花遗产不仅是一种传统技艺，还是一种生活方式、一种精神财富[8]。因此，我们要把英山缠花这种非物质遗产融入现代生活，让更多人了解它、学习它、掌握它，并通过努力实践让它成为人们的生活方式和生活习惯。更要通过创造性转化和创新性发展，使之与现代文化相适应、与现代生产生活相协调。要实现英山缠花融入现代生活，就要在英山缠花传承和发展中融入现代元素，让传统技艺与现代设计有机结合，提高产品质量和附加值，使其更符合现代人的审美和需求。推动非物质文化遗产融入现代生活，要从保护与传承出发。在实践中不能为了保护而保护、为了传承而传承。要处理好传承与发展的关系问题，既要通过有效传承来发展非物质文化遗产，又要处理好历史与现实的关系问题，既要重视历史遗存、历史经验和历史智慧，又要重视现实中传承人和他们的生产生活实践。

　　"互联网＋非遗"是当代非物质文化遗产融入现代人生活的重要途径。互联网不仅是传播工具，更是传播手段。互联网的快速发展和广泛应用，改变了人们的生活方式和工作方式，也改变了人们认知世界和理解世界的方式。从某种程度上讲，互联网正在塑造我们的世界。在非物质文化遗产保护工作中，互联网已经成为一种重要的传播工具。利用好互联网，可以为非物质文化遗产提供新的展示空间和传播渠道。利用互联网来进行非物质文化遗产宣传教育、交流活动和传承活动，可以发挥网络传播面广、受众面大等优势，扩大非物质文化遗产保护工作的影响力，让更多人关注非物质文化遗产保护工作。

5　英山缠花的现代价值

　　英山缠花以其独特的艺术特色在现代社会中焕发出了新的生机与活力，其现代价值不仅体现在对传统文化的继承与创新上，更深刻影响了我国民间美术的发展进程。通过细致入微地分析英山缠花的工艺形态、材料选择以及表现形式，我们可以发现其背后深藏着与我国传统文化的紧密联系，以及它在现代语境下的独特意义。

　　首先，英山缠花的工艺形态、材料选择和表现形式等方面都深深地烙印着传统文化的印记。在工艺形态上，英山缠花巧妙地运用了"缠丝""缠针"等技法，这些技法不仅要求匠人具备高超的手工技艺，更蕴含着我国传统文化中对于细致入微、精益求精的追求。在"缠丝"技法中，匠人需将细线如同灵动的游丝般缠绕于指间，每一圈的缠绕都需精准无误，方能呈现出缠花细腻入微的质感[9]。而"缠针"技法则更加注重线与面之间的结合，通过针的巧妙穿引，将原本单调的线材编织成丰富多彩的花纹图案。这些技法与我国传统文化中的"缠丝"和"缠针"技法有着异曲同工之妙，都体现了古人对于线材运用的智慧与匠心。

　　在材料选择上，英山缠花同样体现出了与我国传统文化的紧密联系。它所用的麻线和棉线，看似是普通的纺织品，实则承载着我国悠久的纺织历史和文化。自古以来，我国就对纺织品有着极高的要求，追求"轻、柔、暖、滑、透"的质感。英山缠花所用的麻线和棉线，正是为了达到最佳的编织效果而精心挑选和处理的。这种对于材料的严格要求，不仅体现了匠人对于品质的追求，更体现了我国传统文化中对于细节的关注和对于完美的不懈追求[10]。然而，英山缠花的现代价值并不仅体现在对传统文化的继承上，更体现在它在创新方面的努力与探索。在英山缠花中，我们可以发现一些具有现代意义的艺术形式和审美观念。这些新元素的出现，不仅为英山缠花注入了新的活力，更使其在现代社会中焕发出了独特的光彩。例如，在英山缠花中出现了大量关于传统吉祥图案的题材。这些吉祥图案不仅具有浓厚的传统文化底蕴，更在造型上符合现代人对美好生活的向往。它们通过寓意深远的图案和丰富的色彩，传达出吉祥如意、幸福安康的美好愿望。这些图案在英山缠花中的巧妙运用，不仅使缠花作品更加生动有趣，更使其与现代人的审美观念相契合，从而赢得更广泛的受众群体。

此外，英山缠花在表现形式上也进行了大胆的创新与尝试。它不再局限于传统的编织技法，而是将现代设计理念融入其中，形成了独具特色的艺术风格[11]。例如，在英山缠花中，匠人们巧妙地运用"编""挑""搓"等针法，不仅提高了线绳的柔韧性和透气性，更为缠花作品增添了丰富的色彩和层次感。通过针法的巧妙组合和变化，英山缠花呈现出了千变万化的图案和纹理，令人叹为观止。除了工艺形态和材料选择上的创新，英山缠花还注重与现代生活的融合。它不仅是一种手工艺品，更是一种具有实用价值的生活用品。例如，英山缠花可以作为装饰品、挂饰等家居用品，为现代家庭增添一份温馨与雅致。同时，它还可以被用于服装设计中，为服装增添独特的文化内涵和艺术魅力。这种与现代生活的融合，不仅拓宽了英山缠花的应用领域，更使其在现代社会中发挥更高的价值。从更广泛的角度来看，英山缠花的现代价值还体现在对我国民间美术发展的推动上。作为中国传统手工艺的重要代表之一，英山缠花不仅传承了古老的编织技艺和审美观念，更通过不断创新与发展，为我国民间美术注入了新的活力。它的成功实践不仅为其他传统手工艺提供了有益的借鉴和启示，更为我国民间美术的多元化发展提供了有力支持。

综上所述，英山缠花以其独特的艺术特色在现代社会中展现出了巨大的价值和潜力。它不仅继承和发展了我国传统文化中的精髓和智慧，更通过不断创新与实践，为我国民间美术的发展注入了新的活力。在未来的发展中，我们有理由相信，英山缠花将继续发挥其独特的艺术魅力，为我国传统文化的传承与发展贡献更多的力量。同时，它也将成为连接过去与未来、传统与现代的桥梁，让更多人了解和欣赏这一传统手工艺的魅力与价值。

6   总结

在现代社会中，人们对传统文化的重视程度越来越高，传统手工艺作为中国文化的重要组成部分，其在现代社会中的发展和传承显得尤为重要。英山缠花作为具有代表性的传统手工艺，不仅是中华民族文化的重要组成部分，还是中国民间美术发展的重要内容之一。如何将其合理地运用到现代社会中，使其焕发出新的活力是我们需要思考的问题。英山缠花具有丰富的艺术特色和审美价值，在现代社会中能够为人们带来极大的审美享受。在新时代，非物质文化遗产的保护工作应该走出传统的保护模式，重视社会组织的力量，充分发挥行业协会、学会等社会组织的作用，推动非物质文化遗产的创造性转化和创新性发展。非物质文化遗产资源是中华优秀传统文化最重要的组成部分，也是中国特色社会主义文化最重要的表现形式。非物质文化遗产蕴含着丰富的历史信息和独特的精神标识，承载着中华民族发展史的记忆和对未来的想象，是实现中华民族伟大复兴中国梦的重要支撑。非物质文化遗产在新时代应该有所作为，以保护好、传承好、利用好非物质文化遗产为使命，在保护中发展，在发展中保护。

参考文献

[1] 吕彩玲. 浅析英山缠花艺术的工艺制作技巧[J]. 西部皮革，2021，43（24）：30-31.

[2] 付小轩，任东阳. 英山缠花工艺在配饰设计中的传承与创新发展[J]. 大众文艺，2021（5）：73-74.

[3] 郭丽，陶辉. "有法"的非遗保护与"无法"的可持续性发展——以湖北英山缠花技艺为例[J]. 中南民族大学学报（人文社会科学版），2020，40（5）：70-75.

[4] 张思雨，朱华. 基于英山缠花艺术特征的再生设计研究[J]. 大众文艺，2019（4）：91-92.

[5] 段洋洋. 区域历史文化视角下英山缠花的特色[J]. 青年文学家，2017（15）：170.

[6] 郭丽，李春笑. 英山缠花的花卉造型与工艺研究[J]. 服饰导刊，2017，6（1）：37-42.

[7] 王丹. 非物质文化遗产英山缠花艺术的传承与创新研究[J]. 美与时代（城市版），2016（3）：93-94.

[8] 范玉婷. 英山缠花在现代鞋帽设计中的应用与研究[D]. 武汉：武汉纺织大学，2015.

[9] 郭丽，程平. 缠绕在丝线中的吉祥之花——英山缠花的传承与思考[J]. 艺术教育，2015（1）：104，115.

[10] 盛婷. 英山缠花在当代设计语境下的创新应用及拓展研究[J]. 美术教育研究，2014（7）：82-83.

[11] 胡晓洁. 英山缠花的艺术特色[J]. 装饰，2012（6）：99-100.